高职高专"十二五"规划教材

机 械 制 图

张　毅　刘孜文　主编

化学工业出版社

·北京·

本书共 9 章，主要内容有绪论、制图的基本知识和技能、点线面的投影、基本体与基本体表面交线、轴测投影、组合体、图样画法、标准件和常用件、零件图、装配图及附录。内容精简，突出应用。全书采用最新颁布的技术制图和机械制图国家标准及与制图有关的其他国家标准。

本书可作为高职高专及成人院校机械类各专业机械制图课程的教材，也可供有关的工程技术人员参考。

此外，同时出版与本书配套的刘玉春主编的《机械制图习题集》，供读者选用。

图书在版编目（CIP）数据

机械制图/张毅，刘孜文主编. —北京：化学工业出版社，2014.2（2023.10 重印）
高职高专"十二五"规划教材
ISBN 978-7-122-19429-9

Ⅰ.①机…　Ⅱ.①张…②刘…　Ⅲ.①机械制图-高等职业教育-教材　Ⅳ.①TH126

中国版本图书馆 CIP 数据核字（2013）第 319926 号

责任编辑：李　娜
责任校对：宋　玮　　　　　　　　　　　　装帧设计：刘丽华

出版发行：化学工业出版社（北京市东城区青年湖南街 13 号　邮政编码 100011）
印　　装：涿州市般润文化传播有限公司
787mm×1092mm　1/16　印张 16¾　字数 408 千字　2023 年 10 月北京第 1 版第 3 次印刷

购书咨询：010-64518888　　　　　　　　售后服务：010-64518899
网　　址：http://www.cip.com.cn
凡购买本书，如有缺损质量问题，本社销售中心负责调换。

定　　价：48.00 元

本书编审人员名单

主　　编：张　毅　刘孜文

副主编：王祎才　李　杲　仲生仁

编　　者：张丽霞　巨江澜　张克盛　杨宪章　李晓军

主　　审：刘玉春

前言

本教材是依据教育部"高职高专教育工程制图课程教学基本要求",按照高职高专教育的培养目标和特点,融合编者长期的实践教学经验,针对高职院校的特点进行编写,注重培养学生的实践能力,基础理论简明实用,使学生在掌握机械制图基本知识的基础上,重点培养实际零件的读图和绘图能力,主要适用于高等职业技术学院、高等工程专科学校机械类或近机类专业,也可供非机类、近机类专业成人教育使用或工程技术人员参考。

在编写过程中,我们努力按照"打好基础、精选内容、逐步更新、利于教学"的原则处理本书内容。使本书具有以下特点。

1. 在内容和结构体系上进行了一定的调整,内容以实用为目的,以突出培养学生画图能力和读图能力为主线。教材内容的选择循序渐进,重点突出,对每一章节、每个新问题,尽量注意从感性认识入手,逐步引入概念和定义分析,符合学生的认知规律,力求体现高职高专应用型教学特色。

2. 遵循"必需、够用"的原则,精简了画法几何内容,建立以点、线、面的空间概念和三者之间的基本关系,讲解通俗易懂。强化"第三角画法"训练,帮助学生掌握第三角画法的表示法,以此提高学生的分析与应用能力,达到培养职业技术能力的目标。

3. 采用了较多的立体插图,分解画图步骤,便于学生理解,尤其是将二维图形与三维立体紧密结合,便于学生自学。

4. 将零部件测绘从原有章节中独立出来,以提高学生草绘能力和综合实践能力。

5. 全书采用最新的《机械制图》标准与《技术制图》标准。

6. 为了配合教学需要,还编写了《机械制图习题集》与本教材配套使用,习题集的编排顺序与本教材体系保持一致。

本书由长期担任机械制图教学与研究的高校教师集体创作编写,由张毅、刘孜文(甘肃畜牧工程职业技术学院)任主编,王祎才(甘肃畜牧工程职业技术学院)、李杲(甘肃有色冶金职业技术学院)、仲生仁(武威职业学院)任副主编,参加编写的还有张丽霞、巨江澜、张克盛、杨宪章、李晓军。本书由刘玉春担任主审。

由于编者水平有限,书中难免有疏漏和不足之处,恳请使用本教材的广大读者提出宝贵的意见和建议。

编者
2013 年 12 月

目录

绪　　论

机械制图是研究绘制和识读机械图样的基本原理和方法的一门学科。

1. 图样及其在生产中的用途

工程技术上根据投影方法并遵照国家标准的规定绘制成的用于工程施工或产品制造等用途的图叫工程图样，简称图样。

图样是现代生产中重要的技术文件。机器、仪器、工程建筑等产品设计、制造与施工、使用和维护等都是通过图样来实现的。设计者通过图样来表达设计意图和要求；制造者通过图样来了解设计要求，组织生产加工；使用者根据图样了解它的构造和性能、正确的使用方法和维护方法。因此，图样是表达设计意图、交流技术思想的重要工具，有"工程语言"之称，广泛应用于机械、冶金、采矿、土建、电子、水利、航空、造船、化工、轻工等部门。

机械图样是工程图样的一种，是设计、制造、检验、装配产品的依据；是人们进行科技交流的工程技术语言。因此，机械图样也是机械工程技术人员必须掌握的重要工具之一。

2. 本课程的主要任务和要求

机械制图课程是培养工程技术人才的一门重要技术基础课，本课程的主要任务是培养学生具有一定的绘制和识读机械图样的能力，并通过后继课程的学习，能在工作岗位上从事业务范围内的设计制图工作。学习本课程后应达到以下要求。

（1）学习正确、熟练地使用绘图仪器、工具，掌握较强的绘图方法和技能。

（2）学习正投影法的基本原理，掌握运用正投影法表达空间物体的基本理论和方法，具有图解空间几何问题的初步能力。

（3）学习、贯彻在读图和画图的实践过程中，要注意逐步熟悉和掌握《国家标准　技术制图与机械制图》及其他有关规定，并具有查阅有关标准及手册的能力。

（4）培养学生绘制和阅读中等复杂程度的零件图和装配图的能力。

（5）培养学生严肃认真的工作态度和严谨细致的工作作风。

3. 本课程的学习方法

机械制图是一门既有理论更注重实践的课程。要掌握绘制和识读图样的技能，需要通过一定数量的练习、作业才能掌握；注意画图和看图相结合，实体与图样相结合，要多看多画，注意培养空间想象能力和空间构思能力。

对于投影作图的基本理论和方法，学习时不能死记硬背，而必须要明了空间形体的几何性质及其与视图之间的投影关系，同时要积极发展空间思维能力。准确使用制图有关资料，提高独立工作能力和自学能力。

对于国家标准《机械制图》的有关规定，要严格遵守，认真贯彻，还要学会查阅手册。

第1章 ◄◄◄

制图的基本知识和技能

第一节　国家标准对制图的一般规定

图样是现代机器制造过程中最基本的技术文件。用来指导生产和交流技术，因此对图样的画法、尺寸注法、所用代号等均须作统一的规定，使绘图和读图都有共同的准则。这些统一规定由国家制订和颁布实施。用于机械图样的叫做国家标准《机械制图》，简称机械制图国标。

标准编号由三部分组成，即标准代号、标准顺序号和批准年号。国家标准的标准代号：GB、GB/T。"T"是标准属性，表示"推荐性标准"，缀在标准代号之后，用斜线相隔。标准代号无后缀"/T"，则表示"强制性标准"。机械制图和公差配合的正式标准全部是推荐性标准。标准顺序号写在标准代号之后。顺序号是按批准的先后顺序排列的，没有对标准分类的含义。批准年号写在标准序号之后，两者之间用横线隔开。如标准编号为 GB/T 131—2006，说明该标准是 2006 年批准颁布的。

学习机械制图时必须严格遵守机械制图国标的有关规定，树立标准化的概念。本章主要介绍图纸幅面、比例、字体、图线、尺寸标注等几个国家标准。

一、幅面和格式（GB/T 14698—1993）

1. 图纸幅面尺寸

绘制图样时，应优先采用表 1-1 规定的 A0、A1、A2、A3、A4 五种基本幅面，必要时也允许加长幅面，但应按基本幅面的短边整数倍增加。各种基本幅面和加长幅面参见图1-1，其中粗实线部分为基本幅面；细实线部分为第一选择的加长幅面；虚线为第二选择的加长幅面。加长后幅面代号记作：基本幅面×倍数。如 A4×4，表示按 A4 图幅短边加长 4 倍，即加长后图纸的尺寸为 297×841。

表 1-1　图纸幅面尺寸

幅面代号		A0	A1	A2	A3	A4
尺寸 $B \times L$		841×1189	594×841	420×594	297×420	210×297
图框	a	25				
	c	10			5	
	e	20			10	

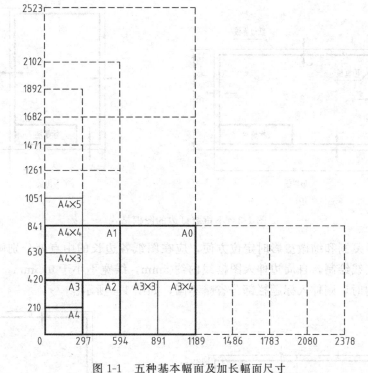

图 1-1 五种基本幅面及加长幅面尺寸

由表 1-1 可知，图纸幅面有五种基本幅面，幅面尺寸中，B 表示短边，L 表示长边。其中 A0 幅面的图纸最大，其大小是 841×1189，宽（B）：长（L）$= 1 : \sqrt{2}$，面积为 1m^2，A1 幅面为 A0 幅面的一半（以长边对折裁开）；其余都是后一号为前一号的幅面的一半。

2. 图框格式和尺寸

各种幅面的图样，均用粗实线画出图框线，图框格式分为不留装订边和留装订边两种，同一产品中所有的图样应采用同一种格式。

留装订边的图框格式如图 1-2 所示，周边尺寸按表 1-1 的规定，不留装订边的图框格式如图 1-3 所示，其周边尺寸也按表 1-1 的规定。加长幅面的尺寸，按所选用的基本幅面大一号的周边尺寸确定。如 A3×3 的加长幅面，其周边尺寸应该用 A2 的周边尺寸画出。

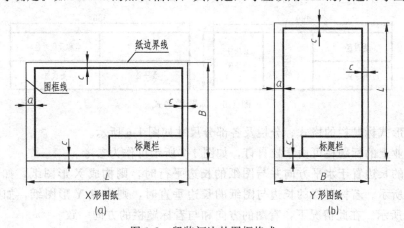

图 1-2 留装订边的图框格式

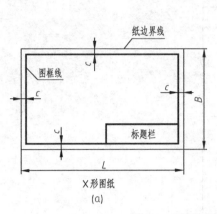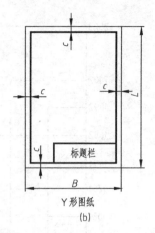

图 1-3　不留装订边的图框格式

为了使图样复制和缩微摄影时定位方便，应在图纸各边长的中点处分别画出对中符号。对中符号用粗实线绘制，自周边伸入图框线内约 5mm，线宽不小于 0.5mm，当对中符号处于标题栏范围内时，则伸入标题栏部分省略不画，如图 1-4 所示。

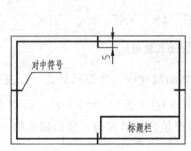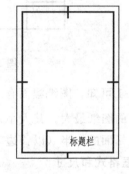

图 1-4　对中符号

3. 标题栏 （GB/T 10609.1—1989）

每张图纸上都必须画出标题栏，标题栏位于图纸的右下角，如图 1-2 所示。

GB/T 10609.1—1989 规定了两种标题栏分区形式，如图 1-5 所示。推荐使用第一种形式。

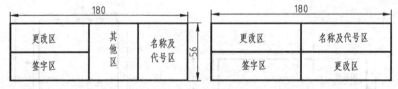

图 1-5　标题栏格式

第一种形式标题栏的格式、分栏及各部分尺寸如图 1-6 所示。

学生作业上的标题栏可由学校自订，如图 1-7 所示可作为参考。

标题栏的长边置于水平方向并与图纸的长边平行时，则构成 X 形图纸，如图 1-2 （a）、图 1-3 （a）所示。若标题栏的长边与图纸的长边垂直时，则构成 Y 形图纸，如图 1-2 （b）、图 1-3 （b）所示。在此情况下，看图的方向和与看标题栏的方向一致。

为了利用预先印制好的图纸，允许将 X 形图纸的短边置于水平位置，或将 Y 形图纸的长边置于水平位置，此时，为了明确绘图与看图时的图纸方向，应在图纸的下边对中符号处加画一个方向符号，如图 1-8 所示。方向符号是一个用细实线绘制的等边三角形，其大小及所在位置如图 1-8（b）所示。

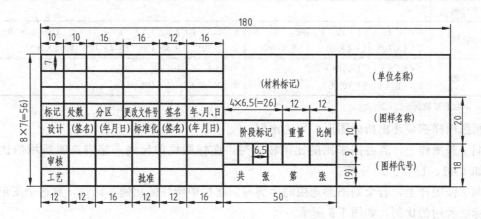

图 1-6　标题栏格式、分栏及尺寸

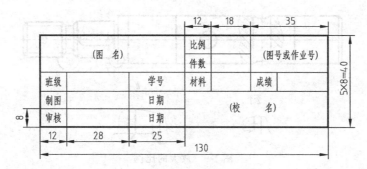

图 1-7　制图作业标题栏参考

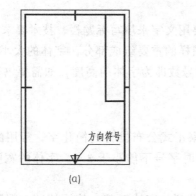

(a)

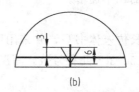

(b)

图 1-8　方向符号

二、比例（GB/T 14690—1993）

比例是指图中图形与其实物相应要素的线性尺寸之比。

每张图样都要注出所画图形采用的比例。比例分为原值、缩小、放大三种。画图时，应尽量采用 1∶1 的比例画图，当需要把机件放大或缩小绘图时，应采用表 1-2 规定的比例。

表 1-2 绘制图样的比例

种 类	比 例	
	第 一 系 列	第 二 系 列
原值比例	1 : 1	
缩小比例	1 : 2　1 : 5　1 : 10　1 : 10^n 1 : 1×10^n　1 : 2×10^n　1 : 5×10^n	1 : 1.5　1 : 2.5　1 : 3　1 : 4　1 : 6　1 : 1.5×10^n　1 : 2.5×10^n　1 : 3×10^n　1 : 4×10^n　1 : 6×10^n
放大比例	2 : 1　5 : 1　1×10^n : 1 2×10^n : 1　5×10^n : 1	2.5 : 1　4 : 1 2.5×10^n : 1　4×10^n : 1

注：n 为正整数。

每张图样都要注出所画图形采用的比例。

同一张图样上，若各图采用的比例相同时，在标题栏的比例一格内注明所用的比例即可，如 1 : 1、1 : 2、2 : 1 等。

同一张图样上，若个别图形选用的比例与标题栏中所注的比例不同时，对这个图形必须另行标注所用的比例，如图 1-9 所示。

图形不论放大或缩小，在标注尺寸时，应按机件的实际尺寸标注。

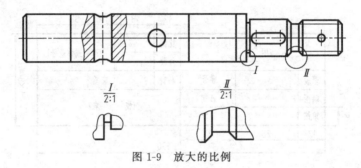

图 1-9　放大的比例

三、字体 (GB/T 14691—1993)

图样上除了绘制机件的图形以外，还要用文字来填写标题栏、技术要求等、用数字来标注尺寸等，所以文字、数字和字母，也是图样的重要组成部分。字体的大小分为 1.8、2.5、3.5、5、7、10、14、20 八种号数，字体的号数即为字体的高度，如需要书写更大的字，其字体高度应按 $\sqrt{2}$ 的比率递增。

1. 汉字

汉字规定用长仿宋体书写，并采用国家正式公布推行的简化字，常用的长仿宋体字有 20、14、10、7、5、3.5 几种号数，写汉字时字号不能小于 3.5。字体的宽度约等于字体高度的三分之二。

国家标准规定图样中书写的字体必须做到：字体工整、笔画清楚、间隔均匀、排列整齐。书写长仿宋体字的要领是：横平竖直、注意起落、结构均匀、填满方格。书写时，笔画应一笔写成，不要勾描，起落分明挺拔。长仿宋体字示例如图 1-10 所示。

2. 数字和字母

图样上的数字和字母分直体和斜体两种。当与汉字混写时，宜用直体。斜体字字头向右倾斜成 75°。字母和数字分 A 型和 B 型，B 型的笔划宽度比 A 型宽，同一图样上，只允许选用一种形式的字体。字母和数字示例如图 1-11 所示。

10号字

字体工整　笔画清楚　间隔均匀　排列整齐

7号字

横平竖直注意起落结构均匀填满方格公差与配合
轴套类零件的其他结构退刀槽键槽越程槽中心孔

5号字

标准公差与基本偏差渗碳深度表面粗糙度技术要求零件的耐磨性清晰
正确完整装配深沉锥销表面展开图舶数值范围点的三面投影规律直线
横平竖直注意起落结构均匀填满方格公差与配合轴套技术制图类零件
的其他结构退刀槽键槽越程槽标准公差与基本偏差渗碳深度表面粗糙
度技术要求零件的耐磨性清晰完整正确装配表面展开图数值汽车纺织

图 1-10　长仿宋体字示例

大写斜体字母

小写斜体字线

数字斜体

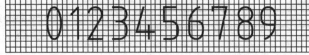

数字直体

图 1-11　字母和数字示例

四、图线 (GB/T 4457.4—2002 和 GB/T 17450—1998)

国家 GB/T 4457.4—2002《机械制图　图样画法　图线》中规定了机械图样中采用的各种线型及其应用场合。表1-3 列出了机械制图中使用的 9 种线型。图1-12 所示为常用图线的应用示例。

表 1-3　机械图样中的线型及应用

序号	图线名称	图线型式	图线宽度	一般应用
1	细实线	————————————	$d/2$	尺寸线、尺寸界线、剖面线、过渡线、重合断面的轮廓线、指引线、牙底线、齿根线、辅助线
2	波浪线	∿∿∿	$d/2$	断裂处的边界线、视图与剖视图的分界线
3	双折线	—／\—／\—	$d/2$	断裂处的边界线、视图与剖视图的分界线
4	粗实线	▬▬▬▬▬▬	d	可见轮廓线、表示剖切面起讫和转折的剖切符号
5	细虚线	− − − − − −	$d/2$	不可见轮廓线
6	粗虚线	▬ ▬ ▬ ▬	d	允许表面处理的表示线
7	细点画线	— · — · —	$d/2$	轴线、对称中心线、剖切线等
8	粗点画线	▬ · ▬ · ▬	d	限定范围的表示线
9	细双点画线	— ·· — ·· —	$d/2$	相邻辅助零件的轮廓线、极限位置的轮廓线、轨迹线、中断线等

图线宽度的推荐系列为 0.18、0.25、0.35、0.5、0.7、1、1.4、2。在 0.5～2mm 的范围内选用粗实线的宽度 d。优先采用 0.5mm、0.7mm 的粗线宽度。粗线、细线的宽度比率为 2∶1。在同一张图样中，同类图线的宽度应保持一致。

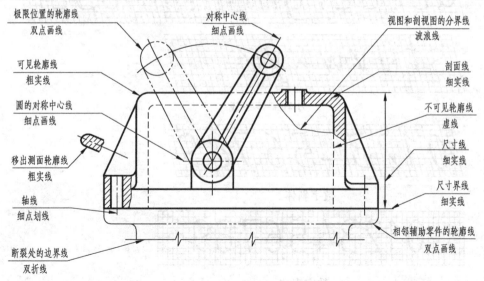

图 1-12　图线应用示例

图线画法的注意事项如下。

（1）同一张图样上，同类图线的粗细应保持一致，虚线、点画线及双点画线的线段长度和间距大小也应各自大致相等。

（2）轴线、对称中心线、双点画线应超出轮廓线 2～5mm。点画线和双点画线的末端应是线段，而不是短划。若圆的直径较小，圆的中心线可用细实线来代替。

（3）平行线（包括剖面线）之间的距离应不小于粗实线两倍的宽度，其最小距离不得小于 0.7mm。

（4）虚线、点画线与其它图线相交时，应在线段处相交，不应在空隙或短划处相交。当虚线是粗实线的延长线时，粗实线应画到分界点，而虚线与分界点之间应留有空隙。当虚线圆弧与虚线直线相切时，虚线圆弧的线段应画到切点处，虚线直线至切点之间应留有空隙，如图 1-13 所示。

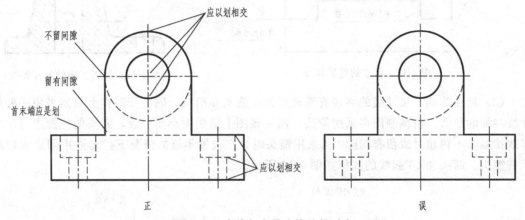

图 1-13　虚线相交及连接处的画法

五、尺寸标注（GB/T 4458.4—2003、GB/T 16675.2—1996）

1. 基本规则

（1）机件的真实大小应以图样上所注的尺寸数值为依据，与图形的大小及绘图的准确度无关。

（2）图样中所注的尺寸，为该图样所示机件的最后完工尺寸，否则应另加说明。

（3）在机械图样（包括技术要求和其它说明）中的直线尺寸规定以毫米为单位，不需再在尺寸数字后面标注其计量单位的代号或名称，如果采用其它单位时，则必须注明相应的计量单位的代号或名称。

（4）机件的每一尺寸，一般只标注一次，并应标注在反映该结构最清晰的图形上。

2. 尺寸的组成

一个完整的尺寸由尺寸数字、尺寸线、尺寸界线、尺寸终端四部分组成，如图 1-14 所示。尺寸数字表示尺寸的大小，尺寸线表示尺寸度量的方向，尺寸界线表示所注尺寸的范围，箭头表示尺寸的起止。

（1）尺寸界线　尺寸界线用细实线绘制，并由图形的轮廓线、轴线或中心线处引出，尽量画在图外，并超出尺寸线末端约 2mm。有时可借用轮廓线、轴线或中心线作为尺寸界线。

尺寸界线一般应与所注的线段垂直（即与尺寸线垂直），必要时允许倾斜，但两尺寸界线仍应互相平行，如图 1-15 所示。

（2）尺寸线　尺寸线用细实线画在尺寸界线之间。标注线性尺寸时，尺寸线必须与所标注的线段平行。尺寸线不得用其它图线代替，也不得与其它图线重合或在其它图线的延长线上。

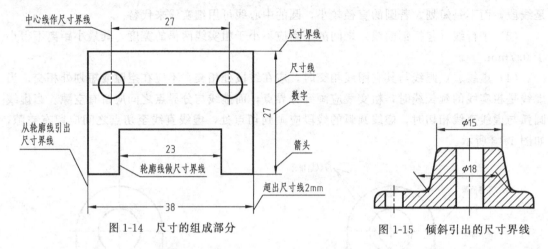

图 1-14　尺寸的组成部分

图 1-15　倾斜引出的尺寸界线

（3）尺寸终端　尺寸线的终端有两种形式：箭头和斜线，同一张图样上只能采用一种尺寸线终端的形式。机械制图多采用箭头，同一张图上箭头大小要一致，箭头的位置应与尺寸界线接触，不得超过或留有间隙。当采用箭头时，在位置不够的情况下，允许用圆点或斜线代替箭头。箭头和 45°斜线的式样如图 1-16 所示。

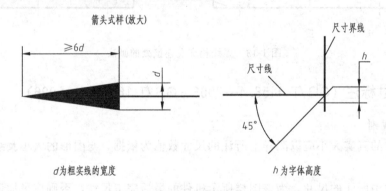

图 1-16　尺寸终端的两种形式

（4）尺寸数字　尺寸数字采用斜体阿拉伯数字，同一张图样中数字大小应一致。线性尺寸数字一般应注写在尺寸线的上方（尺寸线不断开），也允许注写在尺寸线的中断处，同一张图样上注写方法应一致，如图 1-14 所示。尺寸数字不能被任何图线所通过，当不可避免时，必须把图线断开，如图 1-15 所示。

3. 常用的尺寸注法示例

（1）线性尺寸标注　线性尺寸的数字应按图 1-17（a）所示的方向注写，即水平方向字头朝上，垂直方向字头朝左，倾斜方向字头保持朝上趋势。并尽可能避免在图示 30°范围内标注，当无法避免时，可按图 1-17（b）的形式标注。在不致引起误解时，对于非水平方向的尺寸，其数字可水平地注写在尺寸线的中断处，如图 1-17（c）所示。

（2）圆的尺寸标注　标注圆的直径时，应在尺寸数字前加注"ϕ"，表示这个尺寸的值是

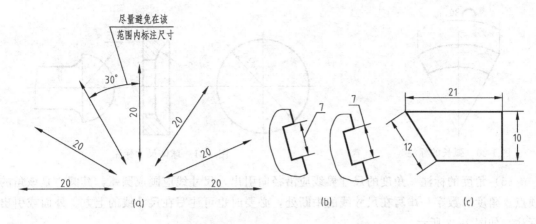

图 1-17 尺寸数字的注写方向

直径值。尺寸线的终端应画成箭头，并按图 1-18 所示的方法标注。

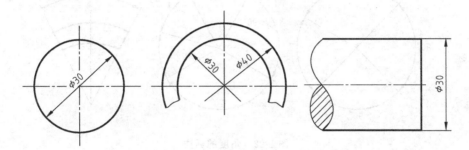

图 1-18 圆的尺寸标注

（3）圆弧的尺寸标注

① 圆弧的半径。标注圆弧的半径时，应在尺寸数字前加注符号"R"，尺寸线的终端应画成箭头，并按图 1-19 所示的方法标注。当圆弧的半径过大或在图纸范围内无法标出其圆心位置时，可将圆心移在近处示出，将半径的尺寸画成折线。

② 圆弧的长度。标注弧长时，就在尺寸数字左方加注符号"⌒"。弧长的尺寸界线应平行于该弦的垂直平分线，如图 1-20 所示。

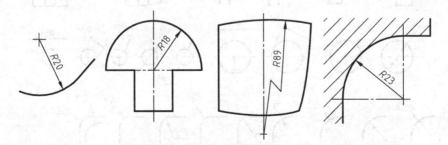

图 1-19 圆弧半径的标注

（4）球的尺寸标注 标注球面的直径或半径时，应在符号"φ"或"R"前加注符号"S"如图 1-21 所示。对于铆钉的头部、轴（包括螺杆）的端部以及手柄的端部等，在不致引起误解的情况下可省略符号"S"，如图 1-21 所示。

图 1-20　弧长的标注　　　　　　图 1-21　球体尺寸标注

（5）角度的标注　角度的尺寸界线应沿径向引出，尺寸线应画成圆弧，其圆心是该角的顶点。角度的数字一律写在尺寸线的中断处，必要时也可注写在尺寸线的上方、外面或引出标注，如图 1-22 所示。

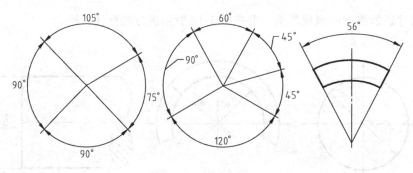

图 1-22　角度的标注

（6）狭小部位的尺寸标注　当没有足够位置画箭头和写数字时，可将其中之一布置在外面，也可把箭头和数字都布置在外面。标注一连串串联小尺寸时，可用小圆点或斜线代替中间的箭头，如图 1-23 所示。

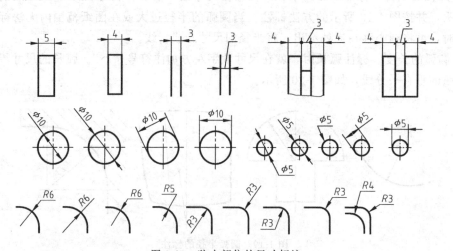

图 1-23　狭小部位的尺寸标注

（7）对称图形的尺寸标注　对称图形，应把尺寸标注为对称分布，当对称的图形只画出一半或大于一半时，尺寸线应略超过对称中心线或断裂处的边界线，此时只在尺寸线的一端画出箭头，如图 1-24 所示。

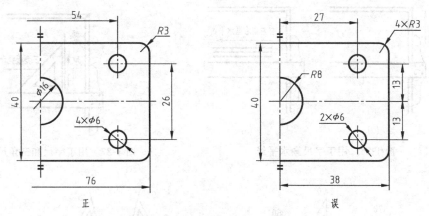

图 1-24 对称图形的尺寸标注

第二节 绘图工具及其使用

为了提高绘图质量，加快绘图速度，必须注意正确、熟练地使用绘图工具和采用正确的绘图方法。

一、图板、丁字尺、三角尺

（1）图板 图板用来铺放和固定图纸，图板一般用胶合板制成，一般有零号图板和一号图板，其尺寸较同号图纸略大（每边约加长 50mm），板面必须平整，两侧短边为工作边（也叫导边），要求光滑平直，如图 1-25 所示。

（2）丁字尺 丁字尺由尺头和尺身两部分组成。尺头的内边缘为丁字尺的导边，尺身的上边缘为工作边，如图 1-25 所示。丁字尺主要用来画水平线，使用时，须用左手扶住尺头并使尺头内侧紧靠图板左导边，上下滑移到所需位置，如图 1-26（a）所示，然后沿丁字尺工作边自左向右画水平线，如图 1-26（b）所示。还常与三角尺配合画铅垂线，禁止直接用丁字尺画铅垂线，也不能用尺身下缘画水平线。

（3）三角尺 一副三角尺有 45°×45° 和 30°×60° 的各一块。三角尺常与丁字尺配合使用画铅垂线，如图 1-27 所示。还可画出与水平线成 30°、45°、60° 以及 15° 倍数角的各种倾斜线，如图 1-28 所示。用两三角尺配合也可画出任意直线的平行线或垂直线，如图 1-29 所示。

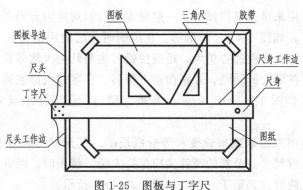

图 1-25 图板与丁字尺

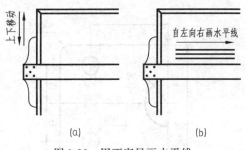

图 1-26　用丁字尺画水平线

图 1-27　用丁字尺和三角尺画垂直线

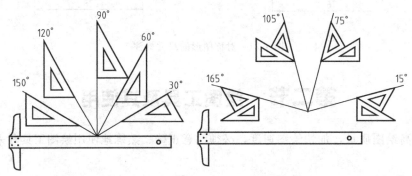

图 1-28　用三角尺与丁字尺画特殊角度线

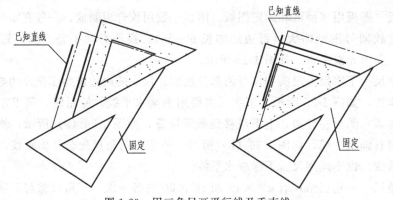

图 1-29　用三角尺画平行线及垂直线

二、圆规和分规

（1）圆规主要是用来画圆及圆弧的。一般较完整的圆规应附有铅芯插腿、钢针插腿、直线笔插腿和延伸杆等，如图 1-30（a）所示。在画图时，应使用钢针具有台阶的一端，并将其固定在圆心上，这样可不使圆心扩大，还应使铅芯尖与针尖大致等长。在一般情况下画圆或圆弧时，应使圆规按顺时针转动，并稍向前方倾斜。在画较大圆或圆弧时，应使圆规的两条腿都垂直于纸面，如图 1-30（b）所示。在画大圆时，还应接上延伸杆，如图 1-30（c）所示。

（2）分规主要是用来量取线段长度和等分线段的。其形状与圆规相似，但两腿都是钢针。为了能准确地量取尺寸，分规的两针尖应保持尖锐，使用时，两针尖应调整到平齐，即当分规两腿合拢后，两针尖必聚于一点，如图 1-31（a）所示。

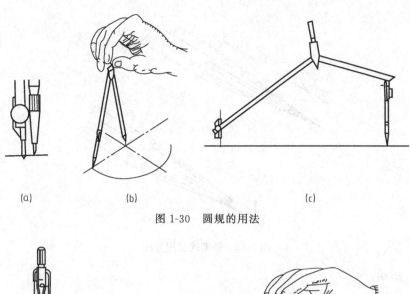

图 1-30　圆规的用法

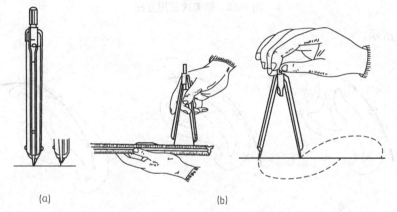

图 1-31　分规及其使用方法

等分线段时，通常用试分法，逐渐地使分规两针尖调到所需距离。然后在图纸上使两针尖沿要等分的线段依次摆动前进，如图 1-31（b）所示，弹簧分规用于精确地截取距离。

三、铅笔

画图时常采用 2B、B、HB、H、2H、3H 的绘图铅笔。铅芯的软硬是用字母 B 和 H 来表示的，B 愈多表示铅芯愈软而黑，H 愈多则硬而淡。绘图时常用 H 或 2H 的铅笔打底稿，用 HB 的铅笔写字和徒手画图，而加深描粗图线可用铅芯硬度为 B 或 2B 的铅笔。

画细线和写字时铅芯应磨成圆锥状，而画粗实线时可以磨成四棱柱状，如图 1-32 所示。画图时，铅笔可略向前进方向倾斜，尽量使铅笔靠紧尺面，且铅芯与纸面垂直。

四、曲线板

曲线板是用来画非圆曲线的工具，曲线板的轮廓线是由多段不同曲率的曲线所组成，常用的曲线板如图 1-33（a）所示。使用时应先将需要连接成曲线的各已知点徒手用细线轻轻地描出一条曲线轮廓，然后在曲线板上选用与曲线完全吻合的一段描绘。吻合的点越多，每段就可描得越长，所得曲线也就越光滑，每描一次须不少于吻合四个点。如图 1-33（b）描每段曲线时至少应包含前一段曲线的最后两个点（即与前段曲线应重复一小段），而在本段后面至少留两个点给下一段描（即与后段曲线也重复一小段），这样才能保证连接光滑，如

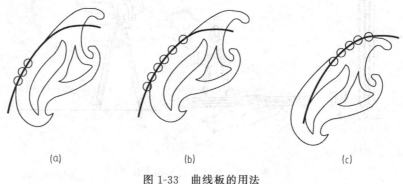

图 1-32　铅笔的使用方法

图 1-33（c）所示。

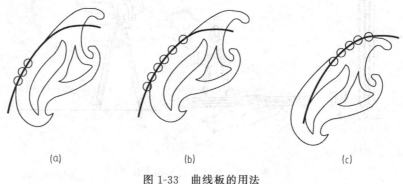

(a)　　　　　　　(b)　　　　　　　(c)

图 1-33　曲线板的用法

第三节　平面几何作图

　　机件的轮廓形状虽然各不相同，但都是由各种几何形体组合而成的，它们的图形也不外是一些几何图形组成的。熟练掌握和运用几何作图的方法，将会提高绘制图样的速度和质量。最基本的几何作图包括：圆周的等分（圆内接正多边形）、斜度和锥度的画法、圆弧连接及平面曲线的作图法。

一、等分直线段

　　将已知线段 AB 分成 n 等分（如六等分）的作法如图 1-34 所示。

　　（1）过端点 A 作线段 AC，与已知线段 AB 成任意锐角。

　　（2）用分规在 AC 上任意相等长度截得 1、2、3、4、5、6 各分点。

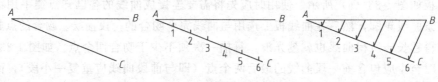

图 1-34　等分直线段

（3）连接 B6，并过 5、4、3、2、1 各点作 B6 的平行线，在 AB 上即得各个等分点。

二、等分圆周和作圆内接正多边形

1. 三等分圆周并作正三角形

图 1-35（a）是用三角尺和丁字尺画正三角形的方法。图 1-35（b）是用作图的方法画圆内接正三角形。以 D 点为圆心，以 d/2 为半径画圆弧交已知圆周于 B、C 两点，依次连接 A、B、C 三点即为圆内接正三角形。

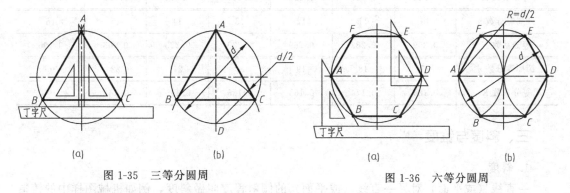

图 1-35　三等分圆周　　　　　　　　　图 1-36　六等分圆周

2. 六等分圆周并作正六边形

图 1-36（a）是用三角尺和丁字尺画圆内接正六边形的方法。图 1-36（b）是用作图的方法画圆内接正六边形。以 A、D 为圆心，以 d/2 为半径画圆弧交已知圆周于 B、F、C、E 四点，依次连接 A、B、C、D、E、F 六点即为圆内接正六边形。

3. 五等分圆周并作正五边形

圆的五等分及正五边形的作图步骤如下：

（1）如图 1-37（a）所示，作 OB 的垂直平分线交 OB 于点 P。

（2）如图 1-37（b）所示，以 P 为圆心，PC 长为半径画圆弧交直径 AB 于点 H。

（3）如图 1-37（c）所示，CH 即为五边形的边长，以 CH 依次等分圆周得 C、E、G、K、F。

（4）如图 1-37（d）所示，依次连接 C、E、G、K、F 五点，即为圆内接正五边形。

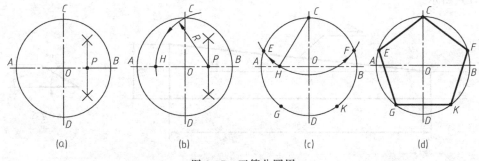

图 1-37　五等分圆周

4. 利用"等分圆周系数表"任意等分圆周

若已知圆的直径和等分数，可由三角函数关系算出每一等分的弦长，为了便于作图，可以利用计算好的等分圆周系数表（表 1-4）求出边长来作图。

计算公式：$\qquad\qquad a_n = KD$

式中　a_n——正 n 边形的一边长度；

　　　D——已知正 n 边形外接圆的直径；

　　　K——n 等分的等分系数。

表 1-4　等分圆周系数表

圆周等分数 n	3	4	5	6	7	8	9
等分系数 K	0.866	0.707	0.588	0.500	0.434	0.383	0.342
圆周等分数 n	10	11	12	13	14	15	16
等分系数 K	0.309	0.282	0.259	0.239	0.223	0.208	0.195
圆周等分数 n	17	18	19	20	21	22	…
等分系数 K	0.184	0.174	0.165	0.156	0.149	0.142	…

三、斜度与锥度

1. 斜度

一直线（或平面）对另一直线（或平面）的倾斜程度叫做斜度，例如机械图样中的铸造斜度、锻造斜度、拔模斜度等。

斜度的大小用这两条直线（或平面）夹角的正切来表示，并把比值化为 $1:n$ 的形式。如图 1-38（a）所示，斜度 $S = \tan\beta = \dfrac{BC-AD}{AB} = \dfrac{5}{10} = 1:2$。

斜度标注用引出线标注，在比数之前用斜度符号"∠"，符号的倾斜方向应与斜度方向一致。斜度符号的画法如图 1-38（b）所示，绘制斜度符号的线宽为 $h/10$。

斜度的画法如下。

（1）已知斜度为 $1:5$ 的图形如图 1-39（a）所示。

（2）在 AB 上取五等分得 D 点，在 BC 上取一等分得 E 点，连 DE 为 $1:5$ 参考斜度线，如图 1-39（b）所示。

（3）按尺寸 10 定出直线的端点 F，过 F 点作参考斜度 DE 的平行线，即为所求，如图 1-39（c）所示。

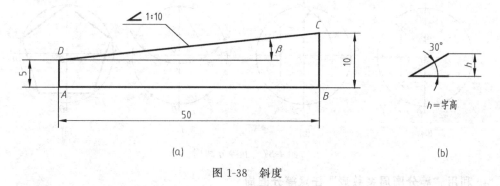

(a)　　　　　　　　　　　　　　(b)

图 1-38　斜度

2. 锥度

锥度是指正圆锥底圆直径与圆锥高度之比。圆台的锥度为其上、下两底圆直径差与圆台

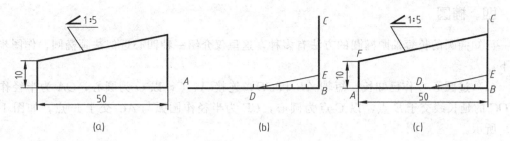

图 1-39 斜度的画法

高度之比，且写成 $1:n$ 的形式。

如图 1-40（a）、（b）所示，锥度 $C = 2\tan\alpha = \dfrac{D}{L} = \dfrac{D-d}{l}$，图 1-40（c）为锥度符号的画法，线宽为 $h/10$。

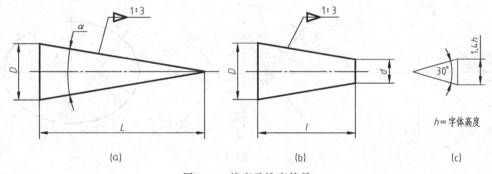

图 1-40 锥度及锥度符号

锥度用于机械中的圆锥销、工具锥柄等处，而且有些锥度已标准化。

锥度的画法及标注如下。

（1）如图 1-41（a）所示的图形是锥度为 $1:3$ 的塞规。

（2）按尺寸先画出已知部分，在轴上量取三个单位长度，在 ab 上量取一个单位长度 ed，得出锥度为 $1:3$ 的两条参考锥度线 ce 和 cd，如图 1-41（b）所示。

（3）过 a、b 分别作 ce、cd 的平行线，即可完成作图，如图 1-41（c）所示。

（4）标注锥度时在比数之前用锥度符号"◁"，锥度符号注在与引出线相连的基准线上，基准线应与圆锥的轴线平行，锥度符号的方向应与圆锥方向一致，如图 1-41（c）所示。

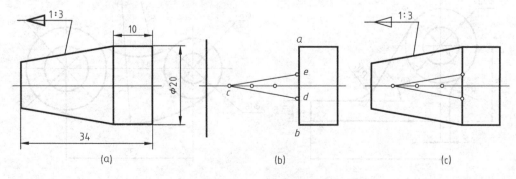

图 1-41 锥度的画法

四、椭圆

已知椭圆的长短轴画椭圆的方法有多种，这里仅介绍一种四心近似法画椭圆，作图步骤如下。

（1）过圆心 O 作已知长、短轴 AB 和 CD；连接 A、C，以 O 为圆心，OA 为半径作弧与 OC 的延长线交于 E 点，以 C 点为圆心，CE 为半径作圆弧与 AC 交于 F 点，如图 1-42（a）所示。

（2）作 AF 的垂直平分线，交长、短轴于 O_1、O_2 点，再定出其对圆心 O 的对称点 O_3、O_4，并连接起来，如图 1-42（b）所示。

（3）分别以 O_1、O_3 为圆心，以 O_1A（或 O_3B）为半径，以 O_2、O_4 为圆心，以 O_2C（或 O_4D）为半径，以连心线为界画四段圆弧，它们必相切于 1、2、3、4 各点而连接成一个近似椭圆，如图 1-42（c）所示。这种用圆弧连成的近似椭圆又叫扁圆。

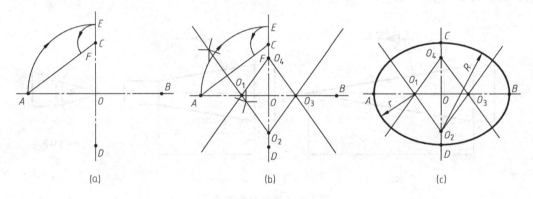

(a)   (b)   (c)

图 1-42　椭圆的画法

五、圆弧连接

在绘制机件的图形时，常遇到用一圆弧光滑地连接另外的两条线（圆弧或直线），这类作图问题称为圆弧连接，如图 1-43 所示。光滑连接，实质上就是平面几何中的相切，其切点即为连接点，因此，圆弧连接作图的主要问题是如何准确地找出连接圆弧的圆心和切点。

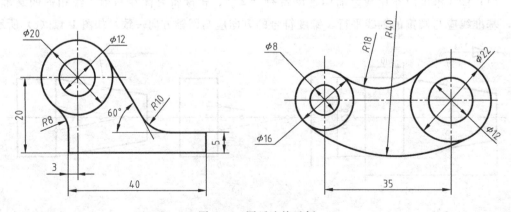

图 1-43　圆弧连接示例

1. 圆弧连接的作图原理

表1-5给出了圆弧连接的作图原理。

表1-5 圆弧连接的作图原理

类别	连接弧与已知直线相切	连接弧与已知圆外切	连接弧与已知圆内切
图例	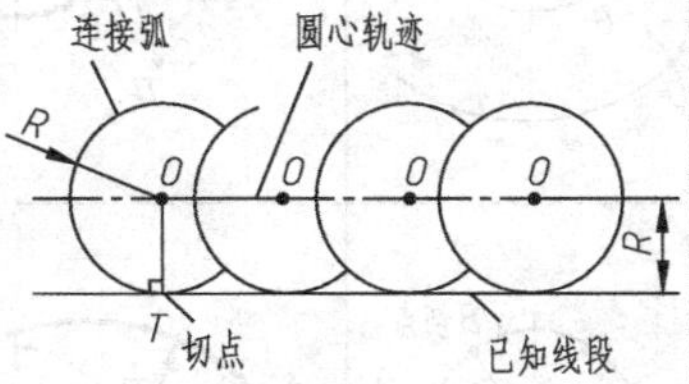	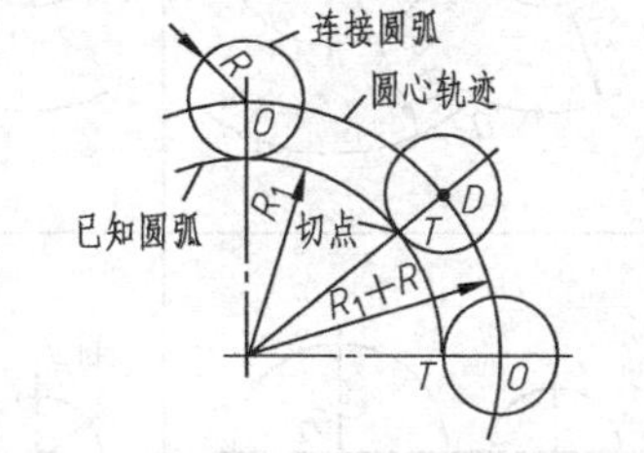	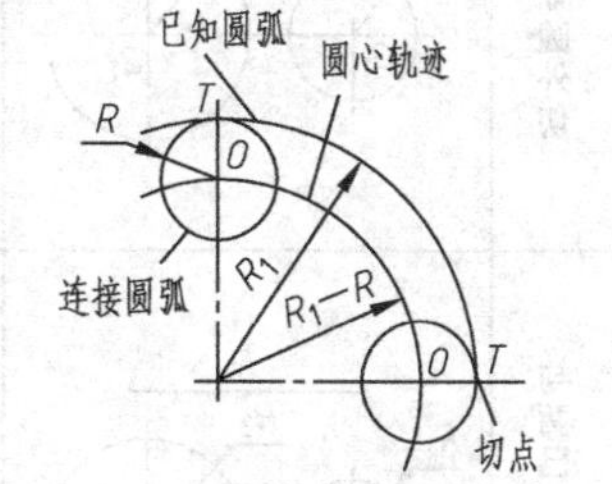
连接弧圆心的轨迹及切点位置	半径为R的连接弧与已知直线相切时，连接弧圆心O的轨迹是与已知直线相距为R且平行于定直线的直线 切点为连接弧圆心向已知直线作垂线的垂足T	半径为R的连接弧与已知圆弧（半径为R_1）外切时，则连接弧圆心的轨迹是已知圆弧的同心圆弧，其半径为$R+R_1$ 切点为两圆心连线与已知圆的交点T	半径为R的连接弧与已知圆弧（半径为R_1）内切时，则连接弧圆心的轨迹是已知圆弧的同心圆弧，其半径为R_1-R 切点为两圆心连线的延长线与已知圆弧的交点T

2. 圆弧连接的作图方法和步骤

无论哪种形式的圆弧连接，最重要的是先求出连接圆弧的圆心，然后再确定出其切点，最后画出连接圆弧。圆弧连接的作图方法和步骤见表1-6。

表1-6 圆弧连接的作图方法和步骤

类别	已知条件	作图的方法和步骤		
		求连接弧圆心O	求切点A、B	画连接弧并加粗
圆弧连接两线段	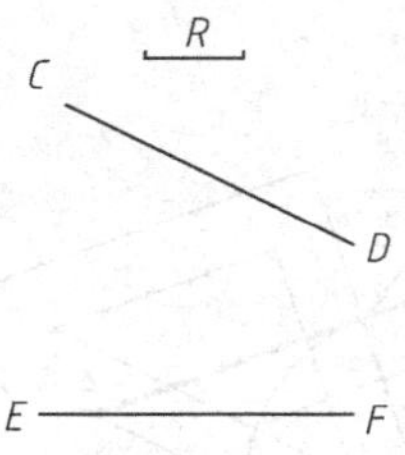	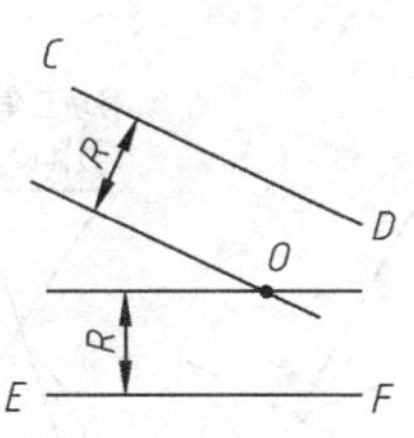	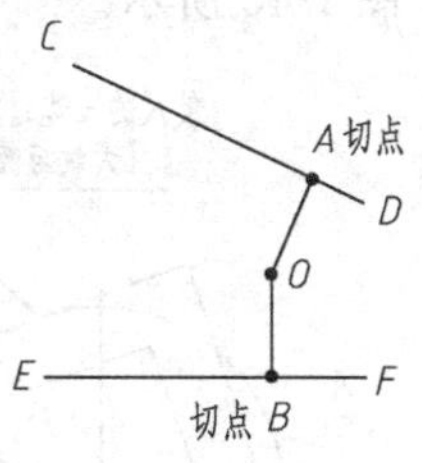	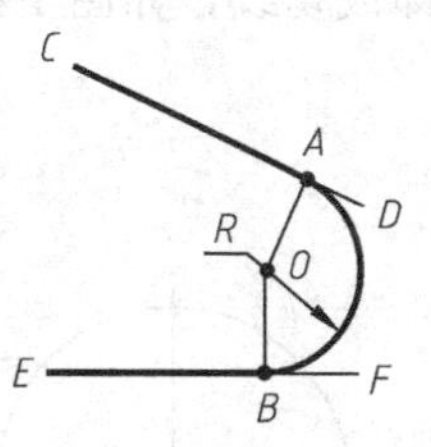
连接线段和圆弧	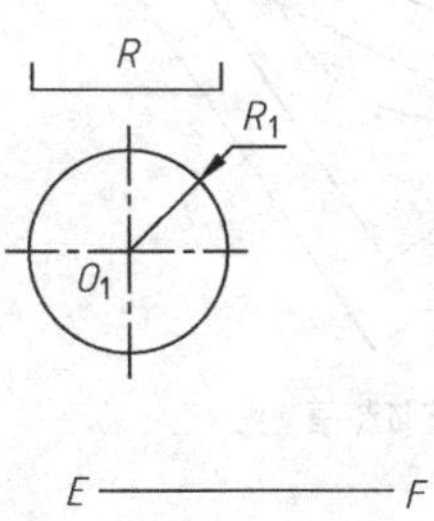	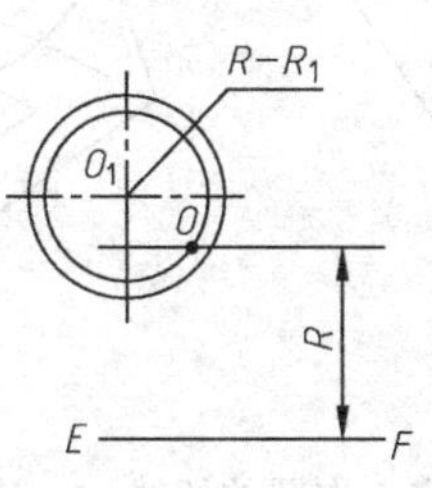	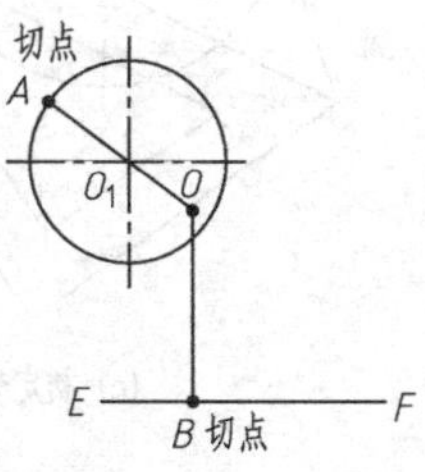	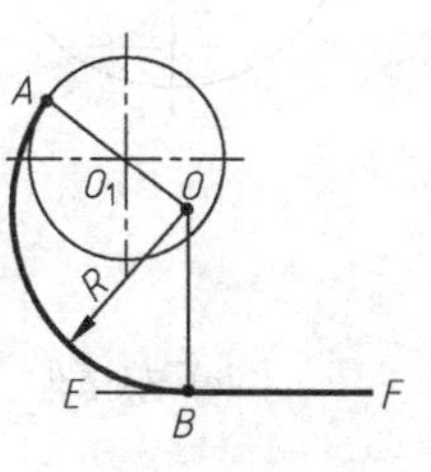

续表

类别	已知条件	作图的方法和步骤
与两已知圆外切	R_1 R_2 R O_1 O_2	略 略 略
与两已知圆内切	R_1 R_2 R O_1 O_2	略 略 略
与两已知圆内外切	R R_1 R_2 O_1 O_2	略 略 略

六、用三角板作圆弧切线

利用三角板作圆弧切线，其作图步骤是首先用三角板的直角边按给定条件切于圆弧的最外点，初步定出切线，然后使其斜边靠紧另一块三角板或直尺的工作边上，保持直尺不动，推动三角板使另一直角边通过圆心，即可在圆周上写出切点的位置，最后连接已知点和切点即成切线，如图1-44、图1-45所示。

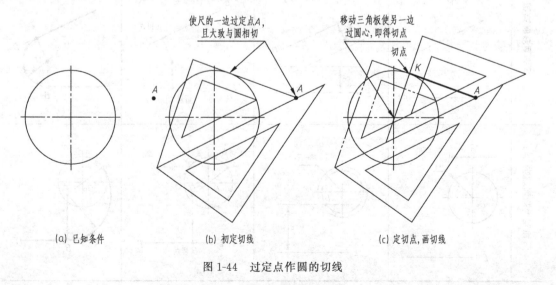

(a) 已知条件　　　　　(b) 初定切线　　　　　(c) 定切点，画切线

图1-44　过定点作圆的切线

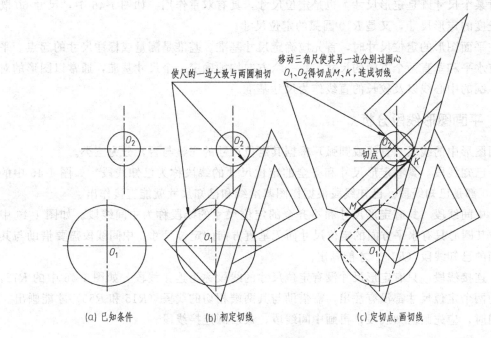

(a) 已知条件　　　(b) 初定切线　　　(c) 定切点,画切线

图 1-45　作两圆的内公切线

第四节　平面图形的画法

平面图形是由各种线段（直线或圆弧）连接而成的。画平面图形前先期要对图形进行尺寸分析和线段性质分析,以便明确平面图形的画图步骤,正确快速地画出图形和标注尺寸。

一、平面图形尺寸分析

平面图形中的尺寸,按其作用不同可分为两类。

（1）定形尺寸　确定平面图形中线段的长度、圆弧的半径、圆的直径以及角度大小等尺寸,称为定形尺寸。如图 1-46 中的 $\phi20$、15、$R12$、$R15$、$\phi5$ 等均为定形尺寸。

（2）定位尺寸　确定图形中各个组成部分（圆心、线段）与基准之间相对位置的尺寸,称为定位尺寸。如图 1-46 中的 8 是确定 $\phi5$ 圆位置的尺寸。

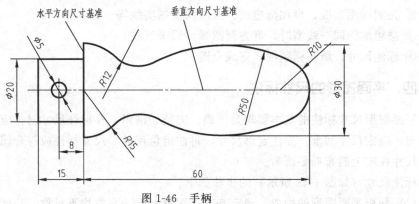

图 1-46　手柄

有时某个尺寸既是定形尺寸，也是定位尺寸，具有双重作用。如图 1-46 中，尺寸 60 既是手柄长度的定形尺寸，又是 R10 圆弧的定位尺寸。

标注平面图形的定位尺寸时，首先应确定尺寸基准。基准是测量或标注尺寸的起点。平面图形有水平和垂直两个方向的尺寸，每一个方向均须确定一个尺寸基准，通常以图形的对称轴线、圆的中心线以及较长的直线作为尺寸基准。

二、平面图形线段分析

平面图形中的线段（直线或圆弧）根据其定位尺寸的完整与否，分为三类。

（1）已知线段　具有定形尺寸和齐全的定位尺寸的线段称为已知线段。如图 1-46 中的 R15、R10 都是已知线段。已知线段根据作图基准线和已知尺寸就能直接作出。

（2）中间线段　具有定形尺寸和不齐全的定位尺寸的线段称为中间线段。如图 1-46 中的 R50，其圆心只有水平方向的定位尺寸而无垂直方向的定位尺寸。中间线段需要借助与其一端相切的已知线段（R10）才能画出。

（3）连接线段　只有定形尺寸没有定位尺寸的线段称为连接线段。如图 1-46 中的 R12，其圆心的两个定位尺寸都没有注出，需借助与其两端相切的线段（R15 和 R50）才能画出。

画图时，应先画已知线段，再画中间线段，最后画连接线段。

三、画图的方法和步骤

（1）准备工作

① 准备好三角板、丁字尺等绘图用具，按各种线型的要求削好铅笔及铅芯。

② 分析图形的尺寸与线段，确定作图步骤。

③ 确定比例，选取图幅，固定图纸。

④ 按国家标准画出图框和标题栏。

（2）绘制底稿

① 用 H 或 2H 铅笔尽量轻、细、准地绘好底稿。

② 画底稿的步骤：确定图形位置画出作图基准线，依次画出已知线段、中间线段和连接线段，见图 1-47。

③ 要求图线细淡、准确、清晰，图面整洁。

④ 全面检查底稿，修正错误，擦去多余图线。

（3）加深描粗

① 先加深粗实线，再加深虚线、点画线及细实线等。

② 描粗加深同一线型时，就先画圆弧，后画直线。

③ 标注尺寸，填写标题栏，完成全图。

四、平面图形的尺寸标注

平面图形尺寸标注的基本要求是正确、完整、清晰。在标注尺寸时，应分析图形各部分的构成，确定尺寸基准，先注定形尺寸，再注定位尺寸。尺寸标注应符合国家标准的有关规定，尺寸在图上的布局要清晰。

标注尺寸（如图 1-48 所示）的步骤如下。

（1）分析平面图形的构成，确定基准。图形上下、左右均不对称，长度方向的基准是右

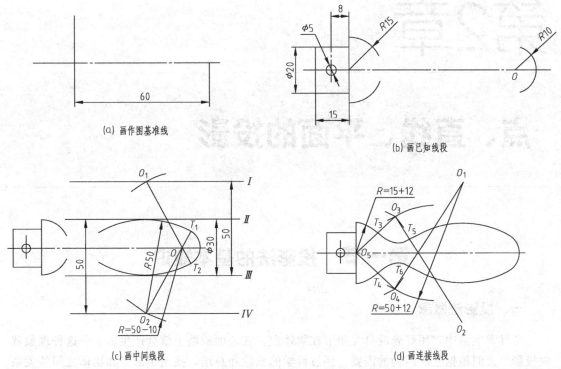

(a) 画作图基准线

(b) 画已知线段

(c) 画中间线段

(d) 画连接线段

图 1-47　绘制平面图形底稿的步骤

边的垂直线。高度方向的基准是下面的水平线。

（2）标注各线段的定形尺寸，如图中尺寸 $R30$、$R18$、$R50$、$\phi15$、$\phi30$ 等。

（3）标注定位尺寸，如图中的 50、70。

（4）检查，尺寸标注完成后应进行检查，看是否有遗漏或重复。可以按画图的过程进行检查，画图时没有用到的尺寸是重复尺寸，应该去掉，如果按所注尺寸无法完成作图，说明尺寸不足，应补上所需尺寸。

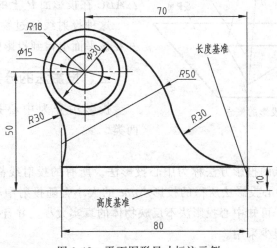

图 1-48　平面图形尺寸标注示例

第2章 ◀◀◀

点、直线、平面的投影

第一节　投影法的基本知识

一、投影法概念

在日常生活中，用灯光或日光照射在物体上，在地面或墙上就会产生影子，这种现象就叫投影。人们根据生产活动的需要，经过科学的抽象和总结，找出了影子和物体之间的关系而形成了投影的方法。

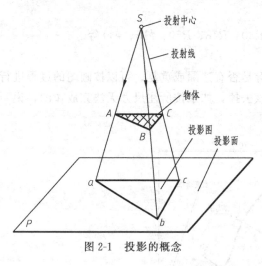

图 2-1　投影的概念

如图 2-1 所示，设光源 S 为投射中心，平面 P 称为投影面，在光源 S 和平面 P 之间有一个 $\triangle ABC$，连接 SA 并延长与平面 P 相交于点 a。点 a 就是空间点 A 在平面 P 上的投影，SA 称为投射线。同理，b、c 是 B、C 的投影。如果将 a、b、c 三点连成 $\triangle abc$，即为空间 $\triangle ABC$ 在投影面 P 上的投影。

这种投射线通过物体，向选定平面投影，并在该平面上得到投影的方法叫做投影法。

二、投影法的分类

投影法分为中心投影法和平行投影法两类。

1. 中心投影法

投射线汇交于一点的投影方法称为中心投影法。所有的投射线都是从投射中心 S 发出的，如图 2-1 所示。中心投影法所得的投影 $\triangle abc$ 的大小会随投射中心 S、物体和投影面三者距离的变化而变化，可知中心投影法不反映物体的真实大小，并且作图比较复杂、度量性差，故在机械图样中很少采用。

2. 平行投影法

假设将投射中心移至无穷远处，这时的投射线可看作是互相平行的。由互相平行的投射线在投影面上作出形体投影的方法称为平行投影法，如图 2-2 所示。

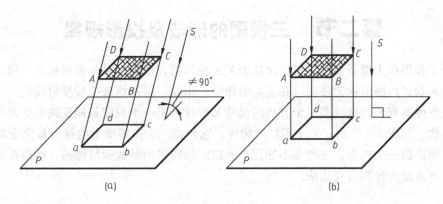

图 2-2　平行投影法

在平行投影法中，因为投射线是相互平行的，若改变形体与投影面的距离，投影的形状和大小不变。

平行投影法按投射线是否垂直于投影面，又分为斜投影法和正投影法。

（1）斜投影法　斜投影法是投射线与投影面相倾斜的平行投影法。根据斜投影法所得的图形，称为斜投影，如图 2-2（a）所示。斜投影在工程上主要用来绘制轴测图。

（2）正投影法　正投影法是投射线与投影面相垂直的平行投影法。根据正投影法所得到的图形称为正投影，如图 2-2（b）所示。

由于正投影法能真实地反映物体的形状和大小，不仅度量性好，而且作图简便。因此，它是绘制机械图样主要使用的投影法。在后续章节中，如不作特别说明，"投影"均指正投影。

三、正投影的基本特性

（1）真实性　当直线段或平面形平行于投影面时，其投影反映线段实长或平面形的实形，如图 2-3（a）所示。它体现了正投影具有度量性好的优点，便于画图、读图、注尺寸。

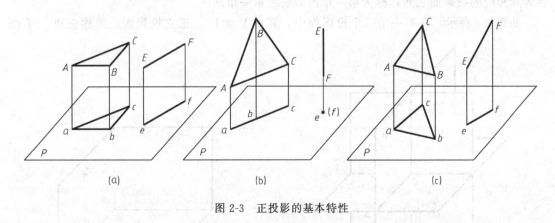

图 2-3　正投影的基本特性

（2）积聚性　当直线段或平面形垂直于投影面时，直线段的投影积聚成点，平面形的投影积聚成线段，如图 2-3（b）所示。

（3）类似性　当直线段或平面形倾斜于投影面时，直线段投影变短，平面形的投影为原图形的类似性，如图 2-3（c）所示。

第二节　三视图的形成及投影规律

一般工程图样大都是采用正投影法绘制的正投影图，根据有关标准和规定，用正投影法所绘制出的物体的图形称为视图（在实际绘图中，用我们的视线来代替投射线）。

空间形体具有长、宽、高三个方向的尺寸和形状，而一个视图只能反映物体两个方向的尺寸和形状。如图 2-4 所示，三个不同的物体，它们在一个投影面上的视图却完全相同，这说明仅有物体的一个视图，一般是不能完全确定空间物体的形状和结构的，所以在机械制图中，常采用多面正投影的表达法。

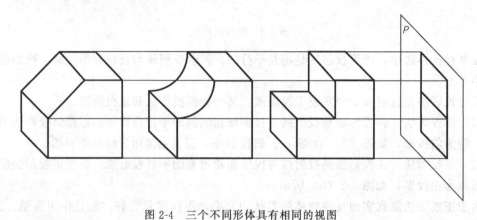

图 2-4　三个不同形体具有相同的视图

一、三面视图的形成

1. 三投影面体系的建立

如图 2-5 所示为设置三个互相垂直的投影面，称为三投影面体系，它把空间分成八个分角，GB/T 4458.1—2002 规定，将形体正放在第一分角中进行投影，此时形体的位置在观察者和相应的投影面之间，称为第一角投影法或第一角画法。

如图 2-6 所示，在第一角三个投影面中，其中 V 面称为正立投影面，简称正面；H 面

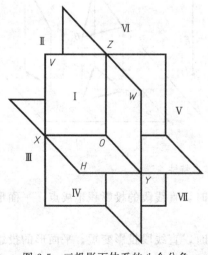

图 2-5　三投影面体系的八个分角

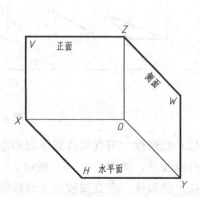

图 2-6　三个投影面的名称和标记

称为水平投影面,简称水平面;W 面称为侧立投影面,简称侧面。也可简称 V 面、H 面、W 面。在三投影面体系中,两投影面的交线称为投影轴,V 面与 H 面的交线为 OX 轴,H 面与 W 面的交线称为 OY 轴,V 面与 W 面的交线称为 OZ 轴。三条投影轴的交点为原点,用字母 O 表示。

2. 分面进行投影

如图 2-7(a)所示,把形体正放在第一角中,正放就是把形体上的主要平面或对称平面置于平行投影面的位置。然后将形体分别向三个投影面进行投影,就可在三个投影面上得到三个视图。

在正面(V)上得到的视图叫主视图,在水平面(H)上得到的视图叫俯视图,在侧面(W)上得到的视图叫左视图。常称它们为三面视图或三视图。

3. 投影面的展开

为了画图方便,需将互相垂直的三个投影面展开摊平在同一个平面上,其方法如图 2-7(b)所示,正面(V)保持不动,使水平面(H)绕 OX 轴向下旋转 $90°$ 与正面(V)成一平面,使侧面(W)绕 OZ 轴向右旋转 $90°$,也与正面(V)成一平面,展开后的三个投影面就在同一图纸平面上,如图 2-7(c)所示。投影面展开摊平后 OY 轴被分为两处,分别用 Y_H 和 Y_W 表示。

在工程图上通常不画投影面的边框线和投影轴,各个投影面和视图的名称也不需要标

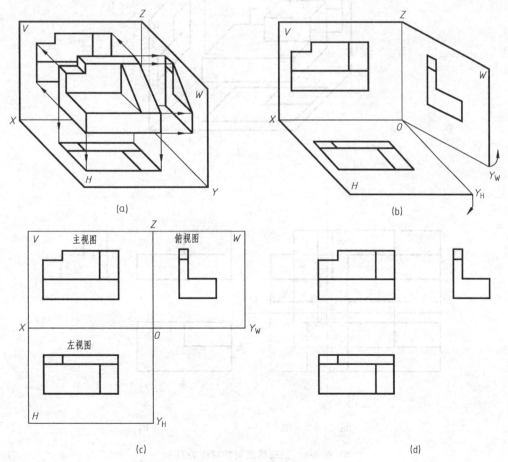

图 2-7　三视图的形成

注，如图 2-7（d）所示。

二、三视图之间的对应关系

1. 位置关系

以主视图为主，俯视图配置在主视图的正下方，左视图在主视图的正右方。画三个视图时必须以主视图为主按上述关系排列三个视图的位置，叫做按投影关系配置视图。这个位置关系是不能变动的，如图 2-8（b）、（c）所示。

2. 尺寸关系

一个形体有长、宽、高三个方向的尺寸，每个视图都反映形体的两个方向尺寸。主视图反映长度和高度，俯视图反映长度和宽度，左视图反映宽度和高度，这样，相邻两个视图同一方向的尺寸相等，即：

主视图和俯视图中的相应投影长度相等，并且对正；

主视图和左视图中的相应投影高度相等，并且平齐；

俯视图和左视图中的相应投影宽度相等。

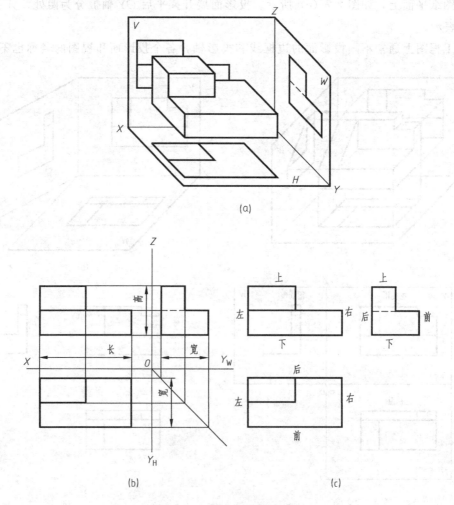

(a)

(b)　(c)

图 2-8　三视图之间的对应关系

"长对正、高平齐、宽相等"又称"三等"规律，概括地反映了三视图之间的关系。不仅针对形体的总体尺寸，形体上的每一几何元素也符合此规律。在画图、读图、度量及标注尺寸时都要遵循这一规律，如图 2-8（b）所示。

3. 方位关系

一个形体有上下、左右、前后六个方位。主视图反映形体的上下和左右关系，俯视图反映形体的左右和前后关系，左视图反映形体的上下和前后关系。其中俯视图和左视图所反映的前后关系最容易弄错，在俯、左视图中，靠近主视图的一边，表示形体的后面，远离主视图的一边，表示形体的前面，如图 2-8（c）所示。

三、画三视图的方法和步骤

画图前，应根据所画形体的形状进行认真观察分析，将形体放正，使其主要平面与投影面平行，然后从三个不同方向对形体进行正投影。为了便于想象，可把每一个视图看作是垂直于相应投影面的视线所看到的形体的真实图像。如要得到形体的主视图，观察者设想自己置身于形体的正前方观察形体，视线垂直于正立投影面。为了获得俯视图，形体保持不动，观察者自上而下俯视形体。左视图也可用同样的方法得到，如图 2-9（a）所示。

三视图的画图步骤如下。

（1）选择主视图：将形体放正，把最能够反映形体形状特征的一面作为主视图的方向，同时尽可能考虑其余两视图简明好画，虚线少，如图 2-9（a）所示。

（2）画基准线：先选定形体长、宽、高三个方向上的作图基准，分别画出它们在三个视图中的投影。通常以形体的对称中心线、底面、端面作为基准，如图 2-9（b）所示。

（3）一般先画主视图，根据长、高尺寸决定大小，如图 2-9（c）所示。

（4）作俯视图，过主视图引垂直线，确保"主视图和俯视图长对正"以及宽度尺寸作图，如图 2-9（d）所示。

（5）画左视图，过主视图引水平线，确保"主视图和左视图高平齐"，借分规或 45°辅助线实现"俯视图和左视图宽相等"，如图 2-9（e）所示。

（6）检查、加深图线，完成三视图，如图 2-9（f）所示。

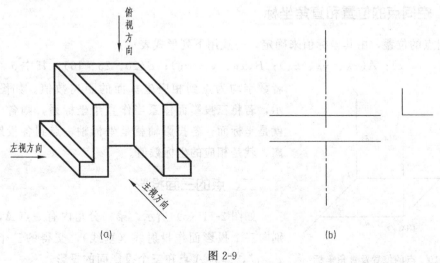

图 2-9

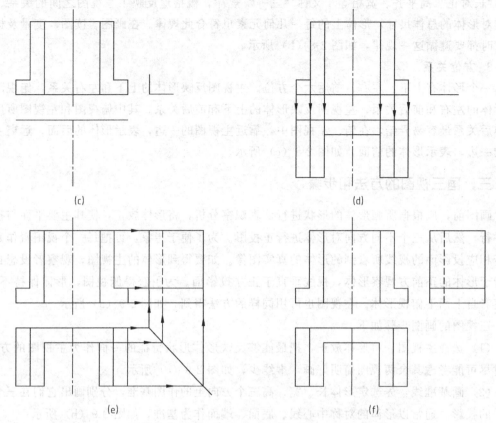

(c)　(d)

(e)　(f)

图 2-9　三视图的作图步骤

第三节　点的投影

点、直线和平面是构成形体的几何元素，而点又是最基本的几何元素，掌握这些几何元素的投影规律，能为绘制和分析形体的投影图提供依据。

一、空间点的位置和直角坐标

空间点的位置，由其坐标值来确定，一般用下列形式表示：

$A(x，y，z)$；$A(x_A、y_A、z_A)$；$B(x_B、y_B、z_B)$；$B(20、25、10)$，其中 x、y、z 或者数字均为点到相应坐标面的距离数值。如图 2-10 所示，若将三投影面体系当作直角坐标系，则各个投影面就是坐标面，各投影轴就是坐标轴，点到各投影面的距离，就是相应的坐标数值。

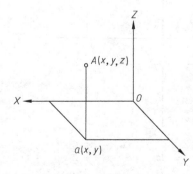

图 2-10　点的位置及直角坐标

二、点的三面投影

如图 2-11 (a) 所示，第一分角内有一点 A，将其分别向三个投影面作投射线（垂线），交得的三个垂足 a、a'、a''，即为 A 点在三个投影面的投影。

一般习惯把空间点用大写字母 A、B、C…表示，空间点在 H 面上的投影用相应的小写字母 a、b、c…表示，在 V 面上的投影用相应的小写字母加一撇 a'、b'、c'…表示，在 W 面上的投影则加二撇 a''、b''、c''…表示。

移去空间点 A，保持 V 面不动，将 H 面绕 OX 轴向下旋转 $90°$，W 面绕 OZ 轴向右旋转 $90°$，如图 2-11（b）所示。旋转与 V 面处于同一平面，得到点 A 的三面投影图，投影图中不必画出投影所在的边界，如图 2-11（c）所示。

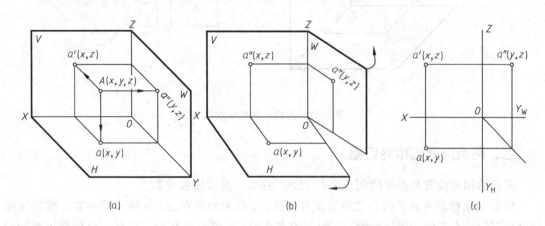

图 2-11　点的三面投影

A 点在 H 面上的投影 a，叫做 A 点的水平投影，它是由 A 点到 W、V 面的距离或坐标值 x、y 确定的，$a(x, y)$。

A 点在 V 面上的投影 a'，叫做 A 点的正面投影，它是由 A 点到 W、H 面的距离或坐标值 x、z 确定的，$a'(x, z)$。

A 点在 W 面上的投影 a''，叫做 A 点的侧面投影，它是由 A 点到 V、H 面的距离或坐标值 y、z 确定的，$a''(y, z)$。

由此可知，点 A 的任意两个投影反映了点的三个坐标值，在已知两投影的情况下就可做出第三投影，也可确定出空间点的位置。反之，有了空间点 A 的一组坐标（x，y，z），就能做出其三面投影（a、a'、a''）。

三、点的三面投影规律

（1）点的 H 面投影 a 和点的 V 面投影 a' 的连线垂直于 OX 轴（$a\,a' \perp OX$）。

（2）点的 V 面投影 a' 和 W 面投影 a'' 的连线垂直 OZ 轴（$a'a'' \perp OZ$）。

（3）点的 H 面投影 a 到 OX 轴的距离等于点的 W 面投影 a'' 到 OZ 轴的距离（$a\,a_{\mathrm{x}} = a''a_{\mathrm{z}}$）。

如图 2-12（a）所示，投射线 Aa 和 Aa' 构成的平面垂直于 H 面和 V 面，则必垂直于 OX 轴，故 $a\,a_{\mathrm{x}} \perp OX$，$a'a_{\mathrm{x}} \perp OX$。当 a 随 H 面绕 OX 轴旋转至与 V 面平齐后，a、a_{x}、a' 三点共线，且 $a\,a' \perp OX$ 轴，如图 2-12（b）所示，同理可得点 A 的正面投影和侧面投影的连线垂直于 OZ 轴，即 $a'a'' \perp OZ$ 轴。

空间点 A 的水平投影到 OX 轴的距离和侧面投影到 OZ 轴的距离均反映该点的 y 坐标，所以 $a\,a_x = a''a_z = y$。

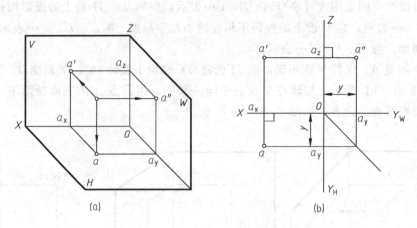

图 2-12　点的三面投影规律

四、两点之间的相对位置

两点的相对位置是指空间两点之间上下、左右、前后位置关系。

根据 x 坐标就可判断两点之间的左右位置，x 值大的点在左，x 值小的在右。根据 y 坐标就可判断两点之间的前后位置，y 值大的点在前，y 值小的在后。根据 z 坐标就可判断两点之间的上下位置，z 坐标大的点在上，反之在下。图 2-13（a）中，$x_A > x_B$，则点 A 在点 B 的左方，$y_A > y_B$，则点 A 在点 B 的前方，$z_A < z_B$，则点 A 在点 B 的下方。即点 A 在点 B 的左、前、下方位置，如图 2-13（b）所示。

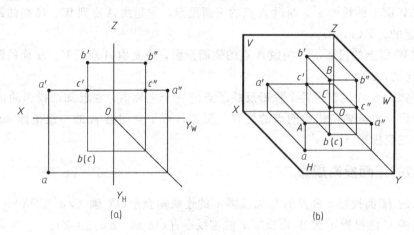

图 2-13　两点间的相对位置

在图 2-13 中，B、C 两个点有两个坐标相等而其水平投影 b、c 重合在一起。这种空间两个无从属关系的点，称为重影点。它们在某一个投影面上的重合的投影则称为重影。

重影点必有两对同名坐标对应相等，而需由第三坐标判别其投影的可见性。如 B、C 两点的 x、y 坐标相等，那么就由 z 坐标差来判别两点的水平投影的可见性，由于 $z_B > z_C$，可知 B 点在 C 点的上方，故 b 为可见，c 为不可见，其中不可见点的投影用括号括起来，如（c）。

【例 2-1】　如图 2-14 所示，已知点 A 的两个投影 a 和 a'，求做其第三个投影 a''。

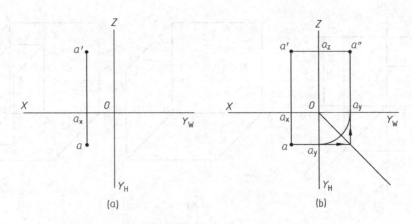

图 2-14 根据点的两个投影求作第三个投影

根据点的投影规律，作图步骤如下：

（1）根据投影规律，$a'a'' \perp OZ$ 轴，故 a'' 一定在过 a' 而且垂直于 OZ 轴的直线上。

（2）由于 a'' 到 OZ 轴的距离等于 a 到 OX 轴的距离，所以量取 $a''a_z = aa_x$，如图 2-14（b）所示，可通过作 45°斜线或画圆弧得到 a''。

【例 2-2】 作空间 A 点到三个投影面 W、V、H 面的距离分别是 30、10、20 的三面投影图。

作图步骤如下：

（1）画出投影轴，并在 OX 轴上自原点 O 向左量取 30 定出点 a_x，如图 2-15（a）所示。

（2）过点 a_x 作 OX 轴的垂线，自 a_x 沿 OY_H 轴方向量取 10 写出水平投影 a，沿 OZ 轴方向量取 20 定出正面投影 a'，这样就完成了点 A 的两面投影，如图 2-15（b）所示。

（3）点 A 的侧面投影 a'' 可通过作 45°斜线或画圆弧作出，如图 2-15（c）所示。

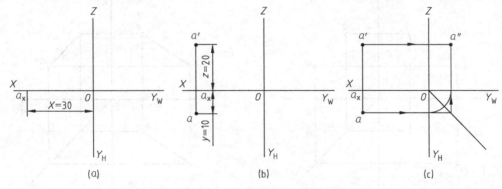

图 2-15 作点的三面投影图

【例 2-3】 根据点 A 的三面投影图，画出点 A 的空间位置立体图，如图 2-16（a）所示。

作图步骤如下：

（1）先画出投影轴的立体图，将 OX 轴画成水平位置，OY 轴与 OX 轴成 45°，OZ 轴与 OX 轴垂直，投影面的边框线与相应投影轴平行，如图 2-16（b）所示。

（2）在 OX 轴上截取 $Oa_x = x$，由 a_x 作 OY 轴的平行线，使 $a_x a = y$，由 a 引 OZ 轴的平行线，向上截取 $aA = z$。这样就做出了空间点 A 位置，如图 2-16（c）所示。

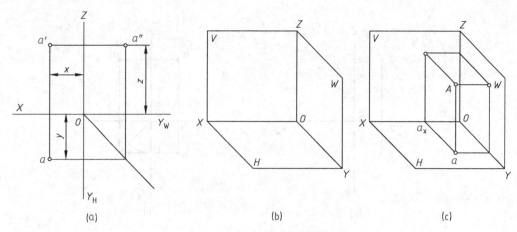

图 2-16　点的空间位置立体图画法

第四节　直线的投影

一、直线的投影简介

直线的各面投影可由直线上两个点的同面投影来确定。因此就可得出作直线三面投影的基本方法，即分别作出直线上两端点的三面投影，然后将两端点的同面投影连接起来即为直线段的投影。

如图 2-17（a）所示，已知线段 AB 两端点的坐标为：A(25，20，10)、B(10，10，20)，求作线段 AB 的三面投影。可先分别作出线段两端点的三面投影 a、a′、a″和 b、b′、b″，然后将其同面投影连接起来，即得直线 AB 的三面投影 ab、a′b′、a″b″，如图 2-17（b）所示。

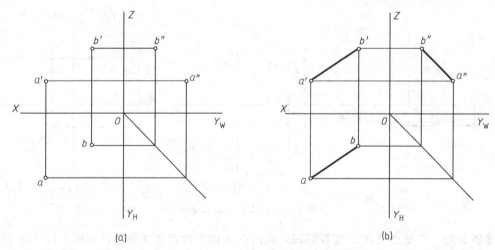

图 2-17　直线的投影

二、各种位置直线的投影

根据直线在三投影面体系中对投影面的位置不同，可将直线分为一般位置直线、投影面平行线和投影面垂直线三类。投影面平行线和投影面垂直线也称为特殊位置直线。

1. 一般位置直线的投影

与三个投影面都倾斜的直线称为一般位置直线。根据立体几何中的射影定理，一般位置直线与其投影之间的夹角为直线对该投影面的倾角，分别用 α、β、γ 表示，如图 2-18（a）所示，角 α 是直线 AB 与其水平投影 ab 之间的夹角，也是 AB 对 H 面的倾角。同理，角 β 是直线 AB 对 V 面的倾角，角 γ 是直线对 W 面的倾角。

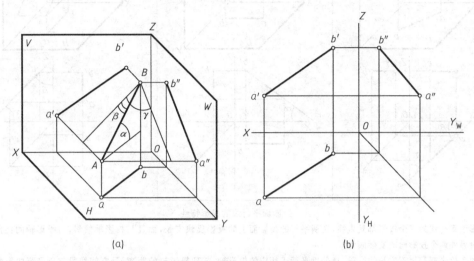

图 2-18　一般位置直线的投影图

一般位置直线的投影特性如下。

（1）一般位置直线的三面投影都是直线，且均与投影轴倾斜，它们与投影轴的夹角，均不反映直线对投影面的倾角，如图 2-18（b）所示。

（2）一般位置直线的三面投影的长度都短于实长，其投影长度与直线对各投影面的倾角有关，即 $ab = AB\cos\alpha$，$a'b' = AB\cos\beta$，$a''b'' = AB\cos\gamma$。

借助上述投影特性，如果已知直线的两个投影，且均与投影轴线倾斜，就可判断其为一般位置直线。

2. 投影面平行线的投影

平行于一个投影面而与另外两个投影面倾斜的直线称为投影面平行线。投影面平行线又分为三种，与正面平行的直线称为正平线，与水平面平行的直线称为水平线，与侧面平行的直线称为侧平线。

投影面平行线对三个投影面（H、V、W）的倾角分别用 α、β、γ 表示。

表 2-1 列出了三种投影面平行线的立体图、投影图和投影特性。

画图时，对于投影面平行线，应先画出反映实长的投影，然后再画其它两面投影。

利用投影面平行线的投影特性，如果已知直线的两个投影，一条与投影轴倾斜，另一条与投影轴平行，则可判定其为投影面平行线，且倾斜的那个投影反映线段的实长。

3. 投影面垂直线的投影

垂直于一个投影面的直线称为投影面垂直线。投影面垂直线也分为三种，垂直于 V 面的直线，称为正垂线，垂直于 H 面的直线，称为铅垂线，垂直于 W 面的线，称为侧垂线。

表 2-2 列出了三种投影面垂直线的立体图、投影图和投影特性。

表 2-1　投影面平行线的投影图

水平线	正平线	侧平线

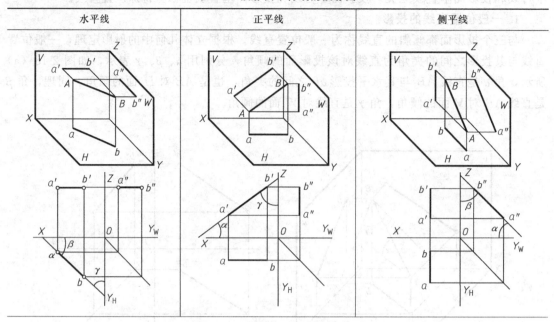

投影面平行线的投影特性

投影面平行线的三个投影都是直线,在所平行的投影面上的投影反映实长,而且与投影轴倾斜,与投影轴的夹角反映直线对另外两个投影面的实际倾角

另两个投影都是短于实长的线段,且分别平行于相应的投影轴,其到投影轴的距离,是空间线段与所平行的投影面之间的真实距离

表 2-2　投影面垂直线的投影图

正垂线	铅垂线	侧垂线

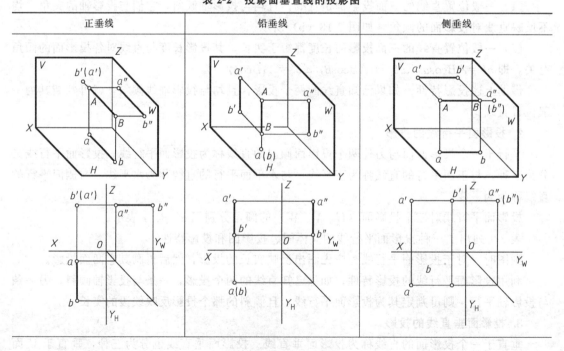

投影面垂直线的投影特性

投影面垂直线在所垂直的投影面上的投影积聚为一点。其它两个投影都反映线段实长,且垂直于相应投影轴

画图时，对于投影面垂直线，应先画积聚为点的投影，然后再画其它两面投影。

如果已知直线的两个投影中，一个积聚为点，那么该直线肯定是投影面垂直线，且垂直于积聚为点的那个投影面。

三、直线上的点及求一般位置直线的实长

（1）直线上任一点的投影必在该直线的同名投影上，且符合点的投影规律。

如图 2-19 所示，点 C 从属于直线 AB，则点 C 的三面投影必定分别在直线 AB 的同面投影 ab、$a'b'$、$a''b''$ 上，且符合同一个点的投影规律。

反之，在投影图中，若点的各面投影都在直线的同面投影上，且符合点的投影规律，则该点必在直线上。

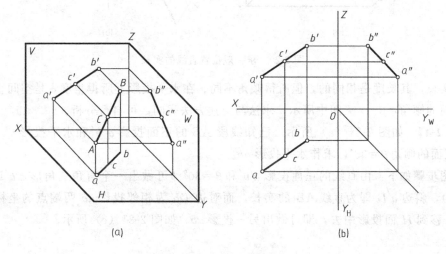

图 2-19　从属于直线的点

（2）点分线段之比，投影后保持不变。若线段上的点将线段分成定比，则该点的投影也必将该线段的同面投影分成相同的定比。如图 2-19 所示，$\dfrac{AC}{CB}=\dfrac{ac}{cb}=\dfrac{a'c'}{c'b'}=\dfrac{a''c''}{c''b''}=K$（定比）。

（3）求一般位置直线的实长。由一般位置直线的投影特性可知，一般位置直线的三面投影都不反映实长。要做出一般位置直线的实长，首先要对一般位置直线的立体投影图进行分析，如图 2-20（a）所示，研究空间一般位置直线与其投影之间的几何关系，得出求一般位置直线实长的方法。

在图 2-20（a）中，过 A 点作 ab 的平行线交 Bb 于 C 点，由于 $Bb \perp ab$，$ab /\!/ AC$，所以 $Bb \perp AC$，那么三角形 ABC 为一直角三角形。在直角三角形 ABC 中，斜边 AB 就是线段本身，反映实长，底边 AC 等于线段 AB 的水平投影 ab，对边 BC 等于线段 AB 两端点的 z 坐标之差（$\Delta z = z_B - z_A$），也即等于 $a'b'$ 两端点到投影轴 OX 的距离之差，而斜边 AB 与底边的夹角即为线段 AB 对水平投影面的倾角 α。这种求实长的方法称为直角三角形法。

直角三角形法——将空间直线在某个投影面上的投影作为直角三角形的底边，用其相邻投影面上两个端点的坐标差作为对边，做出一直角三角形。此直角三角形的斜边就是空间直线的实长，而斜边与底边的夹角就是空间直线对投影面的倾角。

作图方法如图 2-20（b）所示，由线段的任一投影为底边都可用直角三角形法求出空间

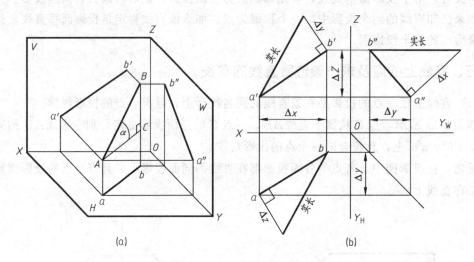

图 2-20　求一般位置直线的实长

线段的实长，其长度是相同的，但所得倾角不同。在水平投影上所得角度 α 是空间直线对水平投影面的倾角，β、γ 见图中所示，求法与上述方法类同，可自行分析。

【例 2-4】　如图 2-21（a）所示，已知线段 AB 的正面投影 $a'b'$ 和水平投影 a，并已知 AB 对正面的倾角 $\beta=30°$，求作水平投影 ab。

作图步骤如下：由直线的正面投影 $a'b'$ 和 $\beta=30°$ 即可做出一个直角三角形 $a'b'D$。如图 2-21（b），斜边 $a'D$ 即为直线 AB 的实长，而对边 Db' 为相邻投影 ab 两端点的坐标差 Δy，再将 Δy 移到 H 面投影中去，即可做出另一投影 ab。如图 2-21（c）所示。

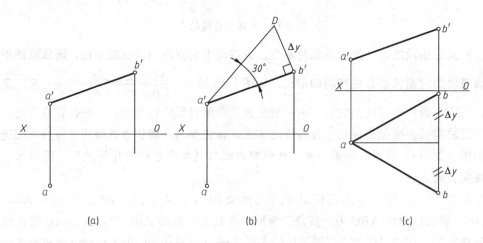

图 2-21　直角三角形法应用示例

【例 2-5】　如图 2-22 所示，已知侧平线 AB 的两面投影及线上一点 C 的正面投影 c'，求其水平投影 c。

作图步骤如下：过 a 点取锐角作任一直线，使 $ab_1 = a'b'$，$ac_1 = a'c'$，然后根据点分线段的定比性质，连 bb_1，并过 c_1 作 bb_1 的平行线，交 ab 于 c，根据相似三角形的定比性质得到所求的 c 点。

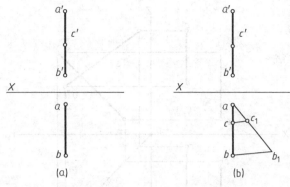

图 2-22 应用定比性质求点的投影

第五节 两直线的相对位置

两直线的相对位置有三种情况：相交、平行、交叉。前两种位置的直线统称为共面直线，交叉直线是异面直线。

一、平行两直线

若空间两直线平行，则它们的各组同面投影必定互相平行。如图 2-23 所示，由于 $AB /\!/ CD$，则必定 $ab /\!/ cd$、$a'b' /\!/ c'd'$、$a''b'' /\!/ c''d''$。换言之，如果投影图中三组同面投影都互相平行，则此两直线在空间也必定互相平行。

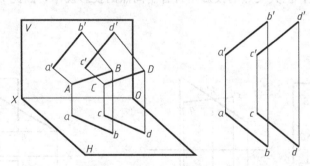

图 2-23 平行两直线的投影

对于一般位置直线而言，它们的两组同面投影平行就足可判定它们在空间是平行的。如果是特殊位置直线，并且反映实长的一组同名投影互相平行，也足可证明两直线在空间是互相平行的。但是如果特殊位置直线不反映实长的那组投影并未画出时，就要慎重判断直线是否平行，如图 2-24 中，虽然直线 AB 和 CD 在 V 面和 H 面上的同面投影都互相平行，但不反映实长，故不能就此判定为两直线平行，还应当检查其第三组投影是否平行，如果补画出其 W 面投影，就可看出是不平行的两条侧平线。

二、相交两直线

相交两直线的各组同面投影也必定相交，而且交点的投影符合空间点的投影规律。反之，若投影图中两直线在三个投影面上的同面投影都相交，并且交点的投影符合空间点的投

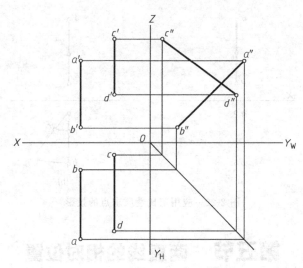

图 2-24　*AB* 和 *CD* 不平行

影规律，则此两直线在空间必定相交。

如图 2-25（a）所示为相交两直线 *AB* 和 *CD*，它们的交点为 *K*，其同面投影 *a′b′* 与 *c′d′*、*ab* 与 *cd*、*a″b″* 与 *c″d″* 均相交，其交点 *k′*、*k*、*k″* 为 *AB* 与 *CD* 的交点的三面投影，并且 *K* 点的三面投影 *k*、*k′*、*k* 符合空间点的投影规律，如图 2-25（b）所示。

判断一般位置直线是否相交，一般根据两组同面投影就能作出正确的判断，但是，在图 2-26 中，*AB* 为侧平线，所以还要看该直线在所平行的投影面上的投影情况，在 *W* 面上虽然它们的投影也相交，但其交点的投影不符合空间点的投影规律，因此 *AB* 和 *CD* 在空间不相交。

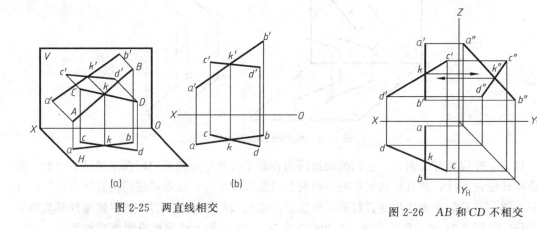

图 2-25　两直线相交　　　　　　　　　　　　　　图 2-26　*AB* 和 *CD* 不相交

三、交叉两直线

两条既不平行又不相交的直线叫做交叉两直线。

交叉两直线的各面投影不符合平行两直线的投影特性，也不符合相交两直线的投影特性。交叉两直线的同名投影也可能相交。如图 2-27 所示，*AB* 和 *CD* 两直线的同面投影都相交，但交点不符合空间点的投影规律，不是两直线共有点的投影。

如图 2-27（b）所示，从 *ab* 与 *cd* 的交点 *h*≡（*k*）作投影轴的垂线，分别与 *a′b′* 和 *c′d′* 交

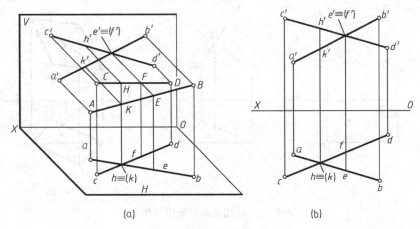

图 2-27 交叉两直线的投影

于两个点 k' 和 h'，可见 ab 与 cd 的交点 $h \equiv (k)$ 不是空间两直线交点的投影，而实际上是直线 CD 上的点 H 和直线 AB 上的点 K 在水平投影面上的重影点。同理，交点 $e' \equiv (f')$ 是直线 AB 上的点 E 和直线 CD 上的点 F 在正面的重影点。

判别交叉两直线可见性的方法：从重影点画投影轴的垂线到另一投影面，就可把重影点分成两个点，两个点中坐标较大的一点为可见，坐标小的不可见。

四、直角投影定理

空间垂直相交的两直线，若其中的一条直线是某一投影面的平行线，则在所平行的投影面上的投影仍为直角。反之，若相交两直线在某投影面上的投影为直角，且其中有一直线平行于该投影面时，则该两直线在空间必互相垂直。这就是直角投影定理。

如图 2-28（a）所示，已知空间直线 $AB \perp BC$，BC 是水平线，所以其水平面投影 $ab \perp bc$，如图 2-28（b）所示（读者可自行证明）。

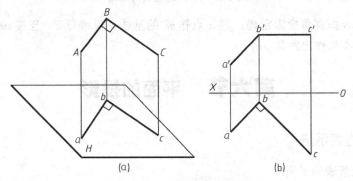

图 2-28 直角投影定理

【例 2-6】 已知菱形 $ABCD$ 的对角线 BD 的两面投影和另一对角线 AC 一个端点 A 的水平投影 a，BD 为正平线，如图 2-29（a）所示，求作菱形的两面投影图。

作图步骤如下：

（1）根据直角投影定理、菱形的对角线互相垂直平分的性质，先作出 $b'd'$ 的垂直平分线，然后根据点的投影规律定出 a' 点、k' 点。再根据 k' 定出 k 点，如图 2-29（b）所示。

（2）根据菱形的对角线互相垂直平分的性质，定出 c 和 c'，完成全图，如图 2-29（c）

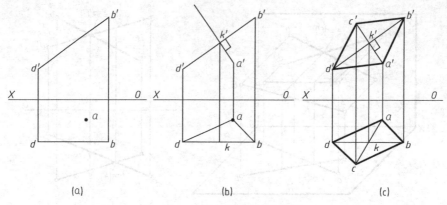

图 2-29　应用直角投影定理作图

所示。

【例 2-7】　如图 2-30（a）所示，已知水平线 BC 和 A 点的两面投影，求作点 A 到直线 BC 的距离。

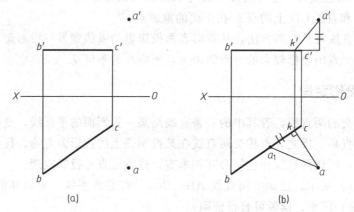

图 2-30　求点到直线的距离

作图如下：根据直角投影定理，过 a 点作 bc 的垂线，得垂足 k，连接 ak、$a'k'$ 然后利用直角三角形法求实长作出距离 aa_1。

第六节　平面的投影

一、平面的表示法

1. 用几何元素表示平面

由平面几何可知，不在同一条直线上的三个点可以确定一个两面，从这个公理推出，在投影图上可以用下列任何一组几何要素的投影表示平面，如图 2-31 所示。

（1）不在同一直线上的三点，如图 2-31（a）所示。

（2）一直线与直线外一点，如图 2-31（b）所示。

（3）相交两直线，如图 2-31（c）所示。

（4）平行两直线，如图 2-31（d）所示。

（5）任意平面形，如图 2-31（e）所示。

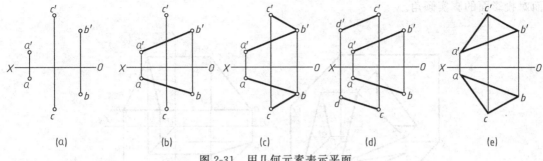

图 2-31 用几何元素表示平面

2. 用迹线表示平面

平面与投影面的交线，称为平面的迹线。平面可以用迹线表示，用迹线表示的平面称为迹线平面，如图 2-32（a）所示。

平面 P 与 H 面的交线称为水平迹线，用 P_H 表示；

平面 P 与 V 面的交线称为正面迹线，用 P_V 表示；

平面 P 与 W 面的交线称为侧面迹线，用 P_W 表示。

P 面与投影轴线的交点 P_X、P_Y、P_Z 称为迹线集合点，它们分别位于 OX、OY、OZ 轴上。

由于迹线既是平面内的直线，又是投影面内的直线，所以迹线的一个投影与其本身重合，另两个投影与相应的投影轴重合。在用迹线表示平面时，为了简明起见，只画出并标注与迹线本身重合的投影，而省略与投影轴重合的迹线投影，如图 2-32（b）所示。

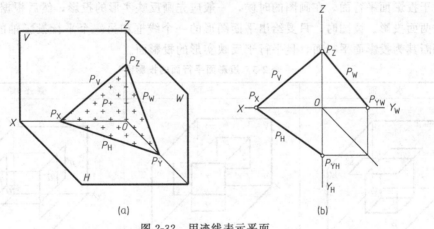

图 2-32 用迹线表示平面

二、各种位置平面的投影

根据平面在三投影面体系中对三个投影面所处的位置不同，可将平面分为一般位置平面、投影面平行面和投影面垂直面三类。后两类又称为特殊位置平面。

平面对 H、V、W 三投影面的倾角分别用 α、β、γ 表示。

1. 一般位置平面

与三个投影面都处于倾斜位置的平面称为一般位置平面。

如图 2-33（a）所示，平面 $\triangle ABC$ 与 H、V、W 面都处于倾斜位置，倾角分别为 α、β、γ。图 2-33（b）是 $\triangle ABC$ 的三面投影，三个投影都是 $\triangle ABC$ 的类似形，且均不能反映该平

面对投影面的真实倾角。

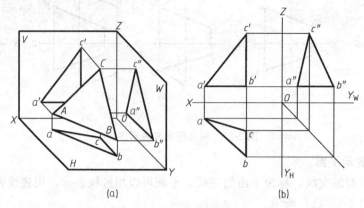

图 2-33 一般位置平面的投影

一般位置平面的投影特性：一般位置平面的三面投影均为类似形线框，不反映实形，也不反映该平面对投影面的倾角。

2. 投影面平行面

平行于一个投影面的平面称为投影面平行面。一平面平行于一个投影面，必定与另外两个投影面垂直。平行于 V 面的称为正平面，平行于 H 面的称为水平面，平行于 W 面的称为侧平面。

表 2-3 列出了三种投影面平行面的立体图、投影图和投影特性。

对于投影面平行面，在画图的时候，一般应先画反映实形的投影，然后根据投影关系再画其它两面投影。读图时，只要给出平面图形的一个线框和另一个平行投影轴的积聚投影，就可判断其为投影面平行面，且平行于反映实形的投影面。

表 2-3 投影面平行面的投影图

水 平 面	正 平 面	侧 平 面

投影面平行面的投影

投影面平行面在所平行的投影面上的投影反映实形，另外两个投影面上的投影积聚成线，且平行于相应的投影轴

3. 投影面垂直面

垂直一个投影面而与另外两个投影面倾斜的平面称为投影面垂直面。垂直于 H 面的平面称为铅垂面，垂直于 V 面的平面称为正垂面，垂直于 W 面的平面称为侧垂面。

表 2-4 列出了三种投影面垂直面的立体图、投影图和投影特性。

对于投影面垂直面，在画图的时候，一般应先画有积聚性的那个投影，然后根据投影关系再画出另外两个类似形线框的投影。读图时，只要给出平面形的一个类似形线框的投影和为一段斜线的积聚性投影，就可判定该平面形为投影面垂直面，且垂直于斜线所在的投影面。

表 2-4　投影面垂直面的投影图

铅垂面	正垂面	侧垂面
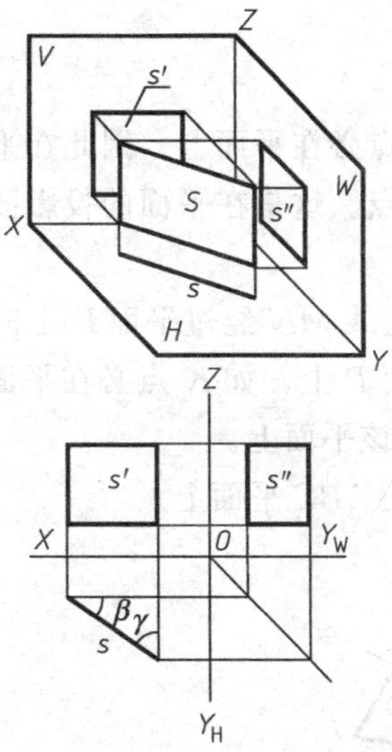	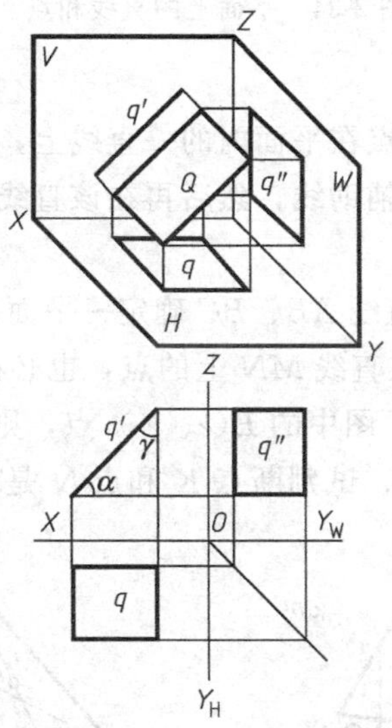	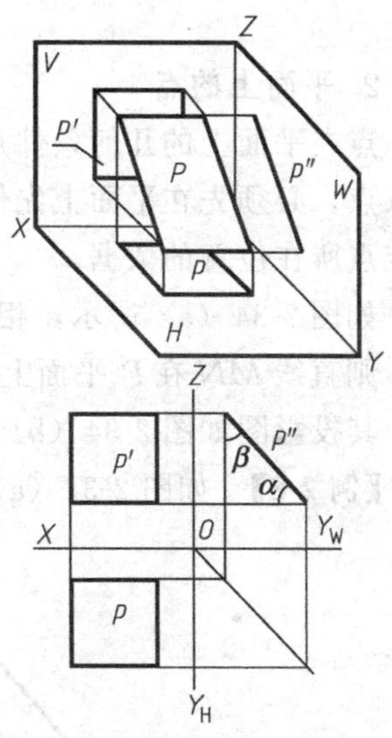

投影面垂直面的投影特性

投影面垂直面在所垂直的投影面上的投影积聚为线，且倾斜于投影轴，它与投影轴的夹角反映该平面对另外两个投影面的倾角的真实大小。在其它两个投影面上的投影为该平面的类似形

三、平面上的直线和点

1. 平面上的直线

直线在平面上的几何条件是：

（1）若一直线经过平面上的两个点，则此直线必在该平面上；

（2）若一直线经过平面上的一个点，并且平行于平面上的另一条直线，则此直线必在该平面上。

如图 2-34（a）所示，相交两直线 AB、BC 确定一平面 P，在两直线上各取点 N 和 M，则经过此两点的直线 MN 必在平面 P 上。若过 C 点引一直线 CD 平行于 AB，则 CD 也必在 P 平面上。在投影图中的作图方法如图 2-34（b）所示。

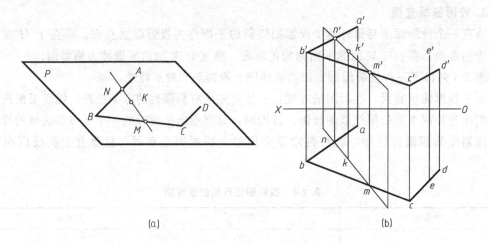

(a)   (b)

图 2-34　平面上的直线和点

2. 平面上的点

点在平面上的几何条件是：若点在平面内的一直线上，则该点必在平面上。因此在平面上取点，必须先在平面上先作一条辅助线，然后再在该直线上取点。这是在平面的投影图上确定点所在位置的依据。

如图 2-34（a）所示，相交两直线 AB、BC 确定一平面 P，直线 MN 经过平面 P 上的两点，则直线 MN 在 P 平面上。凡在直线 MN 上的点，也必在平面 P 上，如 K 点必在平面 P 上，其投影图如图 2-34（b）所示。图中的 $E(e，e')$ 点，则不在该平面上。

【例 2-8】 如图 2-35（a）所示，试判断点 K 和点 N 是否在△ABC 平面上。

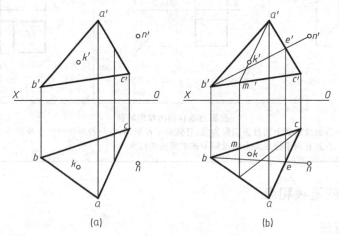

(a)   (b)

图 2-35　判断点是否在平面上

作图步骤如下：

（1）判断点 K 是否在△ABC 平面上。过 k' 点作属于平面的辅助线 AM 的正面投影 $a'm'$，然后连接水平投影 am，K 点的水平投影 k 不在 am 上，可见空间点 K 不在△ABC 平面上。

（2）判断 N 点是否在△ABC 平面上。过 n 点作属于平面的辅助线 BE 的水平投影 be，然后连接正面投影 $b'e'$ 并延长，n' 在 $b'e'$ 的延长线上，则空间点 N 在△ABC 平面上。

四、平面上的投影面平行线

属于平面且又平行于一个投影面的直线称为平面上的投影面平行线。

平面上的投影面平行线一方面要具有投影面平行线的投影特性，另一方面又要符合直线在平面上的条件。

同一平面上可以作无数条投影面平行线，而且都互相平行。若规定必须通过平面内某个点或者规定了与某个投影面的距离，则在平面上只能作出一条投影面平行线。

如图 2-36（a）所示，若过 A 点在平面内要作一水平线 AM，先过 a′作 a′m′∥OX 轴，再求出它的水平投影 am，a′m′和 am 即为△ABC 上一水平线 AM 的两面投影。若过 C 点在平面内要作一正平线 CN，可过 c 作 cn∥OX 轴，再求出它的正面投影 c′n′，c′n′和 cn 即为△ABC 上一正平线 CN 的两面投影，如图 2-36（b）所示。

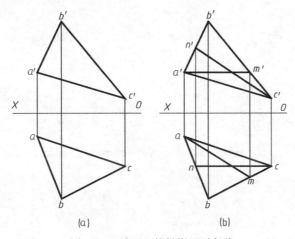

(a)　　　　　　(b)

图 2-36　平面上的投影面平行线

【例 2-9】　如图 2-37（a）所示，要求在△ABC 平面上取一点 K，使 K 点在 A 点之下 15mm，在 A 点之后 10mm，试求出 K 点的两面投影。

分析：由已知条件得知，可以利用平面上的投影面平行线作辅助线求得。K 点在 A 点

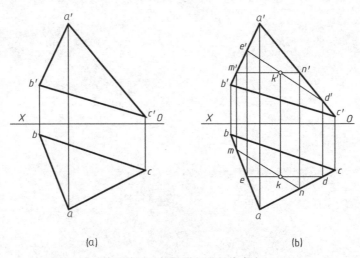

(a)　　　　　　　　(b)

图 2-37　利用平面上的投影面平行线求点

之下 15mm，可利用平面上的水平线，K 点在 A 点之后 10mm，可利用平面上的正平线，K 点必在两直线的交点上。作图步骤如下：

（1）如图 2-37（a）所示从 a′ 向下量取 15mm，作一平行于 OX 轴的直线，与 a′b′ 交于 m′，与 a′c′ 交于 n′。连接水平线的正面投影 m′n′ 和水平投影 mn。

（2）从 a 点向后量取 10mm，作一平行于 OX 轴的直线，与 ab、ac 分别交于 e、d。连接正平线的水平投影 ed 和正面投影 e′d′。从而作出 K 点的正面投影 k′ 和水平投影 k。

第3章

◀◀◀

基本体与基本体表面交线

机器上的零件，不论形状多么复杂，都可以看作是由柱、锥、台、球、环等基本几何体（简称基本体）按照不同的方式组合而成。如图 3-1 所示，是由基本体所组成的球阀零件。熟练地掌握基本体投影的作图方法、图形特征以及其截交线、相贯线投影的画法和识读，是今后绘制与识读各种图样的基础。

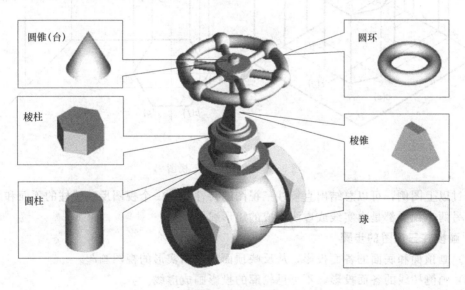

圆锥(台)

圆环

棱柱

棱锥

圆柱

球

图 3-1　球阀零件

基本体按照表面性质的不同，通常分为平面体和曲面体两类。

第一节　平　面　体

表面全部由平面所围成的立体，称为平面体。平面体上相邻表面的交线称为棱线。

平面体主要分为棱柱和棱锥两种，由于平面体的各表面都是平面形，因此不管是什么形状的平面体，只要做出其各个平面形的投影，就可绘出该平面体的视图。

一、棱柱

棱柱有直棱柱（侧棱与底面垂直）和斜棱柱（侧棱与底面倾斜）。

棱柱的顶面和底面是两个形状相同而且互相平行的多边形，各侧面都是矩形或平行四边形。当顶面和底面为正多边形的直棱柱，则称为正棱柱。

1. 棱柱的投影

以正六棱柱为例。如图 3-2（a）所示为一正六棱柱，由上、下两个底面（正六边形）和六个棱面（矩形）组成。设将其放置成上、下底面与水平投影面平行，并有两个棱面平行于正投影面。

上、下两底面均为水平面，它们的水平投影重合并反映实形，正面及侧面投影积聚为两条相互平行的直线。六个棱面中的前、后两个为正平面，它们的正面投影反映实形，水平投影及侧面投影积聚为一直线。其他四个棱面均为铅垂面，其水平投影均积聚为直线，正面投影和侧面投影均为类似形，如图 3-2（b）所示。

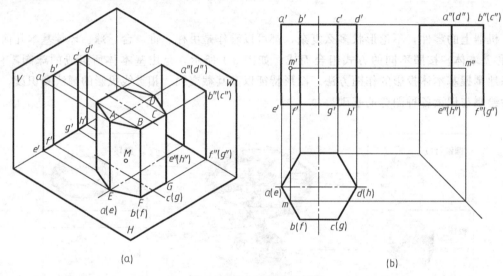

(a)   (b)

图 3-2　正六棱柱的三视图

通过以上图例，可以总结出直棱柱三视图的特性是：一个视图反映棱柱的顶面和底面的实形，另两个视图都是由实线或虚线组成的矩形线框。

2. 画棱柱三视图的步骤

（1）画顶面和底面的各面投影，从反映顶面和底面实形的视图画起。

（2）画侧棱线的各面投影，不可见轮廓的投影画成虚线。

国标：在投影图中，可见轮廓线用粗实线表示，不可见轮廓线用细虚线表示。当多种图线发生重叠时，应以粗实线、虚线、点画线等顺序优先绘制。

3. 棱柱表面上点的投影

由于直棱柱的表面都处在特殊位置，所以棱柱表面上点的投影均可利用平面投影的积聚性来作图。

在判别可见性时，若该平面处于可见位置，则该面上点的同名投影也是可见，反之为不可见。在平面积聚投影上的点的投影，可以不必判别其可见性。如图 3-2（b）所示，已知棱柱表面上点 M 的正面投影 m'，求作它的其他两面投影 m、m''。因为 m' 可见，所以点 M 必在面 $ABFE$ 上。此棱面是铅垂面，其水平投影积聚成一条直线，故点 M 的水平投影 m 必在此直线上，再根据 m、m' 可求出 m''。由于 $ABFE$ 的侧面投影为可见，故 m'' 也为可见。

【例 3-1】　如图 3-3 所示，已知正六棱柱的表面上的 M 点的正面投影 m'，N 点的侧面

投影 n''，求各点的另两面投影。

作图步骤如下。

（1）判断点在哪个面上。

（2）在点所在面的积聚投影上确定点投影的位置。

（3）作出点的另一面投影。

（4）判断可见性。

由于 M 点在 BCGF 棱面上，为正平面，水平投影有积聚性，因此 M 点的水平投影 m 必在该侧面的水平投影 $bcgf$ 上，直接求出 m，再根据 m' 和 m 求出 m''，m'' 可见。同理，根据 N 点的侧面投影 n''，根据 45°辅助线作出其水平投影 n，最后求出正面投影 n'，n' 不可见。

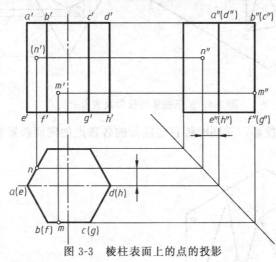

图 3-3　棱柱表面上的点的投影

二、棱锥

棱锥的底面为多边形，各侧面为具有公共顶点的三角形。从棱锥顶点到底面的距离叫做棱锥的高。当棱锥的底面为正多边形、各侧面是全等的等腰三角形时，称为正棱锥。

1. 棱锥的投影

以正三棱锥为例。如图 3-4（a）所示为一正三棱锥，它的表面由一个底面（正三角形）和三个侧棱面（等腰三角形）围成，设将其放置成底面与水平投影面平行，并有一个棱面为侧垂面。

由于棱锥底面△ABC 为水平面，所以它的水平投影反映实形，正面投影和侧面投影分别积聚为直线段 $a'b'c'$ 和 $a''b''$（c''）。棱面△SAC 为侧垂面，它的侧面投影积聚为一段斜线 $s''a''$（c''），正面投影和水平投影为类似形△$s'a'c'$ 和△sac，前者为不可见，后者可见。棱面△SAB 和△SBC 均为一般位置平面，它们的三面投影均为类似形。

棱线 SB 为侧平线，棱线 SA、SC 为一般位置直线，棱线 AC 为侧垂线，棱线 AB、BC 为水平线。

棱锥三视图的特征是：一个视图反映棱锥底面的实形，另两个视图都是由实线或虚线组成的有公共交点的三角形。

2. 画棱锥三视图的步骤

（1）画底面的各面投影。

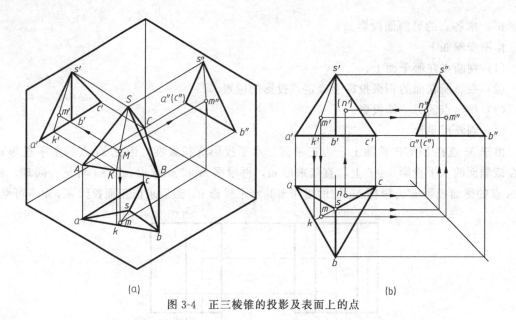

(a)   (b)

图 3-4 正三棱锥的投影及表面上的点

（2）作锥顶的各面投影，并同时将它与底面的各顶点的同面投影相连，不可见轮廓画成虚线，如图 3-5 所示。

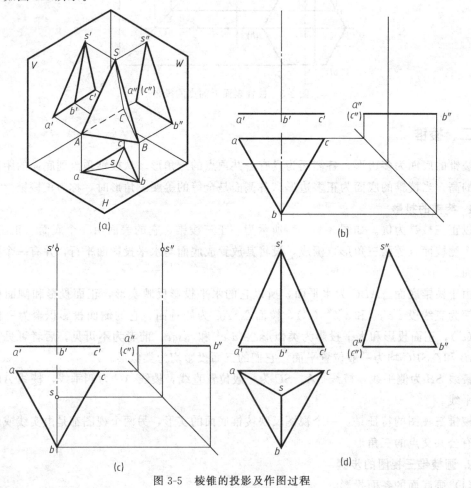

(a)   (b)

(c)   (d)

图 3-5 棱锥的投影及作图过程

3. 棱锥表面上的点的投影

凡属于特殊位置平面上的点，可利用投影的积聚性直接求得。对于一般位置平面上的点，则通过在该面上作辅助线的方法求得。如图 3-4 所示，已知正三棱锥表面上点 M 的正面投影 m' 和点 N 的水平面投影 n，求作 M、N 两点的其余投影。

因为 m' 可见，因此点 M 必定在△SAB 上。△SAB 是一般位置平面，采用辅助线法，过点 M 及锥顶点 S 作一条直线 SK，与底边 AB 交于点 K。图 3-4（b）中即过 m' 作 $s'k'$，再作出其水平投影 sk。由于点 M 属于直线 SK，根据点在直线上的从属性质可知 m 必在 sk 上，求出水平投影 m，再根据 m、m' 可求出 m''。

根据 N 点的水平投影 n，可知点 N 必定在棱面△SAC 上。棱面△SAC 为侧垂面，它的侧面投影积聚为直线段 $s''a''$（c''），因此 n'' 必在 $s''a''$（c''）上，由 n 点通过 45°作图辅助线求得 n''，再由 n 和 n'' 求出 n'。

4. 棱锥台

棱锥台可看成由平行于棱锥底面的平面截去棱锥的锥顶部分而形成的，其顶面和底面为互相平行的相似多边形，侧面为梯形。由正棱锥截得的称为正棱台，其侧面为等腰梯形。

图 3-6 所示为正四棱台的三视图。俯视图分别反映了四棱台的顶面和底面的实形，顶面和底面的各对应边相互平行。

作棱锥台的三视图的方法：一般先作棱锥台的顶面与底面的投影，再连接各侧棱线完成三视图。也可先画棱锥的三视图，再作棱锥台顶面的投影，最后擦去多余图线。

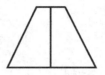
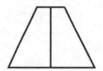
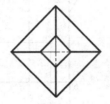

图 3-6　正四棱台的三视图

第二节　回 转 体

由曲面或曲面与平面围成的形体，称为曲面体。在机件中常见的曲面体是回转体，如圆柱、圆锥、圆球等。

一、圆柱

1. 圆柱面的形成

圆柱由顶面、底面和圆柱面所组成。圆柱面可看成是由一条直母线，围绕与它平行的轴线回转而成，如图 3-7（a）所示。圆柱面上任意一条平行于轴线的直线，称为圆柱面的素线。

2. 圆柱的视图分析及画法

如图 3-7（b）所示，当圆柱的轴线垂直于水平投影面时，它的俯视图为一圆，反映圆柱顶面和底面的实形，而圆周又是圆柱面的积聚投影，在圆柱面上任何点或线的投影都重合在这一圆的圆周上。

圆柱的主视图为一个矩形线框。矩形的上、下边线是圆柱顶面和底面的积聚投影。矩形左、右两条边是圆柱面上最左和最右两条轮廓素线的投影。即圆柱面前半部（可见部分）与

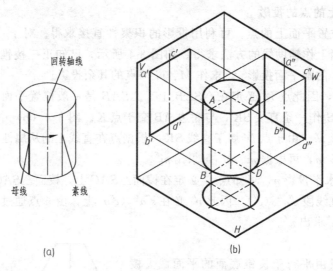

图 3-7　圆柱面的形成及投影

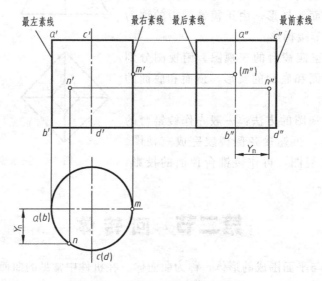

图 3-8　圆柱的三视图及表面取点

后半部（不可见部分）的分界线。它们的水平投影积聚为点，在俯视图的圆周与前后对称中心线的交点处。它们的侧面投影与圆柱的轴线（点画线）重合，因圆柱表面是光滑的曲面，所以在画图时不应画出轮廓素线在其它投影面上的投影。

左视图中的矩形线框上、下边，分别表示圆柱顶面和底面的积聚投影。矩形左、右两条边是圆柱面上最前和最后两条轮廓素线的投影。即是圆柱曲面左半部（可见部分）和右半部（不可见部分）的分界线。它们在其余两个视图中的投影情况，其俯视图分别积聚在左右对称中心线与圆形线框的交点上，主视图与轴线重合。

画圆柱的三视图时，先用细点画线画出轴线和圆的对称中心线，再画投影为圆的视图，最后画其余两个视图。

3. 圆柱面上点的投影

如图 3-8 所示，已知圆柱面上 M 点的侧面投影 m'' 和 N 点的正面投影 n'，求 M、N 点的其它两面投影。

由于 M 点的侧面投影 m'' 不可见，且在中心线上，故 M 点必在圆柱面的最右素线上，因此 m'、m 必在最右素线的相应投影上，直接求出。而 N 点的正面投影 n' 可见，故 N 点必在前半个圆柱面上，因此 n 必在俯视图的前半个圆上。先求出 n，根据 n'、n 求出 n''，n'' 可见。

二、圆锥

1. 圆锥面的形成

如图 3-9（a）所示，圆锥面可看成是由一条直母线，围绕与它相交的轴线回转而成，母线的任一位置称为圆锥面的素线。

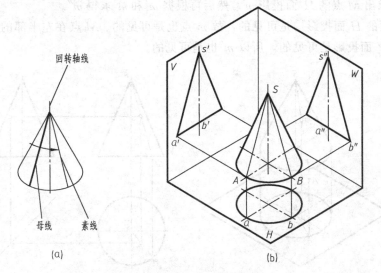

图 3-9　圆锥面的形成及投影

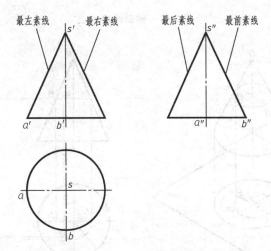

图 3-10　圆锥的三视图

2. 圆锥视图的分析及其画法

如图 3-9（b）所示为圆锥轴线垂直于 H 面的投影情况。图 3-10 是圆锥的三视图，其中圆锥底面的 V 面投影和 W 面投影有积聚性。

俯视图是一个圆形线框，表示圆锥面的投影，同时也反映圆锥底面的实形。

圆锥的主、左视图为等腰三角形线框，其底边都是圆锥底面的积聚投影。三角形的两腰，分别为圆锥面上各轮廓素线的投影。

画圆锥的三视图时，先用细点画线画出轴线和圆的对称中心线，再画出投影为圆的视图，最后画出其余两个视图。

3. 圆锥面上点的投影

如图 3-11、图 3-12 所示，已知圆锥面上 M 点的 V 面投影 m′，求作其 H 面和 W 面投影，作图方法有两种。

（1）辅助线法　如图 3-11 所示，过锥顶 S 和锥面上 M 点做一素线 SA，作出其 H 面投影 sa，就可求出 M 点的 H 面投影 m，然后再根据 m′ 和 m 求得 m″。

由于锥面的 H 面投影均是可见的，故 m 点也是可见的。M 点在左半部的锥面上，而左半部锥面的 W 面投影是可见的，所以 m″ 也是可见的。

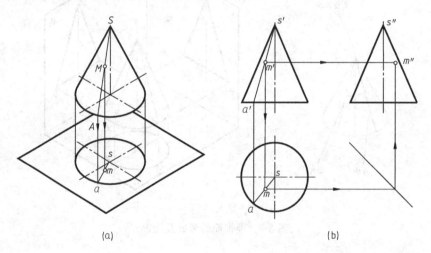

图 3-11　辅助线法求点

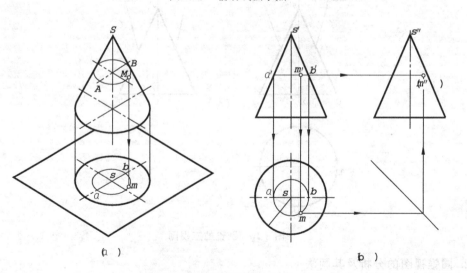

图 3-12　辅助纬圆法求点

（2）辅助圆法　如图 3-12 所示，可在锥面上过 M 点作一纬圆，这个圆是过 M 点垂直于圆锥轴线的，M 点的各个投影必在此纬圆的相应投影上。

如图 3-12 (b) 所示，在主视图上过 m' 点作水平线交圆锥轮廓素线于 $a'b'$，即为纬圆的 V 面投影。在俯视图中作出纬圆的 H 面投影（以 s 为圆心，sa 为半径画圆），然后过 m' 点作 X 轴垂线交于该圆的下半个圆周上得 m 点。最后由 m' 和 m 求得 m''。并判别其可见性。

4. 圆锥台

圆锥台可看成由平行于圆锥底面的平面截去锥顶部分而形成的。如图 3-13 所示为圆锥台的三视图。圆锥台视图的绘制及表面取点的方法与圆锥基本相同。值得注意的是当用辅助线法取点时一定要过原圆锥的锥顶作辅助线。

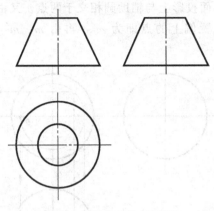

图 3-13　圆锥台的三视图

三、圆球

1. 圆球面的形成

圆球面可看成是由一个圆作母线，以其直径为轴线回转而成，如图 3-14 (a) 所示。在母线上任一点的运动轨迹均是一个圆。点在母线上的位置不同，其圆的直径也不相同。

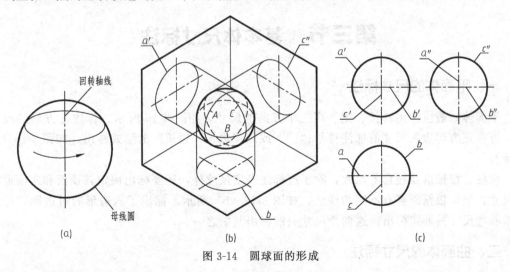

图 3-14　圆球面的形成

2. 圆球的视图及分析

如图 3-14 (b) 所示为圆球的投影图，如图 3-14 (c) 所示为圆球的三视图。圆球在三个投影面上的投影都是直径相等的圆，但这三个圆分别表示圆球面上三个方向轮廓素线圆的投影。正面投影的圆是平行于 V 面的轮廓素线圆 A（它是前半球与后半球的分界线，前半球可见，后半球不可见）的投影。与此类似，侧面投影的圆是平行于 W 面的轮廓素线圆 C（它是左半球与右半球的分界线，左半球可见，右半球不可见）的投影；水平投影的圆是平行于 H 面的轮廓素线圆 B（它是上半球与下半球的分界线，上半球可见，下半球不可见）的投影。这三条轮廓素线圆的其它两面投影，都与相应圆的中心线重合，不应画出。

3. 球面上点的投影

如图 3-15（a）所示，已知球面上点 M 的水平投影 m，求作其余两个投影。过点 M 作一平行于正面的辅助圆，它的水平投影为过 m 的直线 ab，正面投影为直径等于 ab 长度的圆。自 m 向上引垂线，在正面投影上与辅助圆相交于两点。又由于 m 可见，故点 M 必在上半个圆周上，据此可确定位置偏上的点即为 m'，再由 m、m' 可求出 m''，如图 3-15（b）所示。

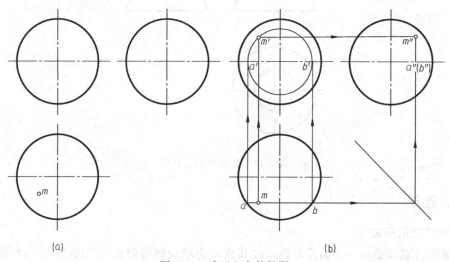

图 3-15　球面上点的投影

第三节　基本体尺寸标注

一、平面体的尺寸标注

平面体一般应注出其长、宽、高三个方向的尺寸，如图 3-16 所示。标注正方形的尺寸时，可在正方形边长尺寸前加注符号"□"或用"边长×边长"的形式注出［如图 3-16（e）所示］。

棱柱、棱锥以及棱台的尺寸，除了应标注高度尺寸外，还要标出决定其顶面和底面形状的尺寸，但可根据需要有不同的注法，如图 3-16（h）所示，标出了六边形的对边距，对角距以参考尺寸的形式标出，这两个尺寸只能标出其中之一。

二、曲面体的尺寸标注

圆柱和圆锥应标出底圆直径和高度尺寸，圆锥台还应标注顶圆直径，在标注直径尺寸时，应注意在数字前面加注符号"ϕ"，并且要标注在非圆的视图上，用这种标注形式有时只要用一个视图就能确定其形状和大小，其它视图就可省略，如图 3-17 所示。

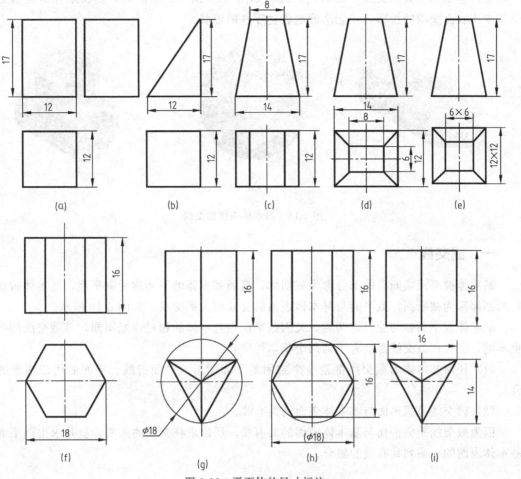

图 3-16 平面体的尺寸标注

圆球在直径数字前加注符号"$S\phi$"，也只需一个视图，如图 3-17（d）所示。半圆球在半径数字前加注符号"SR"，如图 3-17（e）所示。

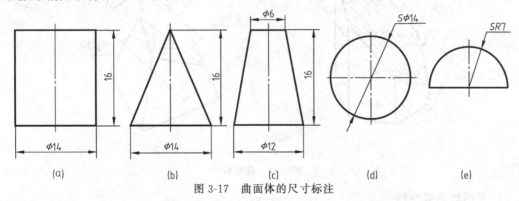

图 3-17 曲面体的尺寸标注

第四节 基本体表面的交线

机械零件表面上常见的交线有两种，一种是平面与基本体表面的交线，称为截交线；另一种是两基本体表面的交线，称为相贯线，如图 3-18 所示。画图时，要特别注意正确地画出基本体表面交线的投影，才能准确地表达零件的形状。

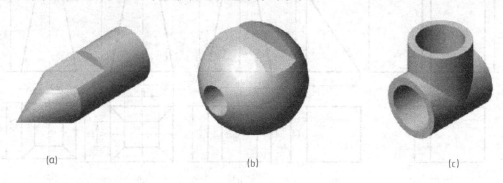

图 3-18　基本体表面的交线

一、截交线

基本体被平面截断后的部分称为截切体，截断基本体的平面称为截平面，基本体被截断后的断面称为截断面，截平面与基本体表面的交线称为截交线，如图 3-19 所示。

基本体有平面体与曲面体两类，又因截平面与基本体的相对位置不同，其截交线的形状也不同，但任何截交线都具有下列两个基本性质：

（1）任何基本体的截交线都是一个封闭的平面图形（平面折线、平面曲线或两者的组合）。

（2）截交线是截平面与基本体表面的共有线。

因为截交线是截平面与基本体表面的共有线，所以求截交线的实质，就是求出截平面与基本体表面的一系列共有点的集合。

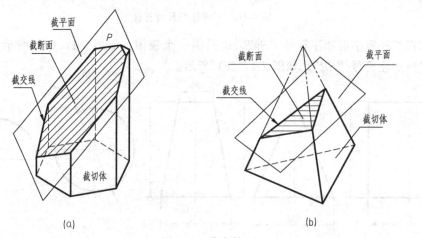

图 3-19　截断体

1. 平面体的截交线

平面体的表面是由若干个平面图形所组成的，所以它的截交线均为封闭的、直线段围成的平面多边形。多边形的各个顶点是棱线与截平面的交点，多边形的每一条边是棱面与截平面的交线。因此，求作平面体的截交线，就是求出截平面与平面体上各被截棱线的交点，然后依次连接即得截交线，如图 3-20 所示。

【例 3-2】　补全如图 3-20（a）所示六棱柱被截切后的水平投影和侧面投影。

作图步骤与方法：

（1）分析　根据图 3-20（a）可知，截平面与六棱柱的七个面相交，所以截交线的形状为七边形。七边形的七个顶点分别是截平面与棱柱棱线、棱柱上底面两条边线的交点。七边形的正面投影积聚为直线，水平投影和侧面投影为不反映实形的七边形。

（2）作图

① 画出正六棱柱的原始三面投影图，如图 3-20（a）所示。

② 画出截交线的投影。即先利用截平面的积聚性投影，找出截交线上各顶点的正面投影 1′、2′、3′、4′、（5′）、（6′）、（7′）；再根据属于直线的点的投影特性，求出各顶点的水平投影 1、2、3、4、5、6、7 及侧面投影 1″、2″、3″、4″、5″、6″、7″；然后判断截交线的可见性，顺次连接各顶点的同面投影，即为截交线的投影，如图 3-20（b）所示。

③ 根据可见性处理棱线。即将可见棱线画成粗实线，不可见棱线画成细虚线，擦去多余的图线，整理描深完成全图，如图 3-20（c）所示。

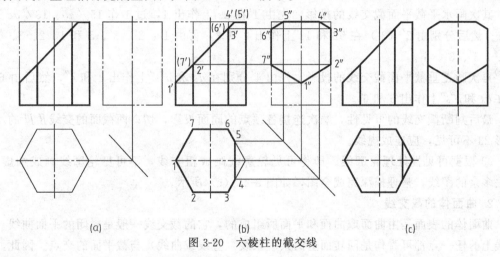

图 3-20　六棱柱的截交线

【例 3-3】　图 3-21（a）为带切口的正三棱锥的正面投影，试画出正三棱锥被截切后的水平投影和侧面投影。

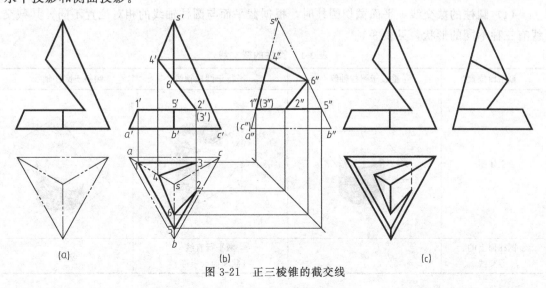

图 3-21　正三棱锥的截交线

作图步骤与方法：

（1）分析

空间分析：分析截平面与棱锥的相对位置，确定截交线的形状。如图 3-21（a）所示，切口是由一个水平面和一个正垂面截切三棱锥而形成的，两个截平面都与四个面相交，所以截交线的形状为四边形。四边形的四个顶点分别是截平面与棱锥棱线的交点及截平面的交线与棱锥前右棱面、后棱面的交点。

投影分析：分析截平面与投影面的相对位置，确定截交线的投影特性。如图 3-21（a）所示，正垂截平面的正面投影具有积聚性，水平投影和侧面投影为不反映实形的四边形；水平截平面的正面、侧面投影积聚成一条直线，水平投影为反映实形的四边形，并且各边分别平行于底面各边。两个截平面都垂直于正投影面，所以它们的交线一定是正垂线。

（2）作图

① 画出正三棱锥的原始三面投影图和截交线的投影，如图 3-21（b）所示。

首先补全正三棱锥未截切时的左视图。

其次画水平截平面截交线的投影。先由 $1'$ 在 as 上作出 1，过 1 作 $15 /\!/ ab$、$13 /\!/ ac$、$52 /\!/ bc$，然后分别由 $2'$（$3'$）在 52 和 13 上作出 2 和 3，再由 $1'$、$2'$、$3'$、$5'$ 和 1、2、3、5 作出 $1''$、$2''$、$3''$、$5''$。

再次画正垂截平面截交线的投影。先由 $4'$ 分别在 as 和 $a''s''$ 上作出 4 和 $4''$，然后由 $6'$ 分别在 bs 和 $b''s''$ 上作出 6 和 $6''$。

最后判断截交线的可见性，顺次连接各顶点的同面投影，切口两截面的交线 Ⅱ Ⅲ 的水平投影 23 不可见，应连成虚线。

② 根据可见性处理轮廓线。即将可见轮廓线画成粗实线，不可见轮廓线画成细虚线，擦去多余的图线，整理描深完成全图，如图 3-21（c）所示。

2. 曲面体的截交线

曲面体的表面是由曲面或曲面和平面所组成的，它的截交线一般是封闭的平面曲线。截交线上的任一点都可看作是回转面上的某一条线（直线或曲线）与截平面的交点。因此，在回转面上适当地作出一系列辅助线（素线或纬圆），并求出它们与截平面的交点，然后依次光滑连接即得截交线。这种作图方法可称为辅助线法。

（1）圆柱的截交线　平面截切圆柱时，根据截平面与圆柱轴线的相对位置不同，其截交线有三种不同的形状，见表 3-1。

表 3-1　圆柱的截交线

截平面位置	垂直于圆柱轴线	平行于圆柱轴线	倾斜于圆柱轴线
立体图	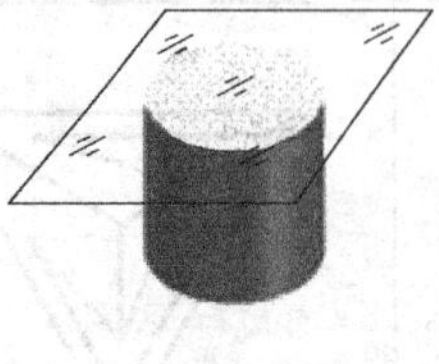	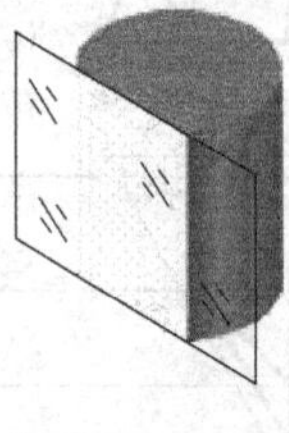	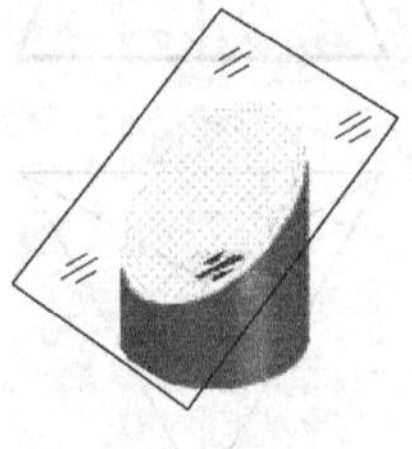
圆柱面上的截交线	圆	两平行直线 （截断面为矩形）	椭圆

续表

截平面位置	垂直于圆柱轴线	平行于圆柱轴线	倾斜于圆柱轴线
三视图			

【例 3-4】　如图 3-22 所示，完成被正垂面截切后的圆柱的三视图。

作图步骤与方法：

① 分析：由于截平面为正垂面，倾斜于圆柱轴线，且完全切在圆柱面上，故截交线应为椭圆。截交线的正面投影积聚成直线；俯视图中圆柱面的投影具有积聚性，故截交线的水平投影与圆柱面的积聚投影重合，侧面投影为椭圆。

② 作图。

a. 求作截交线上特殊位置点的投影。圆柱的四条特殊位置素线与截平面的交点是截交线上的特殊点，利用主视图上截交线的积聚投影，确定四个特殊点的正面投影 a'、b'、c'、d'，其中，A 在最左素线上，为最低、最左点，C 在最右素线上，为最高、最右点，两点的连线 AC 为椭圆的长轴；最前、最后素线上的两点 B、D 分别为最前、最后点，其连线 BD 为椭圆的短轴。根据投影关系求出各点的其它两面投影。这四个特殊点的三面投影一旦确定，截交线的走向和大致范围基本确定。

b. 求作一般点。根据具体情况作出适当数量的一般点，如图中的 E、F、G、H。

c. 整理轮廓线。擦去左视图中被截去部分的投影。

d. 判断可见性，光滑连接各点。左视图中，截交线可见部分用粗实线将各点依次连接起来，完成全图。

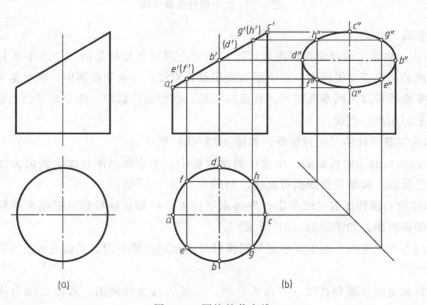

(a)　　　　　　　　　　(b)

图 3-22　圆柱的截交线

【例 3-5】 如图 3-23（a）所示，已知平面截切空心圆柱的正面投影，试作出其水平投影和侧面投影。

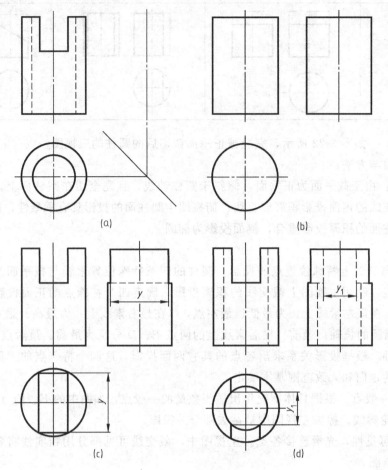

图 3-23　空心圆柱的截交线

作图步骤与方法：

① 分析：由给定的两面投影图形可知，该空心圆柱的切口是由一个水平面和两个侧平面截切形成的。在正面投影中，三个平面均积聚为直线；在水平投影中，两个侧平面积聚为直线，水平面为带圆弧的平面图形，且反映实形；在侧面投影中，两个侧平面为矩形且反映实形，水平面积聚为直线。

② 作出完整圆柱的三面投影图，如图 3-23（b）所示。

③ 作出切口的三面投影图。注意在侧面投影中，不应画出圆柱面上被切去部分的转向轮廓素线的投影，判断截交线的可见性，如图 3-23（c）所示。

④ 作出空心圆柱体的三面投影，先画水平投影，再画正面投影，根据水平投影和正面投影做出侧面投影，如图 3-23（d）所示。

（2）圆锥的截交线　由于截平面与圆锥轴线的相对位置不同，其截交线有五种不同的形状，见表 3-2。

当圆锥截交线为圆和直线（三角形）时，其投影可直接画出。若截交线为椭圆、抛物线、双曲线时，应用辅助平面法。

表 3-2　圆锥截交线

截平面位置	过圆锥顶点	垂直于圆柱轴线	倾斜于圆柱轴线	平行于圆柱轴线	平行于任一圆锥表面素线
立体图					
截交线	两相交直线	圆	椭圆	双曲线	抛物线
三视图					

辅助平面法：作一些辅助平面与基本体表面和截平面相交，其所得两交线的交点，即所求截交线上的点。这种方法实质上是应用三面共点的原理。为了作图简便，选择辅助平面的原则是：要使辅助平面为特殊位置平面，并与基本体交线的投影为直线或圆。如图 3-24 所示，作垂直于圆锥轴线的辅助平面 R 与圆锥面的截交线为一水平圆，与截平面 P 相交得一直线 DE，则水平圆与直线 DE 的交点 D、E 即所求截交线上的点。

【例 3-6】　如图 3-25（a）所示，求作被正平面截切的圆锥截交线。

① 分析：圆锥被正平面截切，因正平面平行于圆锥轴线，其截交线为双曲线。截交线的水平投影和侧面投影都积聚为直线，正面投影反映双曲线的实形。

② 作图。

a. 先求出特殊位置点。分别作截交线上的最高点 I、最左点 II、最右点 III（也是最低点）的各面投影。

b. 求一般位置点。用辅助平面 P 求出一般点 $4''$、$5''$。用辅助平面 Q 求出一般点 $6''$、$7''$，并求出各点的其他两面投影。

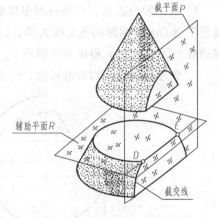

图 3-24　辅助平面法求点

c. 整理轮廓线，判断可见性，连接各点，完成全图，如图 3-25（b）所示。

（3）圆球的截交线　任何位置截平面截球时，其截交线都是圆，当截平面平行于某一投影面时，截交线在该投影面上的投影为圆的实形，在其它两投影面上的投影都积聚为直线。当截平面处于其它位置时，则在截交线的三个投影中必有椭圆。

【例 3-7】　如图 3-26 所示，求作球的截交线。

① 分析：因是正垂面截球，所以截交线的正面投影积聚为直线，其水平投影和侧面投影都是椭圆。

② 作图。

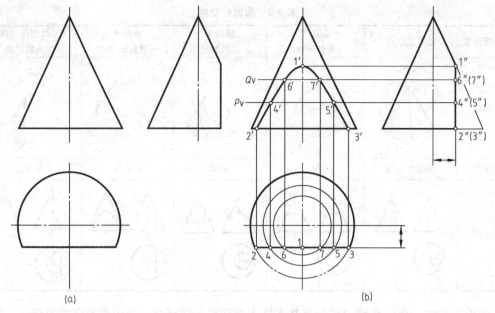

图 3-25　圆锥的截交线

a. 先求出特殊位置点。根据 1′、2′、5′、6′作出其它两面的投影 1、2、5、6 和 1″、2″、5″、6″。在主视图中过圆心向 1′2′两点的连线作垂线，垂足是另一条直径的正面投影 3′、4′，过 3′、4′作辅助平面 Pw，辅助平面 Pw 截圆球的截交线在俯视图中反映实形，为圆 P，从主视图中引辅助线与圆 P 相交得出点的水平投影 3、4。再根据 3′、4′和 3、4 点求出 3″、4″。

b. 求一般位置点。在主视图中作辅助平面 Qw 与 1′、2′相交，得出一般位置点 7′、8′，辅助平面 Qw 截圆球的截交线为圆 Q，在俯视图中反映圆 Q 的实形，在主视图中从 7′、8′引辅助线与圆 Q 相交，得出水平投影 7、8。根据 7′、8′和 7、8 求出其侧面投影 7″、8″。

c. 整理轮廓线，判断可见性，连接各点，完成全图，如图 3-26 所示。

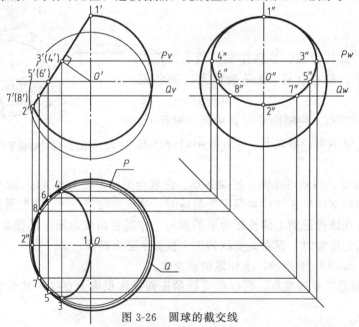

图 3-26　圆球的截交线

【例 3-8】　请画出图 3-27（a）所示半圆球切口的截交线的投影。

① 分析：由给定的投影图形可知，形体的原始形状为 1/2 的圆球，该 1/2 的圆球被三个截平面截切，其位置是两个左右对称的侧平面，一个水平面。侧平面的投影特征是侧面投影反映实形，水平投影和正面投影积聚为直线；水平面的投影特征是水平投影反映实形、正面投影和侧面投影积聚为直线。

② 作图。

a. 先画出 1/2 圆球原始形状的三面投影，再按各截平面的投影特征，求出截平面的侧面投影和水平投影，如图 3-27（b）所示。

b. 擦去多余的图线，整理描深完成全图，如图 3-27（c）所示。

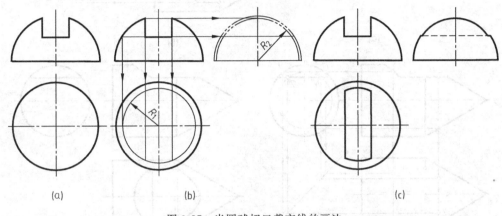

图 3-27　半圆球切口截交线的画法

（4）同轴复合回转体的截交线　画同轴复合回转体的截交线时，首先要分析该立体是由哪些基本体所组成的，再分析截交线与每个被截切的基本体的相对位置、截交线的形状和投影特性，然后逐个画出基本体的截交线，围成封闭的平面图形。

【例 3-9】　如图 3-28（a）所示，求作顶尖头的截交线。

① 分析：顶尖头部是由同轴的圆锥与圆柱组合而成。它的上部被两个相互垂直的截平面 P 和 Q 切去一部分，在它的表面上共出现三组截交线和一条 P 与 Q 的交线。截平面 P 平行于轴线，所以它与圆锥面的交线为双曲线，与圆柱面的交线为两条平行直线。截平面 Q 与圆柱斜交，它截切圆柱的截交线是一段椭圆弧。三组截交线的侧面投影分别积聚在截平面 P 和圆柱面的投影上，正面投影分别积聚在 P、Q 两面的投影（直线）上，因此只需求作三组截交线的水平投影。

② 作图。

a. 先求特殊位置点。根据 $3'$、$1'$、$5'$、$6'$、$8'$、$10'$ 和 $3''$、$1''$、$5''$、$6''$、$8''$、$10''$ 求出其水平投影 3、1、5、6、8、10。

b. 求一般位置点。根据圆柱投影的积聚性，由 $7'$、$9'$ 和 $7''$、$9''$ 得出水平投影 7、9。在主视图中过 $2'（4'）$ 作垂直于圆锥轴线的辅助截平面，截平面与圆锥的交线为圆，在左视图中反映圆的实形，圆与直线的交点即为 $2''$、$4''$，由 $2'$、$4'$ 和 $2''$、$4''$ 求出其水平投影 2、4。

c. 擦去多余图线、补画俯视图中的虚线。完成全图，如图 3-28（d）所示。

二、相贯线

两个基本体相交称相贯体，其表面交线称为相贯线。如图 3-29（a）所示的三通，是圆

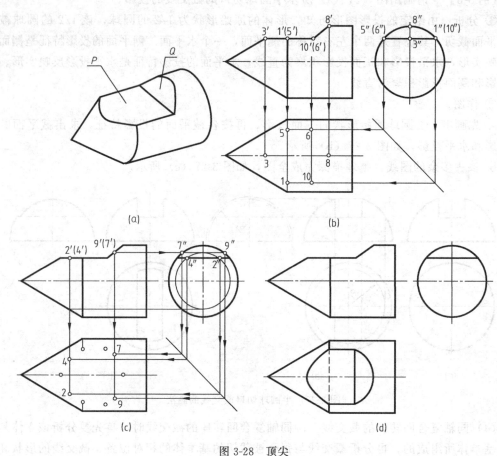

(a)

(b)

(c)

(d)

图 3-28 顶尖

锥与圆柱相交，图 3-29（b）所示的零件是圆柱与圆球及圆柱相交，都产生了相贯线。为了清晰地表示出机件各部分的形状和相对位置，在图中必须画出相贯线。尤其在绘制金属板制件展开图时，必须准确地画出相贯线的投影，以便于下料成型。

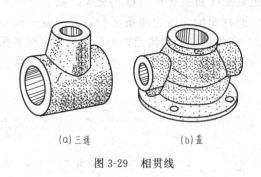

(a)三通   (b)盖

图 3-29 相贯线

1. 相贯线的基本性质

由于组成相贯体的各立体的形状、大小和相对位置的不同，相贯线表现为不同的形状，本节仅讨论几种常见的回转体相贯的问题。两回转体相交得到的相贯线，具有下列基本性质。

（1）封闭性 两个曲面立体的相贯线一般是一条闭合的空间曲线，只有在特殊情况下才是平面曲线或者是直线。

（2）共有性 相贯线是两个立体表面的共有线，也是两个立体表面的分界线。相贯线上的点是两个立体表面的共有点。

2. 求相贯线的方法、步骤

根据相贯线的基本性质，求相贯线的实质就是求两立体表面上的一系列的共有点。求相贯线的常用方法有：利用积聚性、辅助平面法和辅助球面法。本章主要介绍利用积聚性和辅助平面法求相贯线，具体的作图步骤如下。

（1）找出一系列的特殊点（包括转向轮廓线上的点、相贯线上的最高点、最低点、最左点、最右点、最前点、最后点等）。

（2）一般点：求出相贯线上适当数量的一般点。

（3）判别可见性并连线。可见性的判别原则是：只有当一段相贯线同时位于两立体的可见表面上时，这段相贯线的投影才是可见的，否则就是不可见的。连线的原则是：在同面投影中，相贯线上的相邻点按顺序光滑连接。

（4）整理轮廓线：对于两相贯体的轮廓线，存在的可见部分描成粗实线；不可见部分描成虚线。

3. 利用积聚性求相贯线

两圆柱体相交，如果其中有一个是轴线垂直于投影面的圆柱，那么此圆柱在该投影面上的投影具有积聚性，因而相贯线的这一投影必然落在圆柱的积聚投影上，根据这个已知投影，就可利用形体表面上取点的方法作出相贯线的其它投影。

【例 3-10】　如图 3-30（a）所示，求作两正交圆柱相贯线的投影。

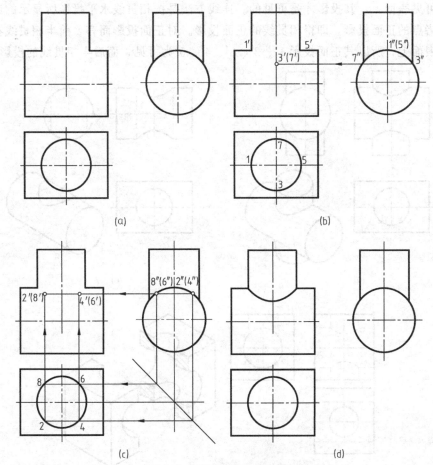

图 3-30　利用积聚性求相贯线

作图步骤与方法：

（1）空间与投影分析　两圆柱的轴线垂直相交，有共同的前后对称面和左右对称面，小圆柱全部穿进大圆柱，因此，相贯线是一条封闭的空间曲线，且前后对称和左右对称。由于小圆柱面的水平投影积聚为圆，相贯线的水平投影便重合在其上；同理，大圆柱面的侧面投影积聚为圆，相贯线的侧面投影也就重合在小圆柱穿进处的一段圆弧上，且左半和右半相贯线的侧面投影相互重合。于是问题就可归结为已知相贯线的水平投影和侧面投影，求作它的正面投影。

（2）作特殊点　相贯线的特殊位置点是指那些位于转向轮廓素线和极限位置的点。作特殊点的方法是先在相贯线的水平投影上，定出最左、最右、最前、最后点 I、V、Ⅲ、Ⅶ 的投影 1、5、3、7，再在相贯线的侧面投影上相应地作出 1″、5″、3″、7″。由 1、5、3、7 和 1″、5″、3″、7″ 作出 1′、5′、3′、7′。可以看出：I、V 和 Ⅲ、Ⅶ 分别也是相贯线上的最高、最低点，如图 3-30（b）所示。

（3）作一般点　在相贯线的侧面投影上，定出左右、前后对称的四个点 Ⅱ、Ⅳ、Ⅵ、Ⅷ 的投影 2″、4″、6″、8″，由此可在相贯线的水平投影上作出 2、4、6、8。由 2、4、6、8 和 2″、4″、6″、8″ 即可作出 2′、4′、6′、8′，如图 3-30（c）所示。

（4）判断可见性并光滑连线　判断相贯线可见性的原则是：只有当相贯线同时位于两个基本体的可见表面上，其投影才是可见的。连线方法是按相贯线水平投影所显示的诸点的顺序，连接诸点的正面投影，即得相贯线的正面投影。对正面投影而言，前半相贯线在两个圆柱的可见表面上，所以其正面投影 1′、2′、3′、4′、5′ 为可见，而后半相贯线的投影 5′、6′、

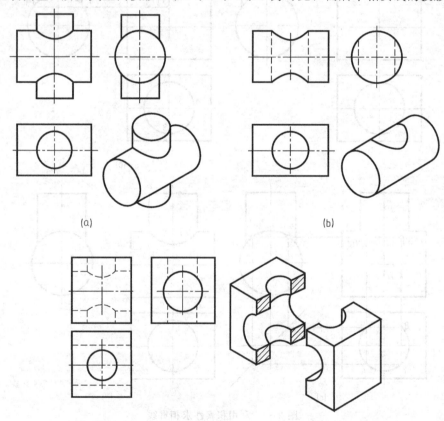

(a)

(b)

(c)

图 3-31　两圆柱正交的三种情况

$7'$、$8'$、$1'$为不可见，与前半相贯线的可见投影相重合，如图 3-30（d）所示。注意：在两圆柱相交区域内不应有圆柱体轮廓素线的投影。

两圆柱正交有三种情况：两外圆柱面相交，如图 3-31（a）所示；外圆柱面与内圆柱面相交，如图 3-31（b）所示；两内圆柱面相交，如图 3-31（c）所示。这三种情况的相交形式虽然不同，但相贯线的性质和形状一样，求法也是一样的，如图 3-31 所示。

4. 利用辅助平面法求相贯线

辅助平面法就是用辅助平面同时截断相贯的两基本体，找出两截交线的交点，即相贯线上的点，如图 3-32 所示。这些点既在两回转体表面上，又在辅助平面内。因此，辅助平面法就是利用三面共点的原理，用若干个辅助平面求出相贯线上一系列共有点的。

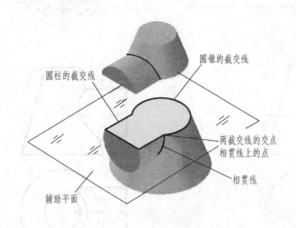

图 3-32　辅助平面法求相贯线

为了作图简便，选择辅助平面的原则是：应使其截交线的投影为直线或圆，通常多选用与投影面平行的平面作为辅助平面。

【例 3-11】　求作圆锥与圆柱相贯的相贯线，如图 3-33 所示。

作图步骤与方法：

（1）空间与投影分析　根据给定的图形可知，圆锥与圆柱轴线垂直相交，圆柱全部穿进左半圆锥，相贯线是一条封闭的空间曲线，且前后对称，前半、后半相贯线正面投影相互重合。又由于圆柱面的侧面投影积聚为圆，相贯线的侧面投影也必重合在这个圆上。因此，相贯线的侧面投影是已知的，正面投影和水平投影是要求作的，如图 3-33（a）所示。

（2）求特殊点　如图 3-33（a）所示，在主视图中，圆柱的最高、最低素线和圆锥最左素线的正面投影的交点 $1'$、$2'$，是相贯线上的最高点 I 和最低点 II 的投影，I 也是相贯线上的最左点的投影，利用这个特殊位置关系，可直接求出 I、II 两点的其它两面投影。最前点 III、最后点 VI 的侧面投影 $3''$、$4''$，在左视图肯定位于圆柱最前、最后两条轮廓素线的积聚投影上，其它投影可用辅助平面 P 求出：包含圆柱轴线作辅助平面 P，切圆锥得交线为圆 ϕp，截切圆柱得交线为最前、最后素线，两截交线的交点即为 3、4，然后再作出 $3'$、$4'$。

最右点 V、VI，一定是距离圆锥台最前、最后素线最近的点。如图 3-33（a）所示，在左视图中通过圆心作圆锥轮廓线的垂线，与圆的交点即为 $5''$、$6''$，点 V、VI 的其它投影可作辅助平面 K 求出：方法同作辅助平面 P，只是切圆锥得交线为圆 ϕk。

（3）求适当的一般点　如图 3-33（b）所示，用辅助水平面 Q 求出 VII、VIII 点的水平投影

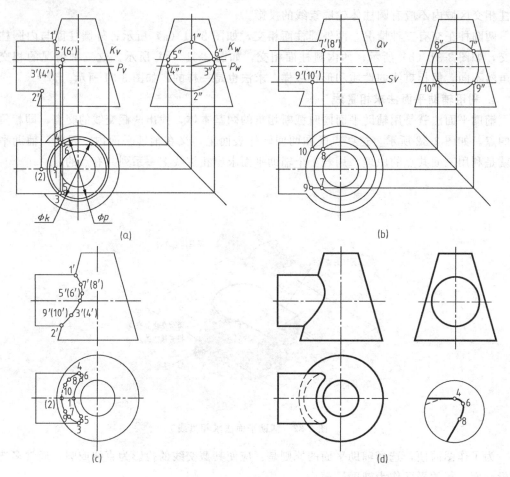

图 3-33 利用辅助平面法求相贯线投影的作图过程

7、8 和正面投影 $7'$、$8'$，再用辅助水平面 S 求出Ⅸ、Ⅹ点的水平投影 10 和正面投影 $9'$、$10'$。

（4）判断可见性，通过各点光滑连线　如图 3-33（c）所示，因相贯体前后对称，所以相贯线正面投影的前后两部分重合为一段曲线。水平投影的 5、6 点为可见与不可见的分界点，经分析可知，曲线 57186 可见，连成实线；曲线 592106 不可见，连成虚线。结果如图 3-33（d）所示。

【例 3-12】　求作图 3-34 所示轴承盖上的圆锥台与球的相贯线。

作图步骤与方法：

（1）空间与投影分析　圆锥台与球相交，其相贯线为封闭的空间曲线。从图 3-34 可知，圆锥面和球面的三面投影都没有积聚性，所以相贯线的三面投影都需求出。

（2）求特殊点　如图 3-35（b）所示，最高点Ⅰ和最低点Ⅱ在圆锥最左、最右素线与圆球的正面转向轮廓线的交点上，两点的三面投影可利用其特殊位置求出。Ⅰ、Ⅱ两点同时又是相贯线上最左、最右点。相贯线上最前、最后点Ⅲ、

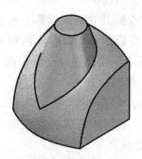

图 3-34　圆锥台与球相贯

Ⅵ分别是圆锥台最前、最后素线上的点，可用辅助平面 *P* 求出：作辅助平面 *P*，切圆锥得交线为两直线（即最前、最后素线），截切圆球得交线为圆弧 *R*，两截交线的交点即为 3″、4″，然后再作出 3′、4′和 3、4。

（3）求一般位置点　如图 3-35（c）所示，用水平辅助平面 *Q* 切圆锥得截交线水平投影为圆，切球得截交线水平投影为圆弧，两截交线的交点Ⅴ、Ⅵ即所求。用其它水平辅助平面还可求出更多的一般点。

（4）判断可见性，通过各点光滑连线　如图 3-35（d）所示，相贯线正面投影前后重合为一段曲线。相贯线水平投影均为可见。相贯线的侧面投影 3″、4″为可见与不可见分界点，所以将 3″1″4″连成虚线，将 3″5″2″6″4″连成实线，结果如图 3-35（e）所示。

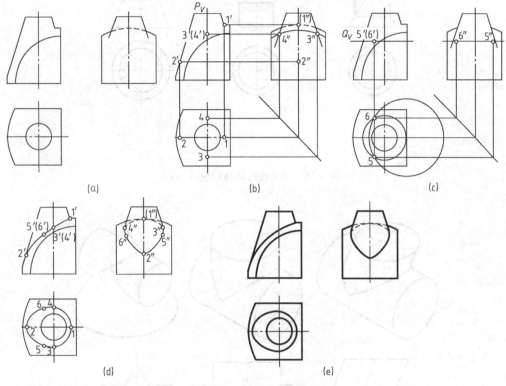

图 3-35　圆锥台与球相交

5. 相贯线的特殊情况

两曲面立体相交，其相贯线一般为空间曲线，但在特殊情况下也可能是平面曲线或直线。

（1）两个曲面立体具有公共轴线时，相贯线为与轴线垂直的圆，如图 3-36 所示。

（2）当圆柱与圆柱、圆柱与圆锥轴线相交，并公切于一圆球时，其相贯线为椭圆，该椭圆的正面投影为直线段，如图 3-37 所示。

（3）当两圆柱轴线平行或两圆锥共顶相交时，相贯线为直线，如图 3-38 所示。

6. 相贯线的近似画法

相贯线的作图步骤较多，如对相贯线的准确性无特殊要求，当两圆柱垂直正交且直径相差较大时，可采用圆弧代替相贯线的近似画法。如图 3-39 所示，垂直正交两圆柱的相贯线可用大圆柱的 *D*/2 为半径作圆弧来代替。

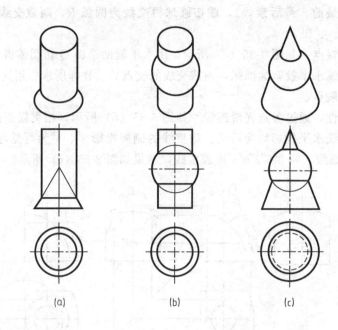

图 3-36　相贯线的特殊情况（一）

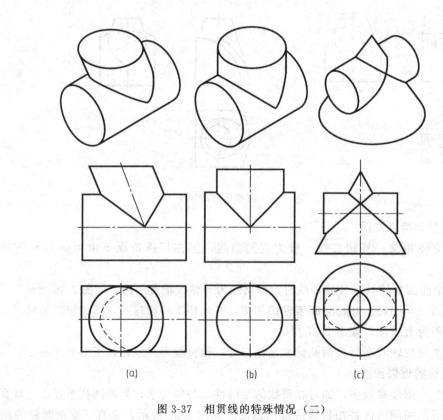

图 3-37　相贯线的特殊情况（二）

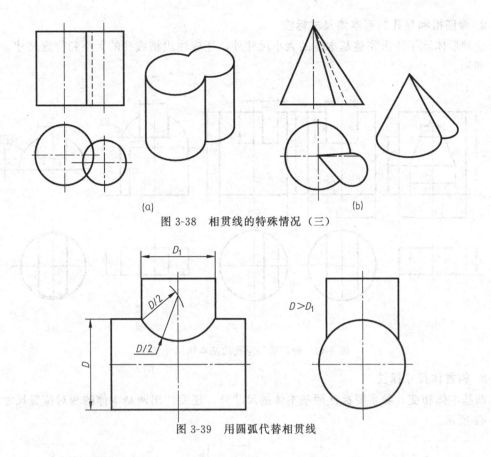

图 3-38 相贯线的特殊情况（三）

图 3-39 用圆弧代替相贯线

第五节 被截切基本体的尺寸标注

1. 斜面或切口的尺寸标注

这类形体除了注出基本体的大小尺寸，还应注出确定斜面或切口平面位置的尺寸，如图 3-40 所示。

由于切口交线是由切平面位置所确定的，是切平面截断基本体而产生的相交线，因此不需要标注尺寸。

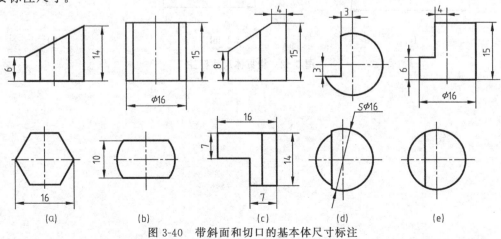

图 3-40 带斜面和切口的基本体尺寸标注

2. 带凹槽和穿孔的基本体尺寸标注

这种形体除了注出完整基本体的大小尺寸外，还应注出槽或孔的大小和位置尺寸，如图 3-41 所示。

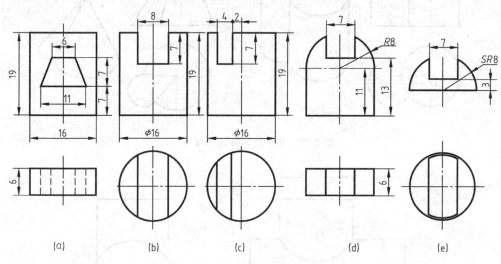

图 3-41　带凹槽和穿孔的基本体尺寸标注

3. 相贯体尺寸标注

两基本体相交，除了要标注两基本体的尺寸外，还要注出两基本体的相对位置尺寸，如图 3-42 所示。

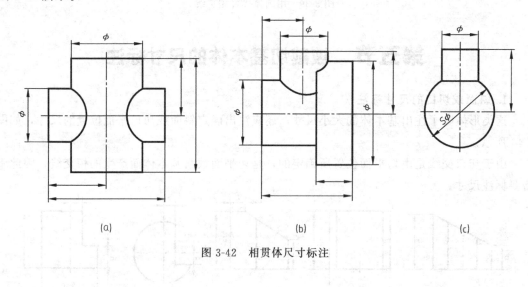

图 3-42　相贯体尺寸标注

第4章

轴测投影

第一节　轴测投影的基本知识

轴测图是用轴测投影的方法画出来的一种具有立体感的图形，它接近于人们的视觉习惯，在生产和学习中常用它作为辅助图样。

1. 轴测图的形成

将物体连同其确定空间位置的直角坐标系，沿不平行于任一坐标平面的方向，用平行投影法将其投射在单一投影面上所得到的具有立体感的图形，称为轴测投影图，简称轴测图。如图 4-1 所示。用正投影法形成的轴测图称正轴测图；用斜投影法形成的轴测图称斜轴测图。

2. 轴测图的轴间角和轴向伸缩系数

（1）轴测图的轴测轴和轴间角　如图 4-1 所示，P 平面称为轴测投影面，坐标轴 OX、OY、OZ 在轴测投影面上的投影 O_1X_1、O_1Y_1、O_1Z_1 称为轴测投影轴，简称轴测轴，并简化标记为 OX、OY、OZ。两轴测轴之间的夹角 $\angle XOY$、$\angle XOZ$、$\angle YOZ$，称为轴间角。

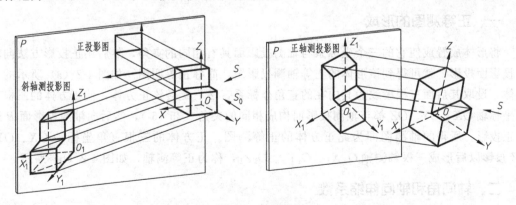

图 4-1　轴测投影

（2）轴测图的轴向伸缩系数　直角坐标轴上单位长度 e 与对应的轴测投影长度 e_x、e_y、e_z 的比值，称为轴向伸缩系数，O_1X_1、O_1Y_1、O_1Z_1 方向的轴向伸缩系数分别用 p、q、r 表示。$p = \dfrac{e_x}{e}$、$q = \dfrac{e_y}{e}$、$r = \dfrac{e_z}{e}$。

3. 轴测图的分类

根据投影方法的不同，轴测图可分为两类：正轴测图和斜轴测图。根据轴向伸缩系数，每类轴测图又可分为三种：

（1） $p=q=r$ ，即三个轴向变形系数相同，称为正（或斜）等测投影；

（2）若有两个轴向变形系数相等，如 $p=r\neq q$ ，称为正（或斜）二测投影；

（3）若有三个轴向变形系数都不相等， $p\neq r\neq q$ ，称为正（或斜）三测投影。

国家标准（GB/T 4458.3—1984）推荐了三种作图比较简便的轴测图，即正等测、正二测、斜二测三种轴测图。工程上使用较多的是正等测和斜二测，本章只介绍这两种轴测图的画法。

4. 轴测投影的特性

由于轴测图是根据平行投影法画出来的，因而它具有平行投影的基本性质。这是结合轴测图的特点，概括其主要投影特性如下。

（1）空间直角坐标轴投影成为轴测轴以后，直角在轴测图中一般已变成不是 90°相交，但是沿轴测轴确定长、宽、高三个坐标方向的性质不变，即仍可沿轴确定长、宽、高。

（2）在轴测图中，形体上原来平行于坐标轴的线段仍然平行于轴测轴；原来互相平行的线段也仍然互相平行。

（3）画轴测图时，形体上平行于坐标轴的线段（轴向线段），可按其原来的尺寸乘以轴向变形系数后，再沿着相应的轴测轴定出其投影的长短。轴测图中"轴测"这个词就含有沿轴测量的意思。

但是应注意，形体上那些不平行于坐标轴的线段（非轴向线段），它们投影的变化与平行于轴线的那些线段不同，因此不能将非轴向线段的长度直接移到轴测图上。画非轴向线段的轴测投影时，需要应用坐标法定出其两端点在轴测坐标系中的位置，然后再连成线段的轴测投影。

第二节　正等测图的画法

一、正等测图的形成

将形体放置成使它的三个坐标系与轴测投影面具有相同的夹角，然后用正投影方法向轴测投影面投影，就可得到该形体的正等轴测投影图，简称正等测图。如图 4-2（a）所示的正方体，设取其后面三根棱线为其内在的直角坐标系，然后旋转该正方体，使正方体的三根直角坐标轴 OX、OY、OZ 都与轴测投影面构成相同的夹角（35°16′），然后向轴测投影面 P 进行正投影，所得的轴测图即为此正方体的正等测图。正方体的三根直角坐标轴 OX、OY、OZ 投影以后形成三根轴测轴 O_1X_1、O_1Y_1、O_1Z_1，称为正等测轴，如图 4-2（b）所示。

二、轴间角和轴向伸缩系数

在正投影情况下，当 $p=q=r$ 时，三个坐标轴与轴测投影面的倾角都相等。由几何关系可以证明，其轴间角均为 120°，三个轴向伸缩系数均为： $p=q=r=0.82$ 。

在实际画图时，为了作图方便，一般将 O_1Z_1 轴取为铅垂位置，各轴向伸缩系数采用轴向简化系数 $p=q=r=1$ 。这样，沿各轴向的长度均被放大 $1/0.82\approx1.22$ 倍，轴测图也就比实际物体大，但对形状没有影响。图 4-2（b）给出了轴测轴的画法和各轴的轴向伸缩系数。

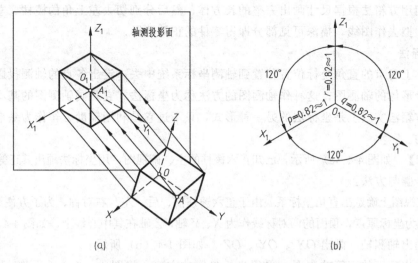

图 4-2　正等轴测图的基本概念

三、平面体的正等测图的画法

1. 方箱法

假设将形体装在一个辅助立方体里来画轴测图的方法叫做方箱法。具体作图时，可以设轴测轴与方箱一个角上的三条棱线重合，然后沿轴向按所画形体的长、宽、高三个外廓总尺寸截取各边的长度，并作轴线的平行线，就可画成辅助方箱的正等测图；再以此为基本轮廓，从实物或模型上量取所需的轴向尺寸或根据视图中所注的尺寸逐步进行切割或叠加，就能作出形体的轴测图。

【例 4-1】　画出如图 4-3（a）所示三视图的正等测图。

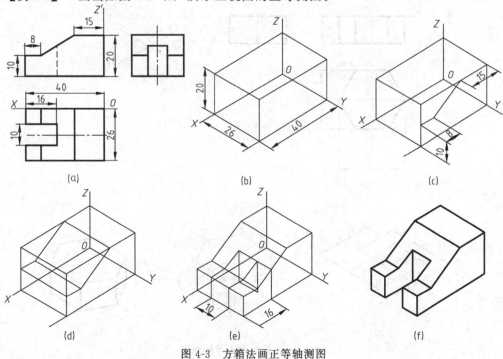

图 4-3　方箱法画正等轴测图

首先利用方箱法根据尺寸画出完整的长方体；然后分别切去左上角的棱柱、左侧中间的开槽部分；擦去作图线，描深可见部分即得零件的正等测图。

2. 坐标法

将形体上各点的直角坐标位置移置到轴测坐标系统中去，定出各点的轴测投影，从而就能作出整个形体的轴测图，这种作轴测图的方法称为坐标法，它是画轴测图的基本方法。

前述方箱法实质上是坐标法的另一种形式，只不过它是利用辅助方箱作为基准来定点的坐标位置的。

【例 4-2】 如图 4-4 (a) 所示，已知正六棱柱的主、俯视图，用坐标法画出其正等轴测图。

作图步骤与方法：

(1) 在视图上确定出直角坐标系　由于正六棱柱前、后、左、右对称，为了方便画图，选顶面中心点作为坐标原点，顶面的两对称线作为 X、Y 轴，Z 轴在其中心线上，如图 4-4 (a) 所示。

(2) 画出轴测轴　画出 OX、OY、OZ，如图 4-4 (b) 所示。

(3) 作出顶面的正等轴测图　采用坐标量取的方法，将图 4-4 (a) 所示俯视图中的 a、b、c、d、e、f 点的坐标移到图 4-4 (b) 所示的轴测坐标系上，并顺次连接 A、B、C、D、E、F 点，得到顶面的正等轴测图，如图 4-4 (c) 所示。

(4) 作出其它面的正等轴测图　过顶面各点向下量取 h 值画出平行于 Z 轴的侧棱，并过各侧棱顶点画出底面各边，得到各棱面与底面的正等轴测图，如图 4-4 (d) 所示。

(5) 完成全图　擦去作图辅助线后描深，得到六棱柱的正等轴测图，如图 4-4 (e) 所示。

由上例可知，画棱柱的正等轴测图时，应首先找出其特征面，画出该特征面的正等轴测图，然后画出其它面的正等轴测图来完成全图。根据轴测图中不可见的轮廓线一般不画的规定，常常先画特征面的上面、左面、前面，再画出下面、右面、后面。

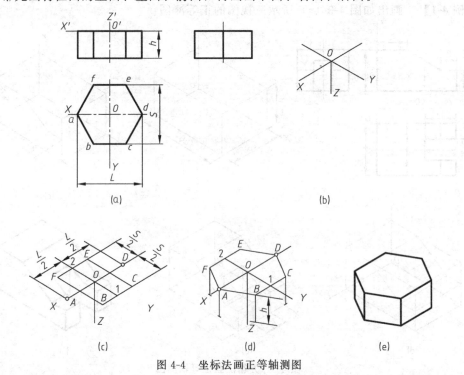

图 4-4　坐标法画正等轴测图

四、曲面体的正等轴测图的画法

常见的曲面体有圆柱、圆锥、圆球、圆台等。在作回转体的轴测图时，首先要解决圆的轴测图的画法。

1. 平行于不同坐标面的圆的正等测图

平行于坐标面的圆的正等测图都是椭圆，除了长短轴的方向不同外，画法都是一样的。图 4-5 所示为三种不同位置的圆的正等测图。

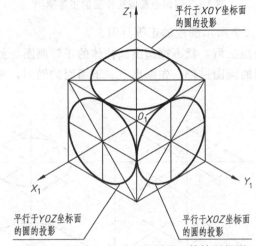

图 4-5 平行各坐标平面的圆的正等轴测投影

从图 4-5 可知：

① 分别平行于坐标平面的圆的正等轴测投影均为形状和大小完全相同的椭圆，但其长轴和短轴的方向各不相同。

② 各椭圆的长轴方向垂直于不属于此坐标平面的那根轴的轴测投影（即轴测轴），且在菱形（圆的外切正方形的轴测投影）的长对角线上，短轴方向平行于不属于此坐标平面的那根坐标轴的轴测投影（即轴测轴），且在菱形的短对角线上。

2. 平行于坐标面圆的正等测图画法

在实际作图时，一般不要求准确地画出椭圆曲线，经常采用"四心椭圆法"进行近似作图，将椭圆用四段圆弧连接而成。三个方向的椭圆作图方法相同，下面以水平椭圆为例，介绍用"四心椭圆法"近似作椭圆的方法，如图 4-6 所示，其作图过程如下。

① 通过圆心 O 作坐标轴 OX 和 OY，再作圆的外切正方形，切点为 a、b、c、d，见图 4-6 (a)。

② 作轴测轴 OX、OY，从点 O 沿轴向按圆的半径量得切点 A、B、C、D，过这四点作轴测轴的平行线，得到菱形，要作的椭圆必然内切于该菱形。

③ 作出菱形的对角线，见图 4-6 (b)，该对角线即为椭圆的长、短轴。

④ 如图 4-6 (c) 所示，过 1、2 与 A、B、C、D 作连线，在菱形内得到四个交点 O_1、O_2、O_3、O_4，这四个点就是椭圆的四段圆弧的圆心，而 A、B、C、D 为四段圆弧的切点。分别以 O_1、O_3 为圆心，O_1A（O_1B）、O_3C（O_3D）为半径画圆弧 AB、CD；再以 O_2、O_4 为圆心，O_4A（O_4D）、O_2B（O_2C）为半径画圆弧 BC、AD，即得近似椭圆。

⑤ 加深四段圆弧，完成全图，如图 4-6 (d) 所示。

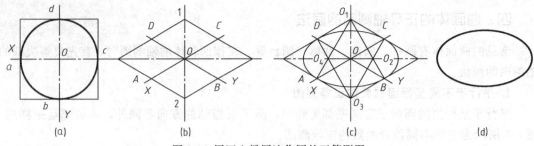

图 4-6 用四心椭圆法作圆的正等测图

【例 4-3】 画出如图 4-7 所示圆柱的正等测图。

掌握了圆的正等测的画法后，就不难画出圆柱体的正等测图，如图 4-7 所示为一轴线为铅垂线的圆柱体正等测图的画图过程。先画出上、下两面的椭圆，再作其公切线，擦去多余作图线，描深后即成。

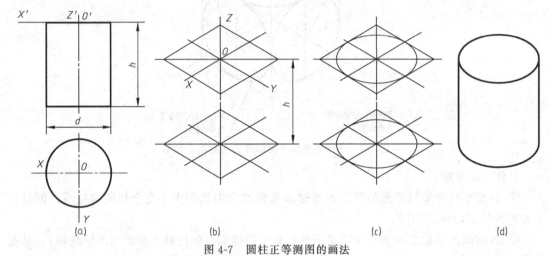

图 4-7 圆柱正等测图的画法

3. 圆角正等测图的画法

在产品设计上，经常会遇到由四分之一圆柱面形成的圆角轮廓，画图时就需画出由四分之一圆周组成的圆弧，这些圆弧在轴测图上正好是近似椭圆的四段圆弧中的一段。因此，这些圆角的画法也是由四心椭圆法画椭圆演变而来。

如图 4-8 所示，根据已知圆角半径 $R8$，找出切点 1、2、3、4，过切点作边线的垂线，两垂线的交点即为圆心。以此圆心到切点的距离为半径画圆弧，即得圆角的正等轴测图。顶面画好后，采用移心法将 O_1、O_2 向下移动 h，即得底面两圆弧的圆心。画弧、描深即完成全图。

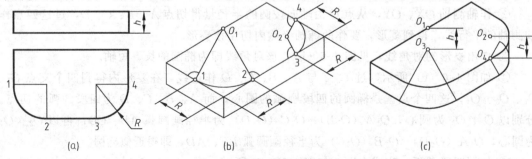

图 4-8 圆角正等测图的画法

第三节 斜二测图的画法

将形体放置成使它的一个坐标面平行于轴测投影面，然后采用斜投影方法向轴测投影面进行投影，用这种方法画出来的轴测图称为斜二等轴测图，简称斜二测图。

在斜二测图中，轴测轴 X 和 Z 仍为水平方向和铅垂方向，即轴间角 $\angle XOZ = 90°$，$\angle XOY = \angle YOZ = 135°$；轴向伸缩系数 $p = r = 1$，$q = 0.5$。图 4-9 给出了斜二轴测轴的画法和各轴向伸缩系数。

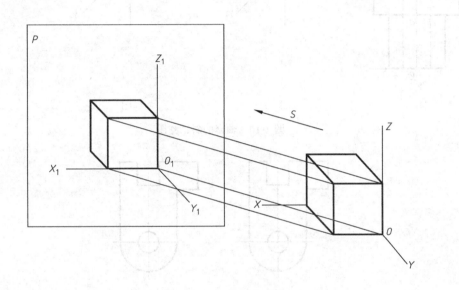

图 4-9　斜二轴测图的形成

斜二测图的正面形状能反映形体正面的真实形状，特别当形体正面有圆和圆弧时，画图简单方便，这是它的最大优点。

【例 4-4】　作出图 4-10（a）所示轴套的斜二轴测图。

作图方法与步骤：

（1）在视图上确定坐标轴，如图 4-10（a）所示；

（2）作轴测轴，并在 Y_1 轴上根据 $q = 0.5$ 定出各个圆的圆心位置 O_1、A_1、B_1，如图 4-10（b）所示；

（3）画出各个端面圆的投影、通孔的投影，并作圆的公切线，如图 4-10（c）所示；

（4）擦去多余作图线，加深完成全图，如图 4-10（d）所示。

【例 4-5】　画出如图 4-11（a）所示零件的斜二测图。

作图方法与步骤：

（1）画出零件的正面形状，如图 4-11（b）所示。

（2）按 O_1Y_1 轴方向画 45°平行斜线，如图 4-11（c）所示。

（3）圆心向后斜移，画出后面的圆弧，并作前、后圆弧的切线，完成作图，如图 4-11（d）所示。

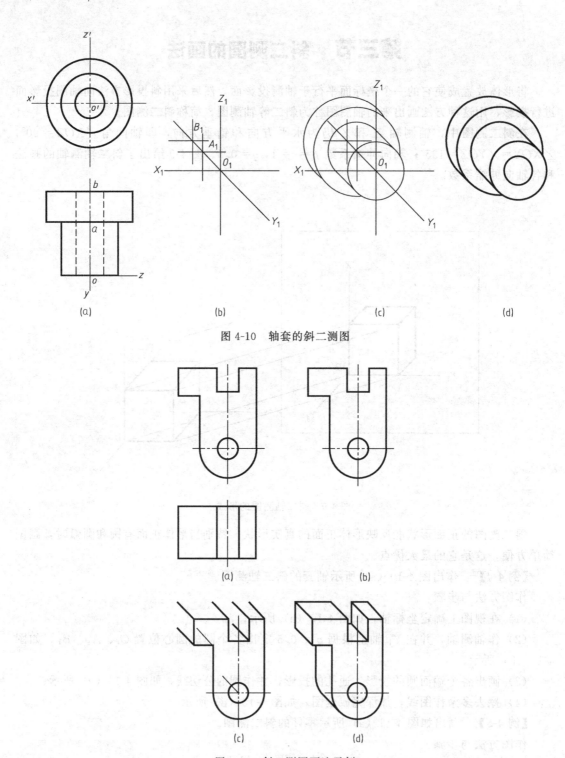

图 4-10　轴套的斜二测图

图 4-11　斜二测图画法示例

第5章

组合体

第一节　组合体的形体分析和组合形式

一、组合体的形体分析

任何复杂的机械零件都可以看成是由若干个基本几何体组合而成。这些基本体可以是完整的，也可以是经过钻孔、切槽等加工。如图 5-1（a）所示的支座，可看成由圆筒、底板、肋板、耳板和凸台组合而成，如图 5-1（b）所示。

在绘制组合体视图时，应首先将组合体分解成若干简单的基本体，并按各部分的位置关系和组合形式画出各基本几何体的投影，综合起来，即得到整个组合体视图。这种假想把复杂的组合体分解成若干个基本形体，分析它们的形状、组合形式、相对位置和表面连接关系，使复杂问题简单化的思维方法称为形体分析法。它是组合体的画图、尺寸标注和读图的基本方法。

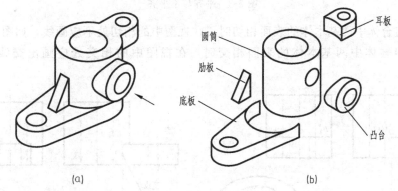

(a)　　　　　　　　　(b)

图 5-1　支座的形体分析法

二、组合体的组合形式及表面连接关系

1. 组合体的组合形式

组合体可分为叠加和切割两种基本组合形式，或者是两种组合形式的综合。叠加是将各基本体以平面接触相互堆积、叠加后形成的组合形体，如图 5-2（a）所示。切割是在基本体上进行切块、挖槽、穿孔等切割后形成的组合体，如图 5-2（b）所示。图 5-2（c）所示的

组合体则是叠加和切割两种形式的综合。

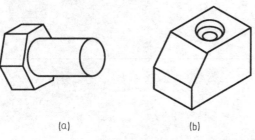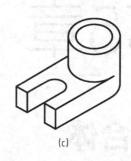

(a)   (b)   (c)

图 5-2　组合体的组合形式

2. 组合体的表面连接关系

组合体表面连接关系有平齐、相交和相切三种形式。弄清组合体表面连接关系，对画图和看图都很重要。

（1）当组合体中两基本体的表面平齐（共面）时，在视图中不应画出分界线，如图 5-3（a）所示。当组合体中两基本体的表面不平齐时，在视图中应画出分界线，如图 5-3（b）所示。

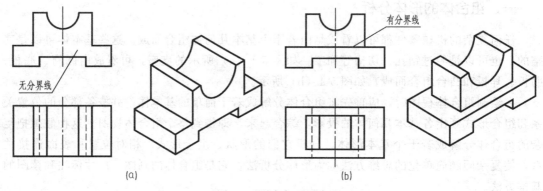

(a)   (b)

图 5-3　平齐与不平齐

（2）当组合体中两基本体的表面相切时，在视图中的相切处不应画线，如图 5-4 所示。

（3）当组合体中两基本体的表面相交时，在视图中的相交处应画出交线，如图 5-5 所示。

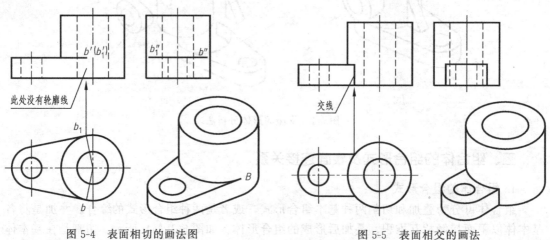

图 5-4　表面相切的画法图   图 5-5　表面相交的画法

第二节　组合体视图的画法

现以图 5-6（a）所示的轴承座为例说明组合体三视图的绘图过程。

1. 形体分析

画三视图之前，应对组合体进行形体分析，了解该组合体是由哪些基本形体组成的，它们的相对位置和组合形式以及表面间的连接关系是怎样的，对该组合体的形体特点有个总的概念，为画三视图做好准备。

如图 5-6（b）所示，把轴承座分解为圆筒 I、支承板 II、肋板 III 和底板 IV 四部分，支承板 II 为棱柱，其前、后棱面与圆柱面相切，右端面与底板的端面平齐；肋板 III 为梯形棱柱，它上部与外圆柱面相交，右侧面靠在支承板的左端，下部立在底板的上表面；考虑切割后，如图 5-6（c）所示，I 为空心圆柱体，正上方有个小圆柱孔，与空心圆柱的内圆柱面相通；底板 IV 是左端带有两个圆角的四棱柱，其上有四个小圆柱孔；整个组合体前后对称。

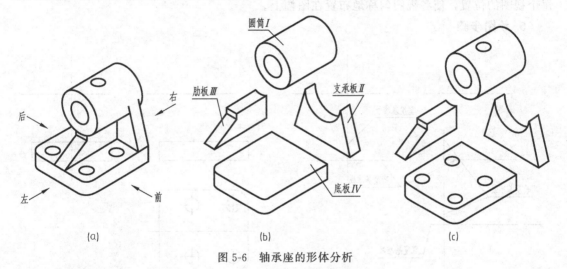

图 5-6　轴承座的形体分析

2. 视图的选择

主视图一般应能较明显反映出组合体形状的主要特征，即把能较多反映组合体形状和位置特征的某一个面作为主视图的投影方向，并尽可能使形体上主要面平行于投影面，以便使投影能得到实形，同时考虑组合体的自然安放位置，还要兼顾其它两个视图表达的清晰性。

如图 5-7（a）所示轴承座主视图的安放位置采用自然位置，投射方向的选择可对图示的四个方向的投射方案进行比较后，取最佳方案。图 5-7（d）方案中主视图的虚线较多，图 5-7（c）方案会使左视图出现较多的虚线，均不宜选择；再将图 5-7（a）与图 5-7（b）进行比较，图 5-7（a）强调的是轴承座各组成部分的相互位置关系，而图 5-7（b）则反映的是主体部分的形状特征，二者均可作为主视图，但考虑图形的合理布局，应将 L_1 和 L_2 中的较大尺寸作为物体的长，因此选择图 5-7（a）方案作为主视图的投射方向。

3. 确定比例，选定图幅

视图确定后，便要根据实物大小，按标准规定选择适当的比例和图幅。在一般情况下，尽可能选用 1∶1，图幅则要根据所绘制视图的面积大小以及留足标注尺寸和画标题栏的位置来确定。

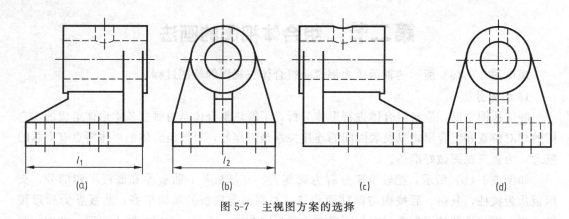

图 5-7 主视图方案的选择

4. 布图

布图应根据各视图中每个方向的最大尺寸和视图间有足够地方注全所需的尺寸，以确定每个视图的位置，使各视图匀称地布置在图幅上。

5. 绘图步骤

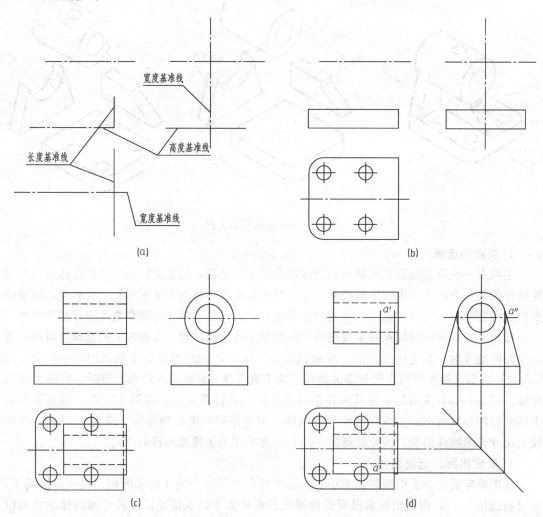

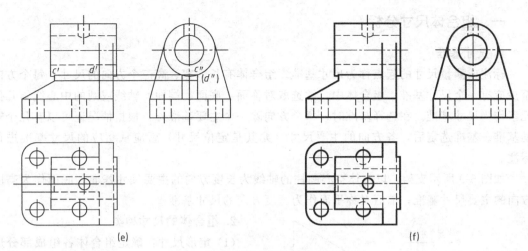

图 5-8　画组合体三视图的方法及步骤

（1）画出视图作图基准线、对称轴线、圆筒中心线及其对应的轴线。基准线画好后，每个视图在图纸上的具体位置就确定了。一般常用对称中心线、轴线和较大的平面作为基准线，如图 5-8（a）所示。

（2）画底板：俯视图反映底板的形状特征，因此底板应从俯视图画起，如图 5-8（b）所示。

（3）画圆筒：从反映圆筒形状特征的左视图先画，如图 5-8（c）所示。

（4）画支撑板：从反映支承板形状特征的左视图先画，画俯、主视图时，应注意支承板侧面与圆筒外圆柱面相切处无交线及准确定出切点 A 的投影，并应擦去圆筒衔接处的轮廓素线，如图 5-8（d）所示。

（5）画肋板：主、左视图配合先画，主视图上 $c'd'$ 交线取代圆柱上一段轮廓素线，俯视图上擦去支承板和肋板衔接处的界线，如图 5-8（e）所示。

（6）检查整个图的底稿，确认无误后，按标准线型加深，如图 5-8（f）所示。

为了迅速而正确地画出组合体的三视图，画底稿时，应注意以下两点：

① 画图的先后顺序，一般应从主视图入手。先画主要部分，后画次要部分；先画看得见的部分，后画看不见部分；先画圆和圆弧，后画直线。

② 画图时，组合体的每一个部分，最好是三个视图结合起来画，每部分从反映形状特征的视图先画。而不是先画完一个视图后再画另一个视图。这样，不但可以提高绘图速度，还可以避免漏画和多画图线。

第三节　组合体的尺寸标注

尺寸标注的基本要求如下。

（1）正确：标注的尺寸数值应准确无误，标注方法要符合国家标准中有关尺寸注法的基本规定。

（2）完整：标注尺寸必须能唯一确定组合体及各基本形体的大小和相对位置，做到无遗漏，不重复。

（3）清晰：尺寸的布局要整齐、清晰，便于查找和看图。

一、组合体尺寸分析

1. 尺寸基准

标注或测量尺寸的起点称为尺寸基准。组合体有长、宽、高三个方向的尺寸，每个方向至少应有一个尺寸基准。组合体中，常选取对称面、底面、端面、轴线或圆的中心线等几何元素作为尺寸基准。在选择基准时，每个方向除一个主要基准外，根据情况还可以有几个辅助基准。基准选定后，各方向的主要尺寸（尤其是定位尺寸）就应从相应的尺寸基准进行标注。

如图 5-9 所示支架，以主体空心圆柱的轴线为长度方向的主要尺寸基准；底面作为高度方向的主要尺寸基准；前后对称平面作为宽度方向的尺寸基准。

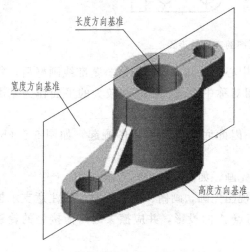

长度方向基准

宽度方向基准

高度方向基准

图 5-9　支架零件基准选择

2. 组合体的尺寸种类

（1）定形尺寸：确定组合体各组成部分形体大小的尺寸。如图 5-10（a）所示，将支架分解为四个基本形体，各部分的定形尺寸为 $\phi72$、$\phi40$、80；底板的定形尺寸为 $\phi22$、$\phi18$、$R22$、$R16$、20 等。

（2）定位尺寸：确定各组成部分之间相对位置的尺寸。为了确定各部分形体之间的位置，应注出其 X、Y、Z 三个方向的位置尺寸，若组合体在某方向上处于叠加、平齐、对称、同轴、挖切等情况之一时，则可省略该方向上的一个定位尺寸。如图 5-11 中，标注了圆筒与底板孔、耳板孔以及肋板之间长度方向的定位尺寸 80、52、56，组合体高度和宽度方向的定位尺寸均省略。

（3）总体尺寸：确定组合体的总长、总宽、总高的尺寸。如图 5-12 中的总高为 80（空心圆柱的高）、总宽为 $\phi72$（空心圆柱的外径）、总长由 $R22$、80、52 和 $R16$ 间接确定。当注了总体尺寸后，可省略同方向的一个定形尺寸。

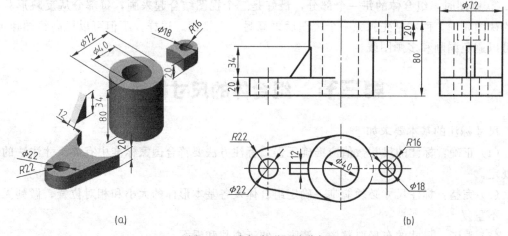

(a)

(b)

图 5-10　支架定形尺寸分析

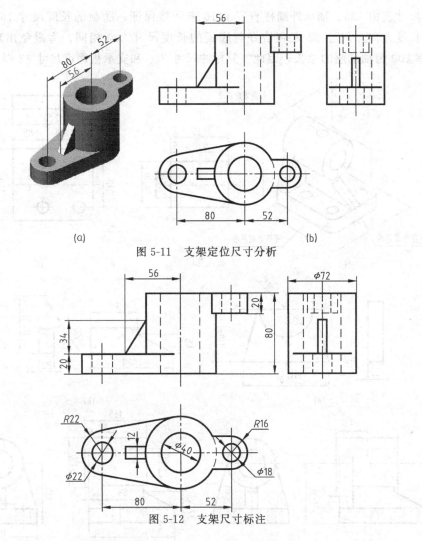

图 5-11　支架定位尺寸分析

图 5-12　支架尺寸标注

二、组合体尺寸的标注方法和步骤

标注组合体的尺寸时，首先应运用形体分析法分析形体，找出该组合体长、宽、高三个方向的尺寸基准，分别注出各基本形体之间的定位尺寸和各基本形体的定形尺寸，再标注总体尺寸并进行调整，最后校对全部尺寸。现以图 5-13 所示的轴承座为例，说明尺寸标注的方法和步骤。

（1）形体分析：对图 5-13 所示的轴承座可分解为圆筒 I 、支承板 II 、肋板 III 和底板 IV 四部分（具体分析如前一节所述）。

（2）确定尺寸基准：选择轴承座底板的右端面作为长度方向的尺寸基准、底板的底面为高度方向的尺寸基准；选择前后对称平面为宽度方向的尺寸基准，如图 5-13（a）所示。

（3）标注各个基本形体的定形尺寸，如图 5-13（b）～（e）所示。

（4）标注各个基本形体之间的定位尺寸，如图 5-13（f）所示。

（5）标注总体尺寸：根据组合体的形状结构特点，对已标出的尺寸应作适当调整，注出组合体的总长、总宽、总高尺寸。为了避免出现重复尺寸和"封闭尺寸"，需要对前面标注的尺寸进行调整。如图 5-13（g）所示，轴承与支承板两个侧面相切，可由作图决定，不必用尺寸限定；因 135 为轴承轴线的中心高，是一个重要尺寸，需直接注出，轴承座的高度方向的总体尺寸就由 135、轴承外圆柱直径 φ110 来间接保证；肋板的长度尺寸 168 与支承板的厚度（长度方向）尺寸 32 之和恰好与底板的长度尺寸 200 相同，为避免出现"封闭尺寸"，考虑 200 为轴承座的总长，因此，只标注尺寸 200 和支承板厚度尺寸 32 即可。

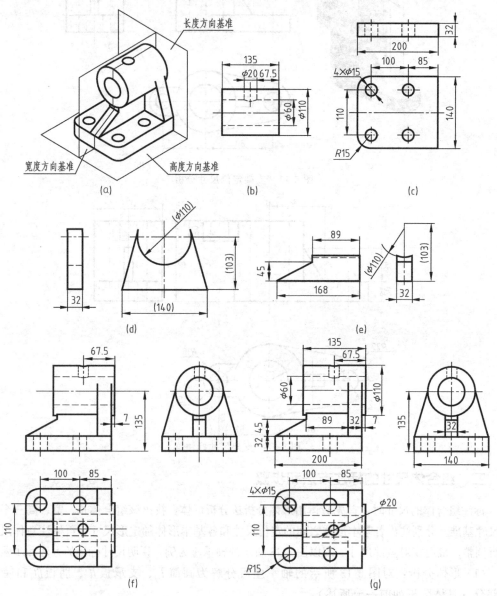

图 5-13　轴承座尺寸标注

三、尺寸标注要清晰

为了保证所注尺寸清晰，除了严格遵守机械制图国标的规定外，还应注意下列几点。

（1）定形尺寸应尽量注在反映形状特征的视图上，如图 5-14 （a） 所示，图 5-14 （b） 中所示的注法不明显。

（2）定位尺寸应尽量注在反映形体间位置明显的视图上，并且尽量与定形尺寸集中在一起，如图 5-15 （a） 所示。图 5-15 （b） 中所示注法不集中。

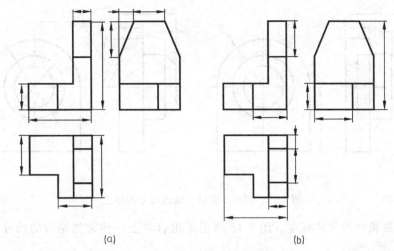

图 5-14 尺寸注在反映形状特征的视图上

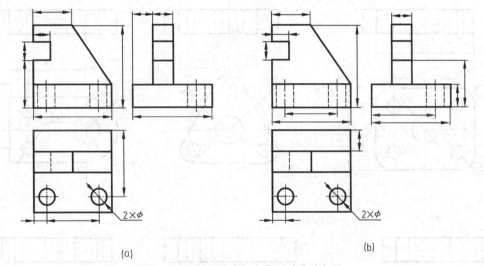

图 5-15 定形尺寸与定位尺寸集中标注

　　（3）尺寸应尽量注在视图外面，如图 5-16（a）所示。但当视图内有足够地方能清晰地注写尺寸数字时，也允许注在视图内，如图 5-16（a）中主视图上的半径尺寸 R 和尺寸 L。图 5-16（b）中所示的注法影响图形的清晰性。

　　（4）同轴的圆柱、圆锥的径向尺寸，一般注在非圆的视图上，圆弧半径应标注在投影为圆弧的视图上，如图 5-17（a）所示。图 5-17（b）中圆弧半径 R 的注法是不允许的。

　　（5）同方向的并联尺寸，小尺寸在内，大尺寸在外，依次向外分布，间隔要均匀，避免尺寸线与尺寸界线相交。同一方向的串联的尺寸，箭头应互相对齐，排在一条直线上。

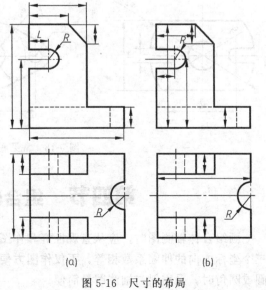

图 5-16 尺寸的布局

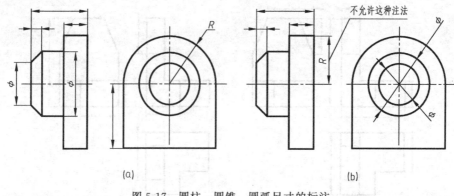

图 5-17　圆柱、圆锥、圆弧尺寸的标注

（6）常见底板件的尺寸标注。图 5-18 列出了组合体上一些常见结构的尺寸注法。要求掌握图示的标注方法。

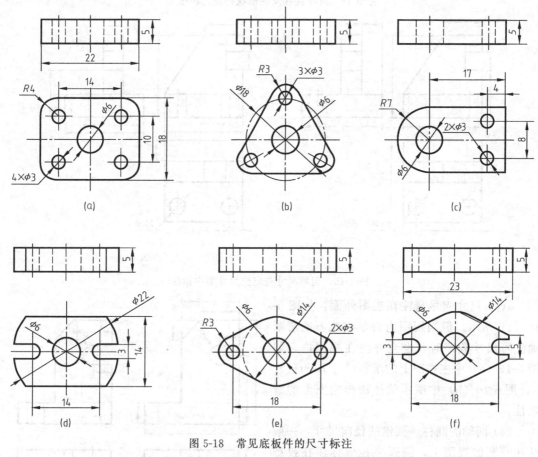

图 5-18　常见底板件的尺寸标注

第四节　组合体的轴测图画法

画组合体轴测图时，应从直观性好和作图方便两方面来选择轴测投影法。正等轴测图的三个坐标方向的伸缩系数相等，不仅作图方便且直观性也好。当组合体单一方向具有圆、半圆或圆角时，采用斜二轴测图最简便。

一、组合体的正等轴测图画法

（1）叠加法　先将组合体分解成若干个基本组成部分，再按其相对位置逐个画出各基本形体的轴测图，然后完成整体的轴测图。

（2）切割法　先画出完整的几何体轴测图，再按其结构形状特点逐个切去多余的部分，然后完成切割后形体的轴测图。

【**例 5-1**】　用叠加法画轴承座［图 5-19（a）］的正等轴测图。

① 分析：如图 5-19（a）所示，该轴承座是叠加式组合体，作图时可先画主体的底板和圆筒，再加画支承板与圆筒相切、肋板与圆筒相交。

② 作图：a. 定坐标，画出底板。按两圆孔的位置，画出两圆孔，如图 5-19（b）所示。

b. 沿 OZ_1 向上定出圆筒的轴线 O_1Y_1 的位置，画出圆筒的轴测图。作图时可先画前面的椭圆，再画后面的部分椭圆，如图 5-19（c）所示。

c. 画支承板与圆筒相切，作图时过底板上 1、2 两点向圆筒后面的椭圆作切线，再过 3、4 两点作相应切线的平行线，画出支承板前面与圆筒的交线的可见部分，如图 5-19（d）所示。

d. 画肋板，根据肋板的宽度 a 定出其位置，肋板与圆筒上的交线是看不见的，作图时可省略画出，如图 5-19（e）所示。

e. 擦去多余作图线，描深图线，完成轴承座等轴测图的绘制，如图 5-19（f）所示。

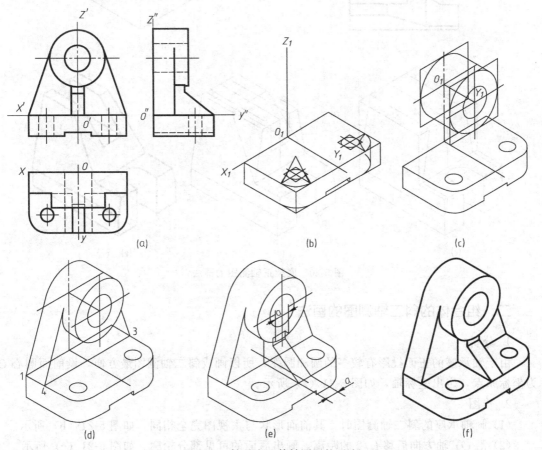

图 5-19　轴承座正等轴测图的画法

【**例 5-2**】　画底架［图 5-20（a）］的正等轴测图。

①　分析：如图 5-20（a）所示的底架，它属于切割式组合体，作图时一般先画出完整形体，然后再逐步用切割方法画出其各个部分。注意正确定出切割部位和画出切割后的交线。

②　作图：

a. 画 L 形形体轴测图，定出 Y 方向对称的坐标面，如图 5-20（b）所示。

b. 切割两侧平面及画拱形槽，如图 5-20（c）所示。

c. 切割方槽及方槽前的斜面，如图 5-20（d）所示。

d. 擦去作图线，描深图线，如图 5-20（e）所示。

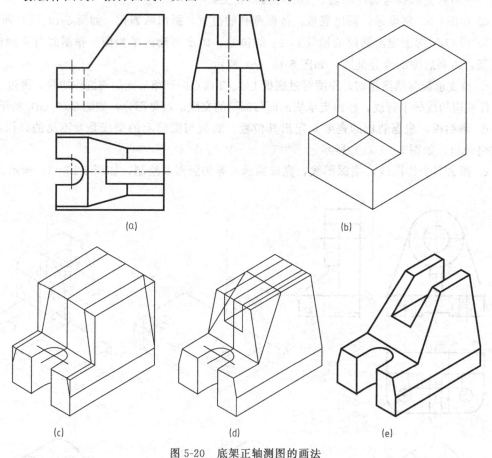

图 5-20　底架正轴测图的画法

二、组合体的斜二轴测图的画法

1. 分析

由于轴承座的正面投影有较多的圆和圆弧，所以画成斜二轴测图最方便，设前面圆心 O 为坐标原点，定出坐标轴，如图 5-21（a）所示。

2. 作图

（1）画轴承座的斜二轴测图时，其前面形状与主视图完全相同，如图 5-21（b）所示。

（2）沿 OY 轴方向后移 $L/2$ 的距离，画出后面的可见部分轮廓。如图 5-21（c）所示。

（3）清理多余图线，加深可见轮廓线，完成作图，如图 5-21（d）所示。

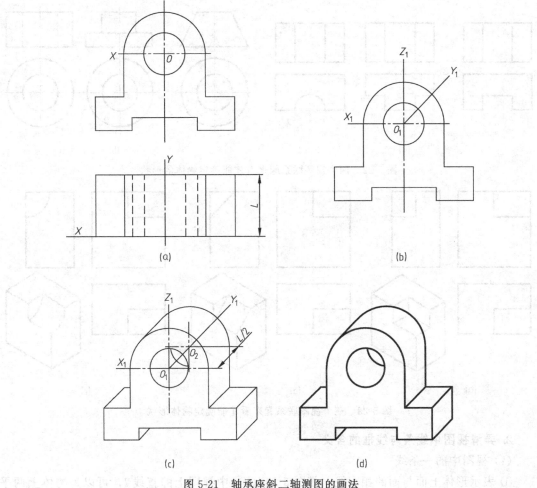

图 5-21 轴承座斜二轴测图的画法

第五节 组合体视图的读图方法

一、读图的基本知识

画图和读图是学习本课程的两个重要环节，培养读图能力是本课程的基本任务之一。画图是将空间的物体形状在平面上绘制成视图，而读图则是根据已画出的视图，运用投影规律，对物体空间形状进行分析、判断、想象的过程，读图是画图的逆过程。

1. 应几个视图联系起来看

在机械图样中，机件的形状一般是通过几个视图来表达的，每个视图只能反映机件一个方向的形状。因此，仅由一个或者两个视图往往不能唯一地确定机件形状。

如图 5-22（a）所示物体的主视图都相同，图 5-22（b）所示物体的俯视图都相同，但实际上六组视图分别表示了形状各异的六种形状的物体。

如图 5-23 给出的三组图形，它们的主、俯视图都相同，但实际上也是三种不同形状的物体。由此可见，读图时必须将几个视图联系起来，互相对照分析，才能正确地想象出物体的形状。

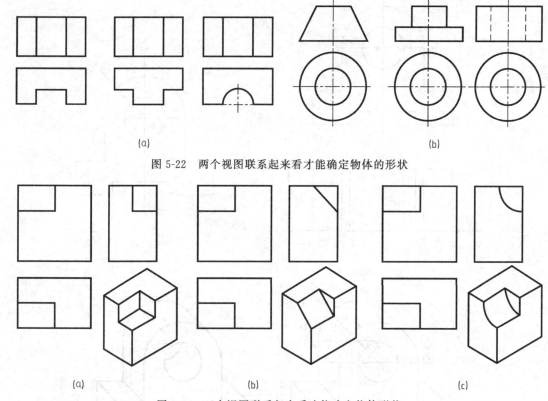

图 5-22　两个视图联系起来看才能确定物体的形状

图 5-23　三个视图联系起来看才能确定物体形状

2. 弄清视图中线条与线框的含义

(1) 视图中的一条线

① 表示形体上面与面的相交线。如图 5-24 (a) 中视图上的直线 l，可以是物体上两平面交线的投影，如图 5-24 (c) 所示；也可以是平面与曲面交线的投影，如图 5-24 (d)、(e) 所示。

② 表示曲面外形的轮廓线。如图 5-24 (a) 中视图上的直线 m，可以是物体上圆柱的某一转向轮廓线的投影，如图 5-24 (d) 所示。

③ 表示物体上的表面（平面或曲面）的积聚投影。如图 5-24 (a) 中视图上的直线 l 和 m，可以是物体上相应的侧平面 L 和 M 的投影，如图 5-24 (b) 所示。

(2) 视图中的每一封闭线框（粗实线或虚线组成的线框）

① 表示形体上的平面。这种平面对于投影面有垂直位置、平行位置及一般位置三种情况。如图 5-24 (a) 中视图上的线框 A，可以是物体上投影面平行面的投影，如图 5-24 (e)、(f) 所示；也可以是投影面垂直面的投影，如图 5-24 (b)、(c) 所示。

② 表示形体上的曲面。如图 5-24 (a) 中视图上的线框 B，可以是物体上圆柱面的投影，如图 5-24 (e) 所示。

③ 表示形体上曲面与曲面相切或曲面与平面相切的一个表面。如图 5-24 (a) 中视图上的线框 D，可以是物体上圆柱面以及和它相切平面的投影，如图 5-24 (c)、(e) 所示。

④ 表示柱体的各个侧面的积聚投影，如图 5-25 (a) 主视图中的三个线框，分别表示拱形柱、圆柱孔、四棱柱孔在主视图中的积聚投影。

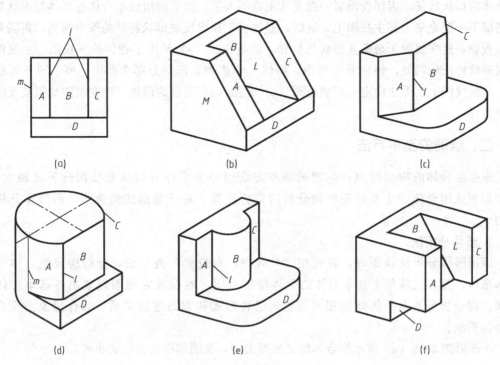

图 5-24 视图中线和线框的含义

（3）视图中相邻的封闭线框 视图中相邻的封闭线框，一般表示形体上不同位置的表面。而线框的公共边，如图 5-24（a）中视图上线框 A 和线框 B 的公共边 l，可能表示形体两表面交线的投影，如图 5-24（c）～（e）所示。也有可能表示把形体两表面隔开的第三个表面的积聚投影，如图 5-24（b）、（f）所示。而线框中的线框，不是凸起（凸面），就是凹下（凹面），也有可能是通孔，如图 5-25 所示。

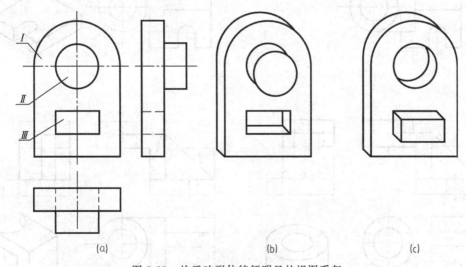

图 5-25 从反映形体特征明显的视图看起

3. 从最能反映组合体形状和位置特征的视图看起

读图时，必须从反映形状特征的视图入手，主视图作为最重要的视图，通常能较多地反映物体的形状特征，因而读图时一般先从主视图入手。但有时组成组合体各形体的形状和位置特征不一定全集中在主视图上，这时，必须善于找出反映形状特征的那个视图，再联系其相应投影，这样就便于想象其形状与位置。如图 5-25（a）给出了物体的三视图，主视图反映其形状特征较明显，但只看主视图，物体上的Ⅱ和Ⅲ两部分哪个凸出，哪个凹下无法确定，从俯视图上也无法确定，可能是图（b）或图（c）所示的形体，而左视图却明显反映了位置特征。

二、读图的基本方法

根据组合体的构型特点，读图的基本方法可分为形体分析法和线面分析法两大类。对于切割式组合体，主要运用线面分析法进行读图。对于叠加式组合体，用形体分析法读图。

1. 形体分析法

运用形体分析法读图时，首先用"分线框、对投影"的方法，分析构成组合体的各基本形体，找出反映每个基本形体的形体特征视图，对照其它视图想象出各基本形体的形状。再分析各基本形体间的相对位置、组合形式和表面连接关系，综合想象出组合体的整体形状。

下面以图 5-26（a）所示组合体的三视图为例，说明读图的方法和步骤。

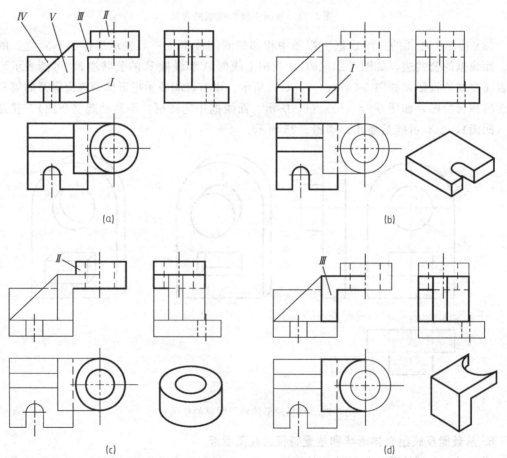

(a) (b)

(c) (d)

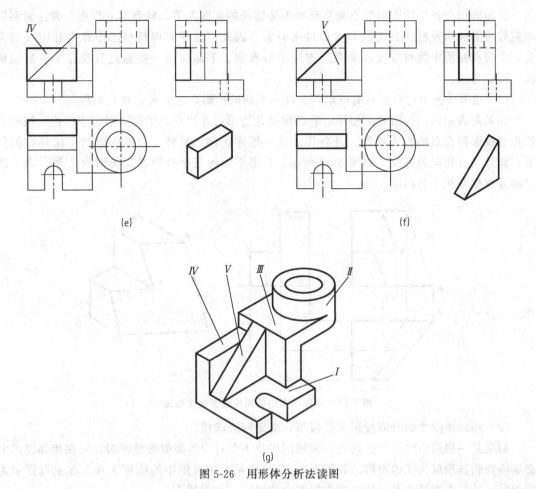

(e)

(f)

(g)

图 5-26 用形体分析法读图

（1）分线框、对投影　如图 5-26（a）所示，从主视图入手，先在主视图中按封闭线框将它划分为五个部分。然后，根据各视图间的投影关系，分别找出各部分在俯、左视图中相应的投影，如图 5-26（b）～（f）所示。

（2）想形体、定位置　根据每一个部分的三个视图，逐一想象出各个基本体的空间结构形状，并确定它们之间的位置。

线框Ⅰ在三个视图中的投影基本上为矩形，因此，它的形状是一个四棱柱在前面开了槽的底板，如图 5-26（b）所示。

通过图 5-26（c）的三视图，看出线框Ⅱ是一个空心圆柱。

线框Ⅲ三个视图表明这是一个弯板，它的平板右端的前后两侧面与线框Ⅱ的外圆柱面相切，底部与圆柱底面平齐，竖板右端与底板Ⅰ的右端面平齐，如图 5-26（d）所示。

线框Ⅳ、Ⅴ分别为四棱柱和三棱柱的肋板，放置在底板上表面，靠在弯板左端面，四棱柱和底板的左端面平齐，如图 5-26（e）、（f）所示。

（3）综合起来想整体　确定各基本体的形状及其相对位置后，就可以综合起来想象出该组合体的整体形状，如图 5-26（g）所示。

2. 线面分析法

形体分析法是从"体"的角度分析组合体，线面分析法则是从"面"和"线"的角度，分析构成组合体视图中的线框和图线的投影特性，以及它们之间的相互位置，从而看懂视图。运用线面分析法读图的要点是从反映形体特征的视图入手，联系其它视图，并注意利用面或线投影的积聚性、真实性和类似性来分析。因此，读图时理解视图中线框和图线的含义，掌握在视图中找对应投影关系的方法十分重要。下面介绍一些通过找投影关系来识别线、面的方法。

（1）相邻视图中对应的一对线框若为同一平面的投影，它们必定是类似形。

如果是表示同一平面的类似形，它必须是几边形对几边形，平行边对应平行边，线框各顶点的投影符合点的投影规律，且各顶点连接顺序相同。另外，线框的形状不仅具有类似形，而且具有相同的方位。如图 5-27 所示，L 形平面的三个投影都是类似的 L 形，表示缺口的方位都是在上与朝前。

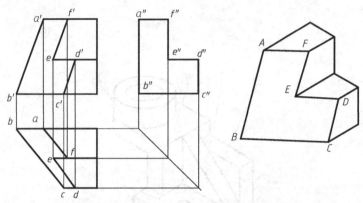

图 5-27　相邻视图中的对应投影为类似形

（2）相邻视图中的对应投影无类似形，必定积聚成线。

如果某一视图中的一个线框在相邻视图中找不到对应的类似形线框时，则在相邻视图中必定能找到其积聚为线的投影。如图 5-28（a）所示，俯视图中的线框 a 和 b 在主视图中无类似形，按长度相等关系只能对应主视图中的斜线 a' 和横线 b'。

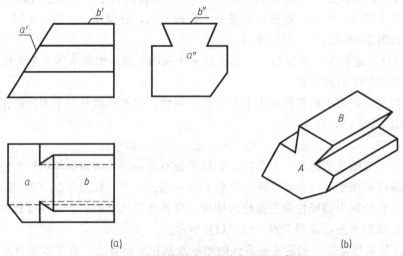

（a）　　　　　　　　　　　　　（b）

图 5-28　相邻视图中的对应投影无类似形

现以图 5-29（a）所示的压块为例，介绍用线面分析法看图的方法和步骤。

① 形体分析：如图 5-29（a）所示，由于压块三个视图的外形轮廓基本上都是长方形，所以可想象压块是由长方体被多个平面切割和挖圆柱孔、槽而成。从主视图的长方形缺一个

角，说明长方体的左上方被切去一块；俯视图的长方形缺两个角，说明长方体左端前后各切去一块；左视图的长方形也缺两个角，说明长方体的下部前后各切去一块。此外，从主、俯视图可看出压块中间被挖了一个圆柱形阶梯孔。通过以上分析，对压块的整体形状有了初步了解。但是，压块被哪些平面切割，切割后成为什么形状，还要进一步作线面分析才能真正读懂压块的三视图。

② 线面分析：视图上的一个线框一般表示一个面的投影，它在其它视图上对应的投影不是积聚成直线就是类似形，按这些投影特性划分出每个表面的三个投影，看懂它们的形状。

如图 5-29 (b) 所示，俯视图上的线框 p 在主视图中的对应投影无类似形，必定积聚成线，对应的投影为 p'，因此，P 为正垂面，它的水平投影和侧面投影是类似的梯形。即长方体的左上方是被正垂面切割而成。

如图 5-29 (c) 所示，主视图上的线框 q' 在俯视图上的对应投影无类似形，必定积聚成线，对应投影只能是斜线 q，因此，Q 面为铅垂面，它的正面投影与侧面投影为类似的七边形。即长方体的左端被前后对称的两个铅垂面切割而成。

同样的方法可看出平面 M 与平面 N 均为正平面，正面投影反映它们的实形，压块上的这两个表面为矩形，平面 M 在平面 N 之前，如图 5-29 (d)、(e) 所示。

③ 综合起来想整体：经以上分析，可想象出压块是长方体被前后对称地切去两个角后形成的六棱柱（俯视图外形轮廓是六边形），在其左上被正垂面切去一角，在其前后面的下半部分分别被正平面和水平面切去一角，压块的中间挖了一个圆柱形的台阶孔。综合想象出压块的形状，如图 5-29 (f) 所示。

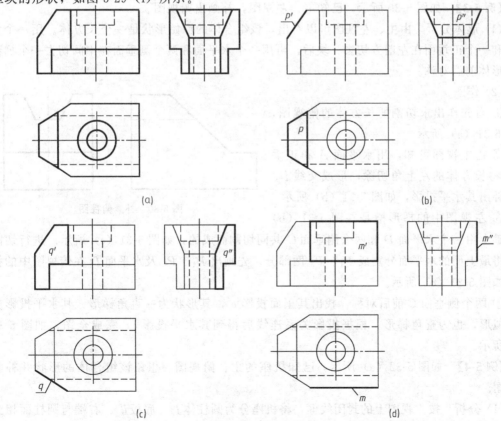

图 5-29

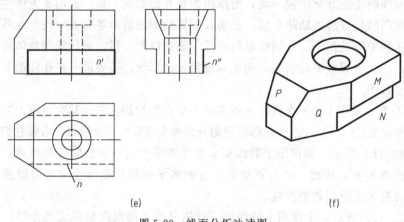

图 5-29　线面分析法读图

三、综合训练

1. 补视图

由已知的两个视图，补画出第三视图，是一种读图和画图相结合的有效的训练方法。首先根据物体的已知视图想象出物体形状，然后在读懂两视图的基础上，利用投影对应关系逐步补画出第三视图。在读图的过程中，还可以边想象，边画轴测图，及时记录构思的过程，帮助读懂视图。

【例 5-3】 如图 5-30 所示，已知主、左视图，补画出俯视图。

（1）形体分析　由主、左视图可以看出，该组合体的原始形状是一个长方体。用一个水平面和一个正垂面在左前方切去一块后，再用一个水平面和两个侧垂面在中间切去一个梯形槽，形体前后对称。

（2）作图

① 首先作出未切割的长方体的俯视图，如图 5-31 （a） 所示。

② 由主视图可知，用水平面 A 和正垂面 B 将长方体的左上角切除，形成交线 I、II，补出其水平投影，如图 5-31 （b） 所示。

③ 左视图中的梯形槽是在图 5-31 （b）

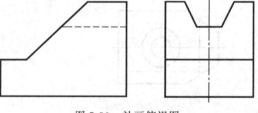

图 5-30　补画俯视图

的基础上由一个水平面 D 和两个侧垂面 C 共同切割而成的，如图 5-31 （c） 所示。进行切割后，将最上面的水平面分割成 P_1、P_2 两部分，先画出 P_1、P_2 及水平面 D 在俯视图中的投影，如图 5-31 （c） 所示。

④ 两个侧垂面 C 前后对称，找出其正面投影 c'，其形状为一直角梯形，其水平投影反映类似形，也为直角梯形，根据投影关系连线后得到其水平投影 c，完成全图，如图 5-31 （d） 所示。

【例 5-4】 如图 5-32 （a） 所示，已知机座的主、俯视图，想象该组合体的形状并补画左视图。

（1）分析　按主视图上的封闭线框，将机座分为圆柱体 I、底板 II、右端与圆柱面相交的厚肋板 III 三个部分，再分别找出三部分在俯视图上对应的投影，想象出它们各自的形状，

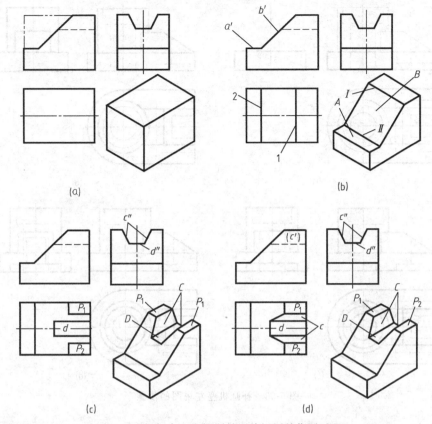

图 5-31 根据主、左视图补画俯视图的作图过程

如图 5-32（b）所示。再进一步分析细节，如主视图右边的虚线表示阶梯圆柱孔，主、俯视图左边的虚线表示长方形凹槽和矩形通槽。综合起来想象出机座的整体形状，如图 5-32（c）所示。

（2）作图

① 补画底板 II 的左视图，如图 5-33（a）所示。

② 补画圆柱体 I 和厚肋板 III 的左视图，如图 5-33（b）所示。

③ 补画长方形凹槽和阶梯圆柱孔的左视图，如图 5-33（c）所示。

④ 最后补画矩形通槽的左视图，如图 5-33（d）所示。

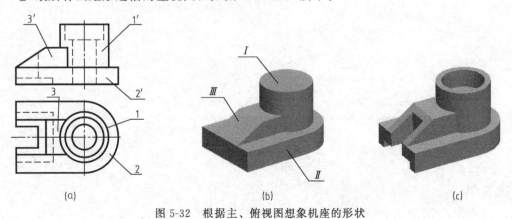

图 5-32 根据主、俯视图想象机座的形状

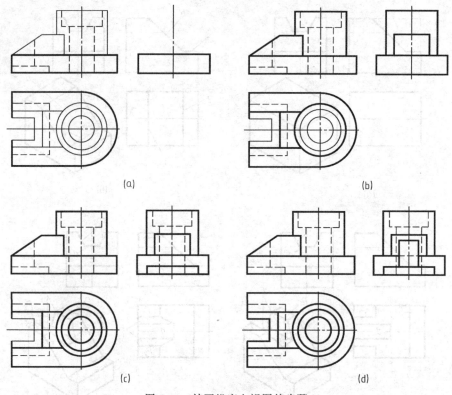

(a)

(b)

(c)

(d)

图 5-33　补画机座左视图的步骤

第6章 ◄◄◄

图样画法

本章主要介绍视图、剖视图和断面图的分类和画法中的有关规定，同时还介绍一些相关的简化画法。

第一节 视 图

视图一般只画出机件的可见部分，必要时才画出其不可见部分。视图分为基本视图、向视图、局部视图和斜视图四种。

一、基本视图

国家标准规定用正六面体的六个面作为基本投影面，机件的图形按正投影法绘制，并采用第一角投影法，机件向六个基本投影面投影所得的六个视图称为基本视图，如图 6-1 (a)、(b) 所示。投影后，规定正面不动，把其它投影面展开到与正面成同一个平面，如图 6-1 (b) 所示。展开以后，基本视图的配置关系如图 6-1 (c) 所示。基本视图名称及其投影方向的规定如下：

主视图——将机件由前向后投射得到的视图；

俯视图——将机件由上向下投射得到的视图；

左视图——将机件由左向右投射得到的视图；

右视图——将机件由右向左投射得到的视图；

仰视图——将机件由下向上投射得到的视图；

后视图——将机件由后向前投射得到的视图。

在同一张图纸内，按图 6-1 (c) 所示配置视图时，一律不标注视图的名称。国标中规定了六个基本视图，不等于任何机件都要用六个基本视图来表达，相反，在考虑到看图方便，并能完整、清晰地表达机件各部分形状的前提下，视图的数量应尽可能减少。

二、向视图

向视图是可自由配置的视图。为了合理地利用图幅，某个基本视图不按规定的位置关系配置时，应在视图的上方标出视图的名称"X"向，并在相应视图附近用箭头指明投影方向，并注上相同的字母，如图 6-2 所示。

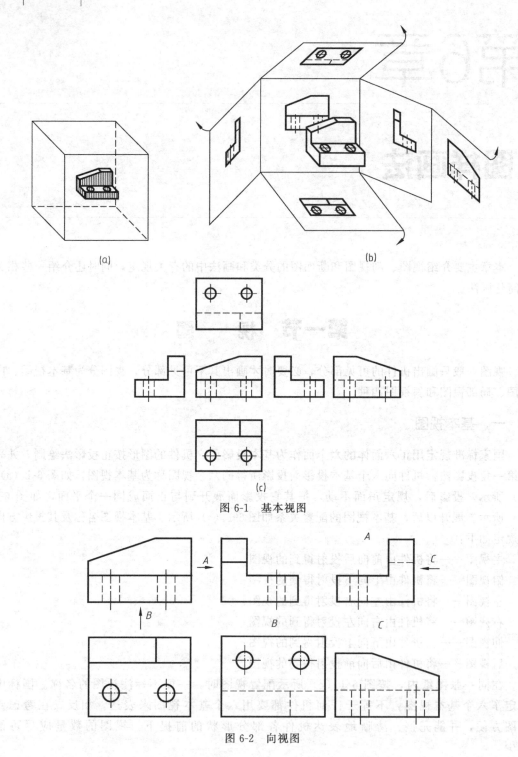

图 6-1　基本视图

图 6-2　向视图

三、局部视图

将机件的某一部分向基本投影面投射所得的视图，称为局部视图。

当机件上的某一局部形状没有表达清楚，而又没有必要用一个完整的基本视图表达时，可将这一部分单独向基本投影面投射，从而形成局部视图，利用局部视图可以减少基本视图的数量。如图 6-3 所示，机件左侧拱形柱和右上角凸台的形状，在主、俯视图上无法表达清楚，又没有必要画出完整的左视图和右视图，此时可用局部视图来表示。

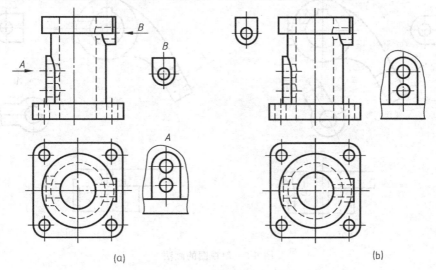

(a)　　　　　　　　　　　　(b)

图 6-3　局部视图

画局部视图时，一般应在局部视图的上方标出视图名称"X"，在相应视图附近用箭头指明投影方向，并在箭头旁按水平方向注上相同的字母，如图 6-3（a）所示。当局部视图按投影关系配置，中间又无其它视图隔开时，允许省略标注，如图 6-3（b）所示。

局部视图的断裂处的边界线用波浪线表示，如图 6-3（a）中的 A 向局部视图。当所表示的局部结构是完整的，且外轮廓线成封闭时，波浪线可省略不画，如图 6-3（a）的 B 向局部视图。

四、斜视图

机件向不平行于基本投影面的平面投射所得的视图称为斜视图。

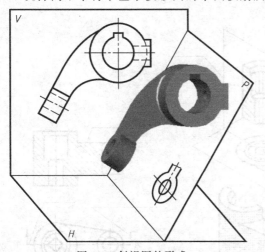

图 6-4　斜视图的形成

当机件具有倾斜结构，且用基本视图又不能表达实形时，可设置一个投影面与机件倾斜部分平行，将倾斜结构向该投影面投射，即可得到反映其实形的视图，如图 6-4 所示。

斜视图只表达机件物体倾斜部分的实形，其余部分可不必画出，其断裂处的边界线用波浪线表示。

画斜视图时，必须在斜视图上方标出视图名称"X"，在相应视图的附近用箭头指明投影方向，并在箭头旁按水平方向注上同样的字母，如图 6-5 所示。

斜视图一般按投影关系配置，如图 6-5（a）所示，必要时也可配置在其它适当位置。

在不致引起误解时，允许将图形旋转，但必须加旋转符号，其箭头方向为旋转方向，字母应靠近旋转符号的箭头端，如图 6-5（b）所示。

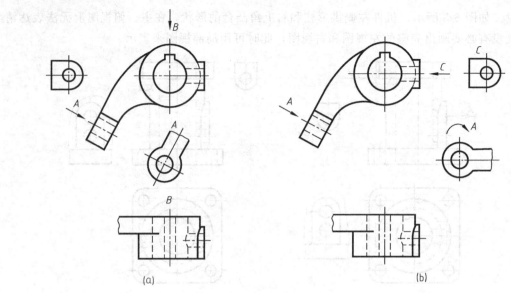

图 6-5　斜视图的画法

第二节　剖 视 图

用视图表达机件的内部结构时，图中会出现许多虚线，影响了图形的清晰性。既不利于看图，又不利于标注尺寸。为此，国家标准规定用"剖视"的方法来解决机件内部结构的表达问题。

一、剖视图的概念

剖视是假想用剖切面剖开机件，将处在观察者与剖切面之间的部分移去，而将其余部分向投影面投射所得的图形称为剖视图，如图 6-6 所示。

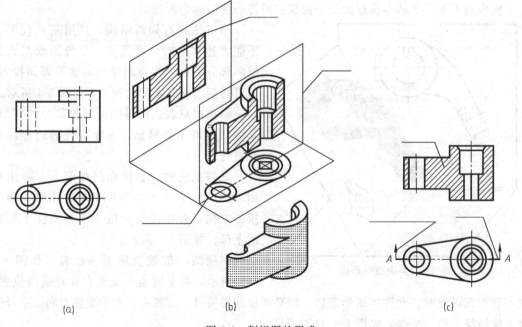

图 6-6　剖视图的形成

剖切面的位置一般用剖切符号表示，剖切符号的画法是在剖切面迹线（有积聚性）的起、迄和转折处，画两小段不与图形轮廓相交的粗实线，线宽为（1～1.5）b、长约5～10mm，如图6-6（c）所示。

画剖视时，在机件与剖切面接触的剖面图形上，应画上剖面符号，机件材料不同，其剖面符号画法也不同，见表6-1。

表6-1　剖面符号

材料		符号	材料	符号
金属材料（已有规定剖面符号者除外）			木质胶合板（不分层数）	
非金属材料（已有规定剖面符号者除外）			基础周围的泥土	
转子、电枢、变压器和电抗器等的迭钢片			混凝土	
线圈绕组元件			钢筋混凝土	
型砂、填砂、粉末冶金、砂轮、陶瓷刀片、硬质合金、刀片等			砖	
玻璃及供观察用的其它透明材料			格网筛网、过滤网等	
木材	纵剖面		液体	
	横剖面			

表示金属材料剖面符号的剖面线，为一组间隔相等、方向相同且与水平成45°的平行细实线。同一机件的所有剖面图形上，剖面线方向及间隔要一致。如图形中的主要轮廓线与水平成45°，应将该图形的剖面线画成与水平成30°或60°的平行线，但其倾斜方向仍应与其它图形的剖面线一致，如图6-7所示。

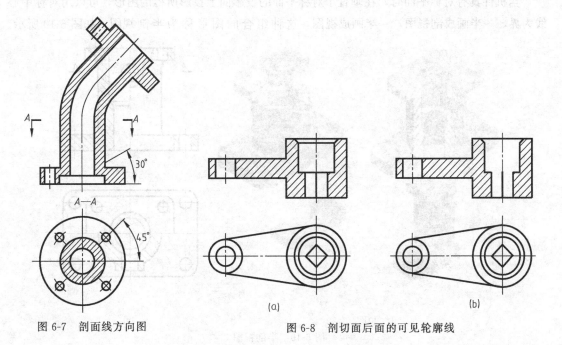

图 6-7　剖面线方向图

图 6-8　剖切面后面的可见轮廓线

作剖视图时应注意以下几点：

（1）剖视是一个假想的作图过程，因此一个视图画成剖视图后，其它视图仍应按完整机件画出；

（2）画剖视图时，在剖切面后面的可见轮廓线也应画出，如图6-8（a）所示。初学者常常会忽略这一点而只画出与剖切面重合部分的图形，如图6-8（b）所示；

（3）剖视图上一般不画虚线，以增加图形的清晰性，但若画出少量虚线可减少视图数量时，也可画出必要的虚线，如图6-9所示。

剖视图的标注与配置：一般应在剖视图上方用字母标注出剖视图的名称"×—×"，在相应的视图上用剖切符号表示剖切位置，用箭头表示投影方向并注上同样的字母，如图6-7所示。当单一剖切平面通过机件的对称平面或基本对称的平面，且剖视图按投影关系配置，而中间又没有其它图形隔开时，可省略标注，如图6-9所示。

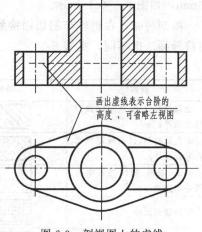

画出虚线表示台阶的高度，可省略左视图

图6-9 剖视图上的虚线

二、剖视图的种类

根据机件内部结构表达的需要以及剖切范围大小，剖视图可分为全剖视图、半剖视图和局部剖视图。

1. 全剖视图

用剖切平面（一个或几个）完全地剖开机件所得的剖视图，称为全剖视图。当不对称的机件的外形比较简单，或外形已在其它视图上表达清楚，内部结构形状复杂时，常采用全剖视图表达机件的内部结构形状。如图6-6（c）、图6-9所示均为全剖视图。

2. 半剖视图

当机件具有对称平面时，在垂直于对称平面的投影面上投影所得的图形，可以用对称中心线为界，一半画成剖视图，一半画成视图，这种组合的图形称为半剖视图，如图6-10所示。

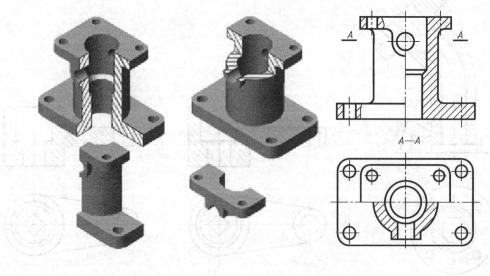

(a)   (b)

图6-10 半剖视图

半剖视图适应于内外形状都需要表达的对称机件或基本对称的机件。

画半剖视图时，视图与剖视图的分界线应是对称中心线而不应画成粗实线，也不应与轮廓线重合。在半个视图中，虚线可以省略，但对于孔或槽等，应画出中心线位置。

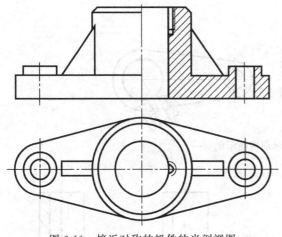

当机件的形状接近于对称，且不对称部分已另有图形表达清楚时，也可以画成半剖视图，如图 6-11 所示。

半剖视图的标注方法与全剖视图相同，如图 6-10（b）所示。

3. 局部剖视图

用剖切面局部地剖开机件所得的剖视图称为局部剖视图，如图 6-12 所示。作局部剖视图时，剖切平面的位置与范围应根据机件需要而确定，剖开部分与原视图之间用波浪线分开，波浪线表示机件断裂处的边界线的投影，因而波浪线应画在机件的实体部分，不能超过视图的轮廓线或和图样上其它图线相重合。

图 6-11 接近对称的机件的半剖视图

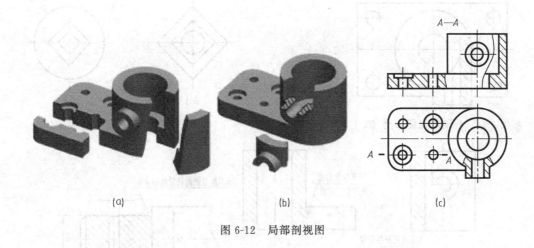

(a)　　　　　　　(b)　　　　　　　(c)

图 6-12 局部剖视图

局部剖视图一般适用于下列情况：

（1）只需要表达机件上局部结构的内部形状，不必或不宜采用全剖视图时，如图 6-13 所示；

（2）不对称的机件，既需表达其内部形状，又需保留其局部外形时，如图 6-14 所示；

（3）对称的机件，而其图形的对称中心线正好与轮廓线重合而不宜采用半剖视图时，如图 6-15 所示。

当单一剖切平面的剖切位置明显时，局部剖视图的标注可以省略。

局部剖视图与视图的分界线是波浪线，波浪线不要与图形中其它图线重合，也不要画在其它图线的延长线上，如图 6-16 为错误画法。

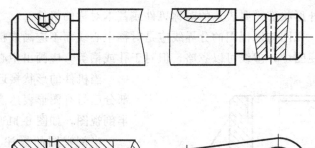

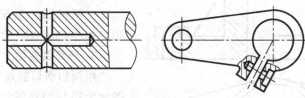

图 6-13 局部剖视图示例（一）

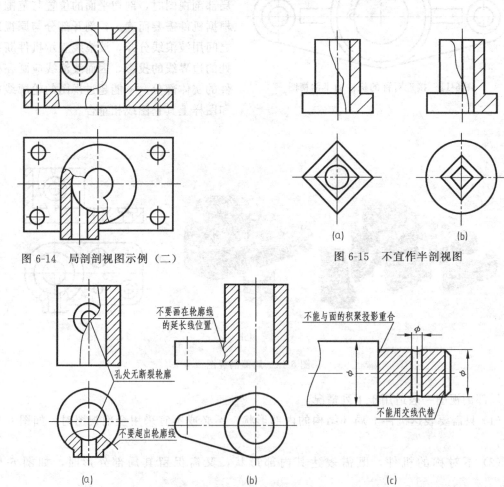

图 6-14 局剖剖视图示例（二）

图 6-15 不宜作半剖视图

（a）

（b）

不要画在轮廓线
的延长线位置

不能与面的积聚投影重合

孔处无断裂轮廓

不要超出轮廓线

不能用交线代替

（a）

（b）

（c）

图 6-16 局部剖视图的错误画法

三、剖切面的选用

根据机件结构的特点和表达需要，可选用单一剖切面、几个平行的剖切平面和几个相交的剖切面剖开机件。

1. 单一剖切面

（1）用一个平行于基本投影面的平面剖切。前面所示的全剖视图、半剖视图和局部剖视图均是这种情况。也可用单一柱面剖切机件，剖视图按展开绘制，如图 6-17 中的 *B—B* 所示。

（2）用不平行于任何基本投影面的平面剖切。常用于机件上倾斜部分的内部结构形状需要表达的情况，可以用一个与倾斜部分的主要平面平行且垂直于某一基本投影面的单一剖切平面剖切，再投影到与剖切平面平行的投影面上，即可得到该部分内部结构的实形。

画这种斜剖视图时，一般应按投影关系将剖视图配置在箭头所指的一侧的对应位置。在不致引起误解的情况下，允许将图形旋转。旋转后的图形要在其上方标注旋转符号（画法同斜视图）。斜剖视图必须标注剖切位置符号和表示投影方向的箭头，如图 6-18 所示。

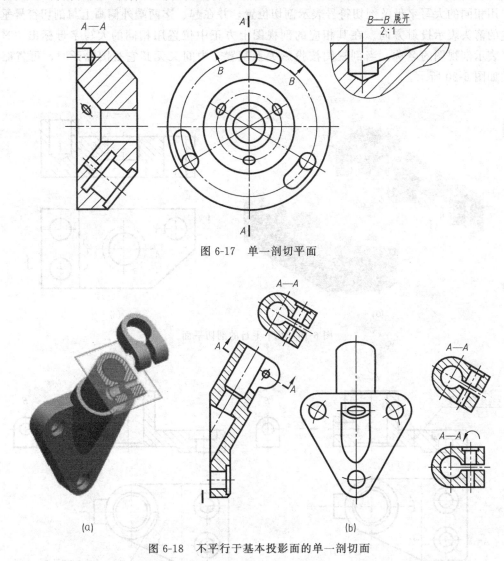

图 6-17　单一剖切平面

图 6-18　不平行于基本投影面的单一剖切面

2. 几个平行的剖切平面

如图 6-19 所示，机件上几个孔的轴线不在同一平面内，如果用一个剖切平面剖切，不能将内部形状全部表达出来。为此，采用三个互相平行的剖切平面沿不同位置孔的轴线剖切，这样就可在一个剖视图上把几个孔的形状表达清楚了。

采用这种方法画出的剖视图必须按规定标注，如果剖切符号转折处位置有限时，允许只画转折符号，省略标注字母。

采用这种剖切方法画剖视图时应注意以下几点。

(1) 因为剖切是假想的，所以在剖视图不应画出两剖切面转折处的分界线，如图 6-20 (a) 所示。两平面的转折处也不应与轮廓线相重合，如图 6-20 (b) 所示。

(2) 在剖视图中不应出现不完整要素，如图 6-21 (a) 所示。仅当两个要素在图形上具有公共对称中心线或轴线时，此时应以对称中心线或轴线为界，可以各画一半，如图 6-21 (b) 所示。

(3) 用几个平行的剖切平面剖切画剖视图时必须标注。即在剖切平面的起、迄和转折处，用相同的大写字母及剖切符号表示剖切位置，并在起、迄两端外侧画上与剖切符号垂直相连的箭头表示投射方向。在其相应的剖视图上方正中位置用相同的大写字母标出 "×—×" 表示剖视图的名称。当剖视图按投影关系配置、中间又无其它视图隔开时，可省略箭头，如图 6-20 所示。

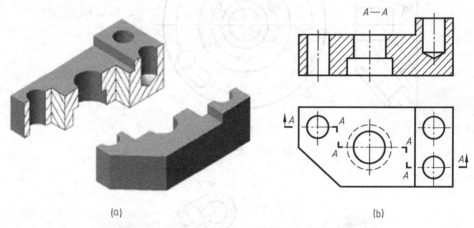

(a)   (b)

图 6-19 几个平行的剖切平面

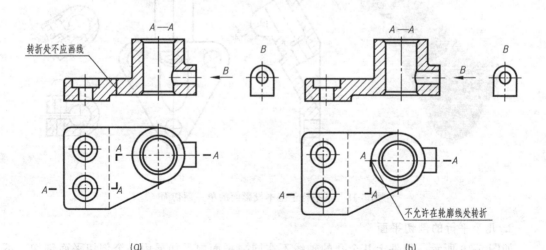

(a)   (b)

图 6-20 采用几个平行剖切面剖切时的注意事项

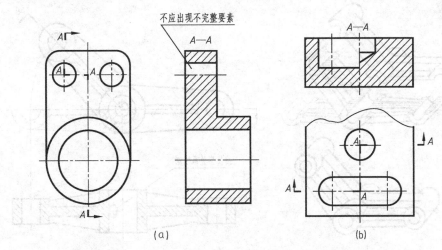

图 6-21　采用几个平行剖切面剖切时的注意事项

3. 几个相交的剖切面

当机件的内部结构形状用单一剖切面不能完整表达时，可采用两个（或两个以上）相交的剖切面剖开机件，如图 6-22 所示，并将与投影面倾斜的剖切面剖开的结构及有关部分旋转到与投影面平行后再进行投影。

采用这种剖切面画剖视图时应注意以下几点。

（1）几个相交的剖切平面的交线（一般为轴线）必须垂直于某一投影面。

（2）应按先剖切后旋转的方法绘制视图，使剖开的结构及其有关部分旋转至与某一选定的投影面平行后再投影。剖切平面后面的其它结构一般仍按原来投影绘制，如图 6-23 支架零件中的小孔。当剖切后产生不完整要素时，应将这些部分按不剖绘制，如图 6-24 所示。

（3）采用这种剖切面剖切后，应对剖视图进行标注，标注方法如图 6-22（b）、图 6-23（b）所示。

如图 6-25 所示是用三个相交的剖切面剖开机件来表达内部结构的实例。

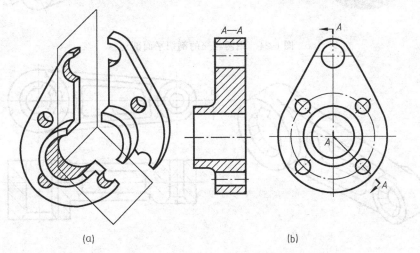

图 6-22　用两相交的剖切平面剖切

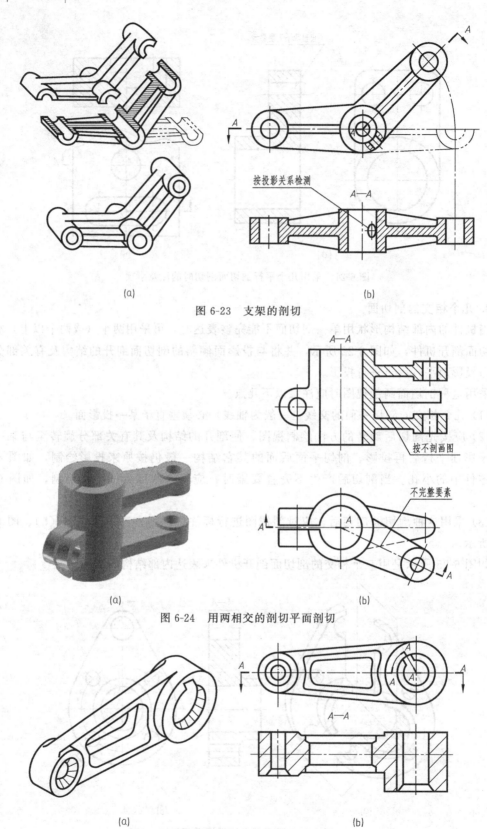

(a)   (b)

图 6-23 支架的剖切

按投影关系检测

A—A

按不剖画图

不完整要素

(a)   (b)

图 6-24 用两相交的剖切平面剖切

A—A

(a)   (b)

图 6-25 用三个相交的剖切面剖切时的剖视图

第三节　断　面　图

一、断面图的概念

假想用剖切面将机件的某处切断，仅画出该剖切面与机件接触部分的图形，称为断面图，简称断面，如图 6-26（a）所示的小轴，为了将轴上的键槽和孔表达清楚，假想用两个垂直于轴线的剖切平面在键槽和孔处将轴切断，只画出断面的图形，并画上剖面符号，即为断面图，如图 6-26（b）所示。

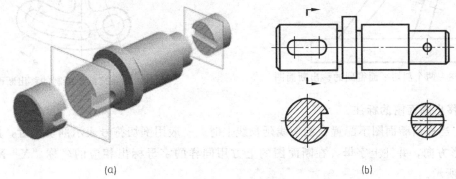

(a)　　　　　　　　　　　　　　(b)

图 6-26　断面图的形成

根据断面图配置的位置不同可分为移出断面图和重合断面图两种。

二、移出断面图

画在视图之外的断面图称移出断面图。移出断面图的轮廓线规定用粗实线绘制，并尽量配置在剖切符号或剖切平面迹线的延长线上，如图 6-27（a）、（b）所示。也可放置在其它适当的位置，如图 6-27 中的 "*A—A*"、"*B—B*" 所示。

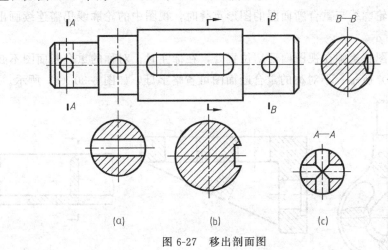

(a)　　　　　　　　(b)　　　　　　　　(c)

图 6-27　移出剖面图

1. 作移出断面图应注意的几点

（1）当剖切平面通过由回转面形成的孔或凹坑的轴线时，这些结构应按剖视绘制，如图 6-27 中的 "*A—A*"、"*B—B*" 移出断面图所示。

（2）由两个或多个相交的剖切平面剖切得出的移出断面图，中间一般应断开，如图 6-28 所示。

（3）当剖切平面通过非圆孔，会导致出现完全分离的两个剖面时，则这些结构应按剖视绘制，如图 6-29 所示。

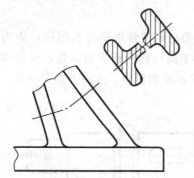

图 6-28　两个剖切平面得到的移出断面图

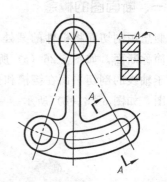

图 6-29　按剖视绘制的移出断面图

2. 移出断面图的标注

（1）当移出断面图不配置在剖切线延长线上时，一般用剖切符号表示剖切位置，用箭头表示投影方向，并注上字母，在断面图的上方用同样的字母标出相应的名称"X—X"，如图 6-29 所示。

（2）配置在剖切线延长线上的不对称移出断面图，可省略字母，如图 6-27（b）所示。

（3）不配置在剖切线延长线上的对称移出断面图，以及按投影关系配置的不对称移出断面图，均可省略箭头，如图 6-27 中的 "A—A"、"B—B" 移出断面图所示。

（4）配置在剖切线延长线上的对称的移出断面图，可省略标注，如图 6-27（a）所示。

三、重合断面图

画在视图内的断面图称为重合断面图，其轮廓线用细实线画出，如图 6-30 所示。

当视图中的轮廓线与重合断面图的图形重叠时，视图中的轮廓线仍需连续画出，不可间断，如图 6-30 所示。

因重合断面图直接画在视图内剖切位置处，在标注时，对称的重合断面图不必标注，如图 6-30（a）、（b）所示；不对称的重合断面图可省略字母，如图 6-30（c）所示。

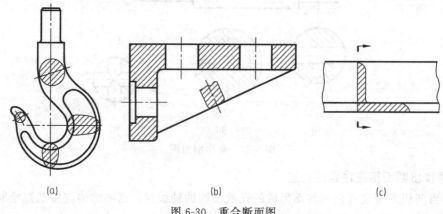

(a)　　　　　　　(b)　　　　　　　(c)

图 6-30　重合断面图

第四节　局部放大图和简化画法

一、局部放大图

当机件上某些细小结构，在视图中不易表达清楚和不便标注尺寸时，可将这些结构用大于原图形所采用的比例画出，这种图形称为局部放大图，如图 6-31 所示。

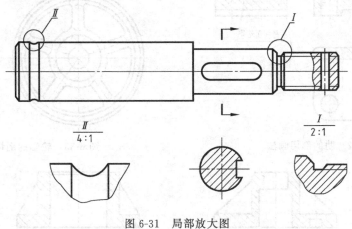

图 6-31　局部放大图

局部放大图可画成视图、剖视图或断面图，它与被放大部分所采用的表达形式无关。局部放大图应尽量配置在被放大部位的附近。

局部放大图必须进行标注，一般应用细实线圈出被放大的部位。当同一机件上有几处被放大的部分时，必须用罗马数字依次标明被放大的部位，并在局部放大图的上方用分数形式标注出相应的罗马数字和所采用的比例。如机件上被放大部分仅一个时，只需在局部放大图的上方注明所采用的比例。

二、简化画法

为了读图及绘图方便，国标中规定了某些简化画法。

（1）剖视图中的简化画法

① 对于机件上的肋、轮辐及薄壁等，当剖切平面沿纵向剖切时，这些结构上不画剖面符号，而用粗实线将它与其邻接部分分开。当剖切平面按横向剖切时，这些结构仍需画上剖面符号，如图 6-32、图 6-33 所示。

② 当机件回转体上均匀分布的肋、轮辐、孔等结构不处于剖切平面上时，可将这些结构旋转到剖切平面上画出，如图 6-33、图 6-34 所示。

（2）移出剖面的简化画法。在不致引起误解时，零件图中的移出断面图，允许省略剖面符号，但剖切位置和断面图的标注，必须按规定的方法标出，如图 6-35 所示。

（3）相同结构要素的简化画法。机件上相同结构（齿、槽、孔等），按一定规律分布时，只需画出几个完整的结构，其余用细实线连接或画出中心线位置，但在图上应注明该结构的总数，如图 6-36 所示。

（4）较小结构的简化画法。对于机件上较小结构，如已有其它图形表示清楚，且又不影响读图时，可不按投影而简化画出或省略，如图 6-37（a）所示的斜度不大时主视图可按小端画出；图 6-37（b）所示为较小结构相贯线的简化画法；图 6-37（c）所示为投影面倾斜角度小于或等于 30°的斜面上的圆或圆弧，其投影可用圆或圆弧代替等。

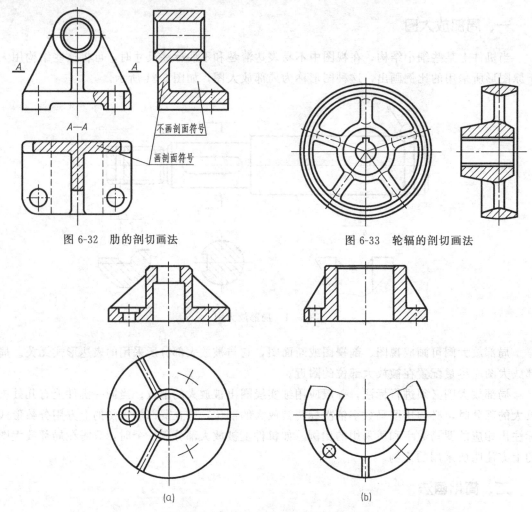

图 6-32　肋的剖切画法

图 6-33　轮辐的剖切画法

图 6-34　均匀分布的肋板、孔的剖切画法

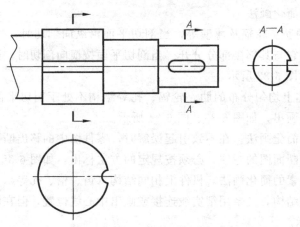

图 6-35　移出断面图的简化画法

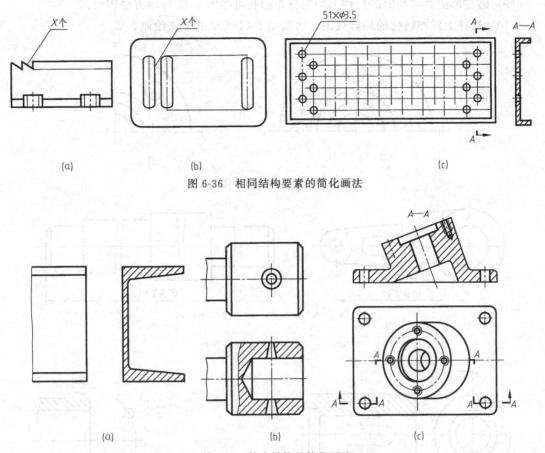

图 6-36 相同结构要素的简化画法

图 6-37 较小结构的简化画法

（5）当图形不能充分表示平面时，可用平面符号（相交细实线）表示，如图 6-38 所示。机件上的滚花部分，可在轮廓线附近用细实线示意画出，如图 6-39 所示。

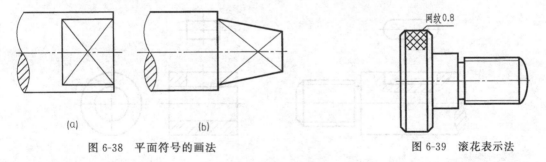

图 6-38 平面符号的画法　　　　图 6-39 滚花表示法

（6）为节省时间和图幅，在不致引起误解时，对称机件的视图可以只画一半或四分之一，并在中心线的两端画出两条与其垂直的平行细实线，如图 6-40 所示。也可画出略大于一半并波浪线为界线的圆，如图 6-34（b）所示。

（7）当机件较长（轴、杆、型材等），沿长度方向的形状为一致或按一定规律变化时，可断开后缩短绘制，如图 6-41 所示。采用这种画法时，尺寸应按机件原长标注。机件断裂处边界线的画法如图 6-41 所示。

（8）在需要表示剖切平面前的结构时，这些结构按假想投影的轮廓绘制，如图 6-42 所示。

（9）圆柱形法兰和类似的机件上均匀分布的孔可按图 6-43 所示方法表示。

（10）机件上对称结构的局部视图，可按图 6-44 所示的方法绘制。

（a）　　　　　　　　　　　　（b）

图 6-40　对称结构的简化画法

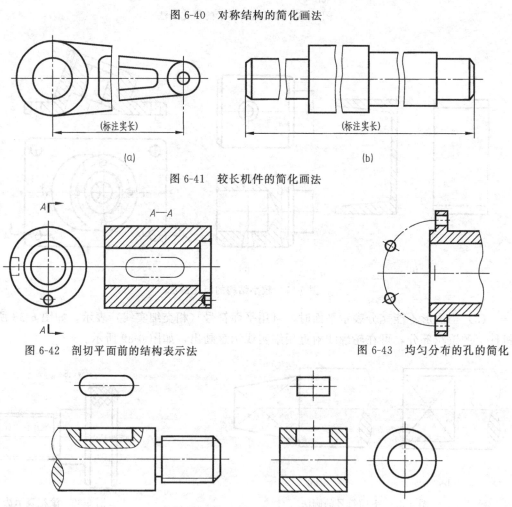

（a）　　　　　　　　　　　　（b）

图 6-41　较长机件的简化画法

图 6-42　剖切平面前的结构表示法

图 6-43　均匀分布的孔的简化

（a）　　　　　　　　　　　　（b）

图 6-44　对称结构的局部视图

三、读剖视图的方法

1. 读图要求

在掌握了机件的各种表达方法后，还要进一步根据机件已有的视图、剖视、断面等表达方法，分析了解剖切关系及表达意图，从而想象出机件的内部形状和结构，即读剖视图。要想很快地读懂剖视图，首先应具有读组合体视图的能力，其次应熟悉各种视图、剖视、断面及其表达方法的规则、标注与规定。读图时以形体分析法为主，线面分析法为辅，并根据机件的结构特点，从分析机件的表达方法入手，由表及里逐步分析和了解机件的内外形状和结构，从而想象出机件的实际形状和结构。

2. 读图方法和步骤

下面以图 6-45 所示阀体的剖视图为例，说明读剖视图的步骤。

(1) 概括了解　了解机件选用了几个视图、几个剖视图、断面，从视图、剖视图、断面图的数量、位置、图形轮廓初步了解机件的复杂程度。图 6-45 所示的机件选用了主、俯视图，它们都是全剖视图，一个局部视图（"E"向）、一个局部剖视图（"C—C"）和一个斜剖的全剖视图（"D—D 旋转"）。

(2) 仔细分析各剖视图的剖切位置及相互关系　主视图 "B—B" 是采用两个相交的剖切平面画出的全剖视图，表达阀体的内部结构形状；俯视图 "A—A" 是采用两个平行的剖切平面画出的全剖视图，着重表达左、右管道的相对位置，还表达了下连接板的外形及 4 个小孔的位置。

"C—C" 局部剖视图，表达左端圆管和连接板的外形及其上 4 个小孔的大小和相对位置；"E" 向局部视图，相当于俯视图的补充，表达了上连接板的外形及其上 4 个孔的大小和位置。因右端管与正投影面倾斜 45°，所以采用斜剖画出 "D—D" 全剖视图，以表达右连接板的形状。

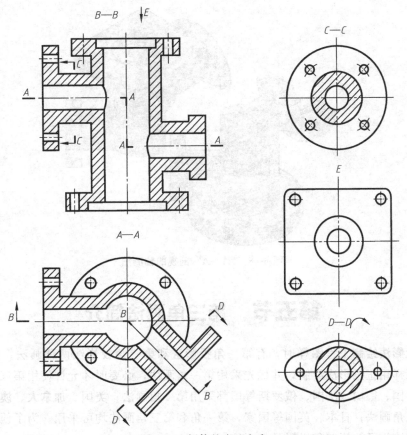

图 6-45　阀体的表达方案

（3）想象空间形状　由图形分析中可见，阀体的构成大体可分为管体、上连接板、下连接板、左连接板、右连接板等五个部分。管体的内外形状通过主、俯视图已表达清楚，它是由中间的竖管、左边的横管和右边横管三部分组合而成。三段管子的内径互相连通，形成有四个通口的管件。

阀体的上、下、左、右四块连接板形状大小各异，这可以分别由主视图以外的四个图形看清它们的轮廓。通过分析形体，想象出各部分的空间形状，再按它们之间的相对位置组合起来，便可想象出阀体的整体形状。阀体的轴测图如图 6-46 所示。图 6-47 为主视图的轴测图，图 6-48 为俯视图的轴测图。

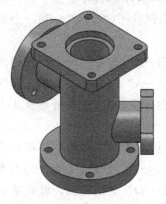

图 6-46　阀体的轴测图

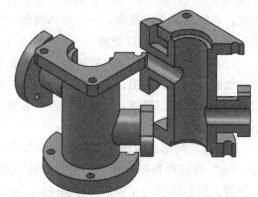

图 6-47　"B—B" 剖视的轴测图

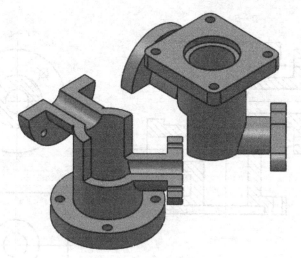

图 6-48　"A—A" 剖视的轴测图

第五节　第三角画法简介

用正投影法绘制工程图样时，有第一角投影法和第三角投影法两种画法。我国国标规定，技术图样用正投影法绘制，并优先采用第一角画法，必要时才允许使用第三角画法。在国际上，中国、德国、法国、俄罗斯等国都采用第一角画法；美国、加拿大、澳大利亚等国家采用第三角画法；日本、英国等国家，第一角和第三角画法均可采用。为了便于进行国际间的技术交流，了解第三角投影是必要的。

1. 第三角画法与第一角画法的区别

图 6-49 所示为三个互相垂直相交的投影面，将空间分为八个部分，每部分称为一个分角，依次为 I ～ Ⅷ分角。

（1）将机件放在第一分角内而得到的多面正投影为第一角画法，如图 6-50 所示。这种画法始终保持"人—物—面"的相对位置；将机件放在第三分角内而得到的多面正投影为第三角画法，如图 6-51 所示，第三角画法的位置为"人—面—物"，把投影面看作是透明的。

（2）在第三角画法中，在 V 面上形成自前方投射所得的主视图，在 H 面上形成自上方投射所得的俯视图，在 W 面上形成自右方投射所得的右视图，如图 6-51（a）所示。令 V 面保持正立位置不动，将 H 面、W 面分别绕它们与 V 面的交线向上、向右旋转 $90°$，与 V 面展成同一个平面，得到机件的三视图。与第一角画法类似，采用第三角画法的三视图也有下述特性，即多面正投影的投影规律：主、俯视图长对正；主、右视图高平齐；俯、右视图宽相等。

（3）与第一角画法一样，第三角画法也有六个基本视图，它们相应的配置如图 6-52 所示。图 6-53 为第一角画法的六个基本视图。

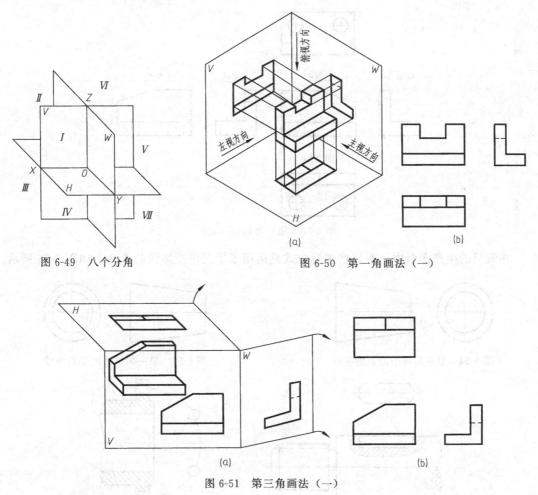

图 6-49　八个分角

图 6-50　第一角画法（一）

图 6-51　第三角画法（一）

2. 第一角画法与第三角画法的识别符号

为了识别第三角画法与第一角画法，规定了相应的识别符号，如图 6-54 所示为第三角画法的识别符号。图 6-55 为第一角画法的识别符号，该符号一般标在所画图纸的上方或左方。

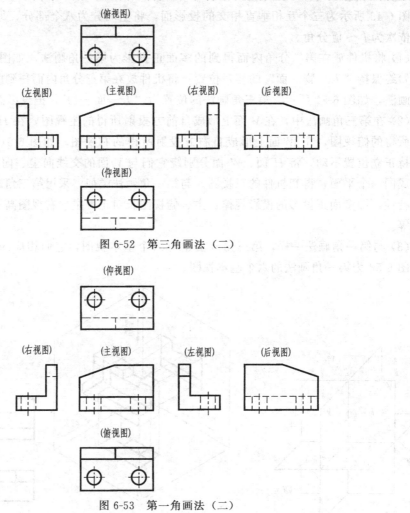

图 6-52 第三角画法（二）

图 6-53 第一角画法（二）

在常见的生产图纸中，有好些表达方式是运用了第三角投影法的概念，如图 6-56 所示。

图 6-54 第三角画法的识别符号   图 6-55 第一角画法的识别符号

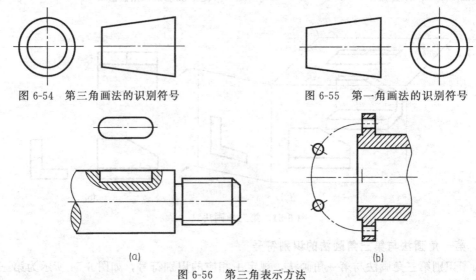

图 6-56 第三角表示方法

第7章 ◀◀◀

标准件和常用件

任何一台机器（或部件）都是由若干个零件根据功能要求装配而成的。在机器中广泛应用的螺栓、螺母、齿轮、键、销、滚动轴承、弹簧等机件统称为常用件。其中，将结构及尺寸全部标准化的零部件称为标准件，例如螺栓、螺母、键、销、滚动轴承等。

在常用件中大都含有重复出现的、已经标准化了的结构要素，如螺纹、轮齿、花键齿等，如按其真实投影作图，则非常烦琐；另一方面，这些机件一般都用专用机床和专用刀具，由工厂专门大量生产，没有必要将其形状按投影法真实地画出来。为了提高绘图效率，简化作图，国家标准对其结构要素规定了特殊的简化表示法及相关标注方法。

第一节　螺纹及其坚固件

一、螺纹的基本知识

1. 螺纹的形成

螺纹是在圆柱或圆锥表面上，经过机械加工而形成的具有规定牙型的螺旋线沟槽（又称丝扣），在圆柱或圆锥处表面上形成的螺纹称为外螺纹，如图 7-1（a）所示。在内表面上形成的螺纹称为内螺纹，如图 7-1（b）所示。

螺纹的加工方法很多，图 7-1（a）所示为在车床上车削外螺纹。内螺纹也可以在车床上加工，如图 7-1（b）所示。图 7-1（c）所示为用板牙加工直径较小的外螺纹，若加工直径较小的螺孔，可先用钻头钻孔，再用丝锥攻制而成，如图 7-1（d）所示。

2. 螺纹的五要素

内、外螺纹是成对使用的，只有当内、外螺纹的牙型、公称直径、螺距、线数和旋向五个要素完全一致时，才能正常地旋合。

（1）牙型　在通过螺纹轴线的剖面上，螺纹的轮廓形状称为牙型。常见的牙型有三角形、梯形、锯齿形和矩形，其中矩形螺纹尚未标准化，其余牙型的螺纹均为标准螺纹，如图 7-2 所示。

（2）直径　螺纹的直径有大径、中径和小径，如图 7-3 所示。

大径是指与外螺纹牙顶或内螺纹的牙底相切的假想圆柱或圆锥的直径，即螺纹的最大直径。内、外螺纹的大径分别用 D 和 d 表示，是螺纹的公称直径。

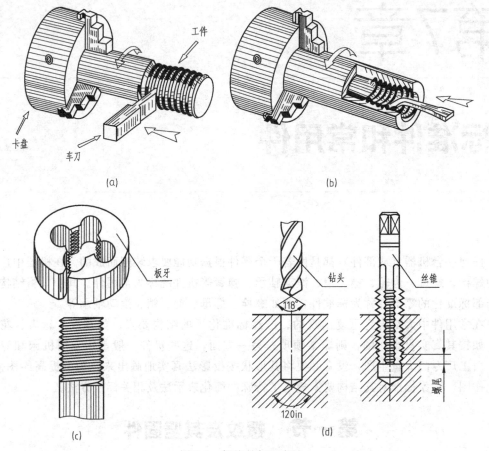

图 7-1　螺纹的加工方法

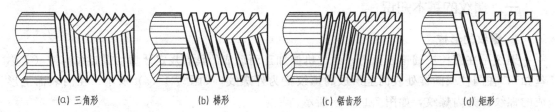

(a) 三角形　　　　(b) 梯形　　　　(c) 锯齿形　　　　(d) 矩形

图 7-2　螺纹的牙型

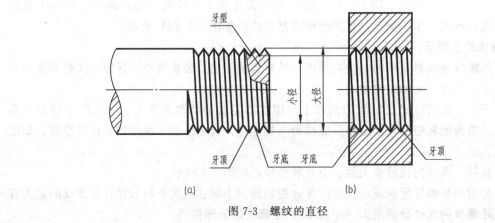

图 7-3　螺纹的直径

小径是指与外螺纹的牙底或内螺纹牙顶相切的假想圆柱或圆锥的直径。内、外螺纹的小径分别用 D_1 和 d_1 表示。

中径是指母线通过牙型上沟槽和凸起宽度相等处的假想圆柱或圆锥的直径。内、外螺纹的中径分别用 D_2 和 d_2 表示。

（3）线数　线数是指同一圆柱面上螺纹的条数，用 n 表示。螺纹有单线和多线之分。沿一条螺旋线形成的螺纹为单线螺纹；沿两条或两条以上螺旋线形成的螺纹为双线或多线螺纹，如图 7-4 所示。

（4）螺距和导程　螺纹上相邻两牙在中径线上对应两点间的轴向距离称为螺距，用 P 表示；沿同一条螺旋线形成的螺纹，相邻两牙在中径线上对应两点间的轴向距离称为导程，用 P_h 表示。螺距、导程和线数三者之间的关系为：$P_h = nP$，如图 7-4 所示。

（5）旋向　螺纹有右旋和左旋两种，判别方法如图 7-5 所示。工程上常用右旋螺纹。

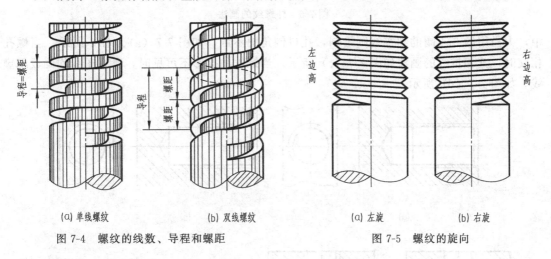

| (a) 单线螺纹 | (b) 双线螺纹 | (a) 左旋 | (b) 右旋 |

图 7-4　螺纹的线数、导程和螺距　　　　图 7-5　螺纹的旋向

3. 螺纹的种类

凡是牙型、直径和螺距都符合标准的螺纹，称为标准螺纹。牙型符合标准，公称直径和螺距不符合标准的，称为特殊螺纹。牙型不符合标准的称为非标准螺纹。

螺纹可以从多个不同的角度进行分类，通常按用途分为四类：坚固连接螺纹、传动螺纹、管螺纹和专门用途的螺纹，其中专门用途螺纹有自攻螺钉螺纹、木螺钉螺纹、气瓶螺纹等。

二、螺纹的规定画法

1. 外螺纹的画法

外螺纹的大径用粗实线表示，小径用细实线表示。螺纹小径按大径的 0.85 倍绘制。在投影为非圆的视图中，小径的细实线应画入倒角内，螺纹终止线用粗实线表示，如图 7-6 （a）所示。当需要表示螺纹收尾时，螺纹尾部的小径用与轴线成 30°的细实线绘制，如图 7-6（b）所示。在反映圆的视图中，表示小径的细实线圆只画约 3/4 圈，螺杆端面上的倒角圆省略不画，如图 7-6 所示。剖视图中的螺纹终止线和剖面线画法如图 7-6（c）所示。

2. 内螺纹的画法

内螺纹通常采用剖视图表达，在不反映圆的视图中，大径用细实线表示，小径和螺纹终止线用粗实线表示，且小径是大径的 0.85 倍，注意剖面线应画到粗实线处；若是盲孔，底部的锥顶角按 120°画出，终止线到孔的末端的距离可按大径的 0.5 倍绘制；在反映圆的视图

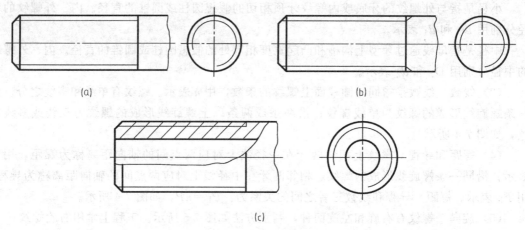

图 7-6　外螺纹的画法

中，大径用约 3/4 圈的细实线圆绘制，孔口倒角圆不画，如图 7-7（a）、（b）所示。当螺孔相交时，其相贯线的画法如图 7-7（c）所示。当螺纹的投影不可见时，所有图线均画成细虚线，如图 7-7（d）所示。

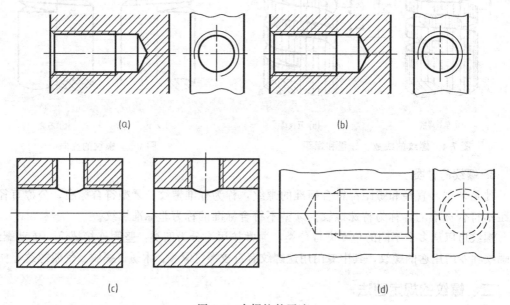

图 7-7　内螺纹的画法

3. 内、外螺纹连接画法

只有当内、外螺纹的五项基本要素相同时，内、外螺纹才能进行连接。用剖视图表示螺纹连接时，旋合部分按外螺纹的画法绘制，未旋合部分按各自原有的画法绘制，如图 7-8 所示。画图时必须注意：表示内、外螺纹大径的细实线和粗实线，以及表示内、外螺纹小径的粗实线和细实线应分别对齐；在剖切平面通过螺纹轴线的剖视图中，实心螺杆按不剖绘制。

三、螺纹的标记及标注方法

由于螺纹的规定画法不能反映它的牙型、螺距、线数和旋向等结构要素，因此，必须按规定的标记在图样中进行标注。

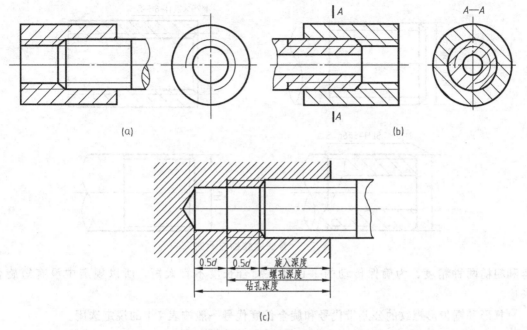

图 7-8　螺纹连接画法

1. 普通螺纹

普通螺纹用尺寸标注形式注在内、外螺纹的大径上，其标注的具体项目和格式如下：

| 螺纹代号 | 公称直径 | × | 螺距 | 旋向 | — | 中径公差带代号 | 顶径公差带代号 | — | 旋合长度代号 |

（1）螺纹代号　粗牙普通螺纹用特征代号"M"和"公称直径"表示。细牙普通螺纹用特征代号"M"和"公称直径螺距"表示。普通粗牙螺纹不必标注螺距，普通细牙螺纹必须标注螺距。右旋螺纹不必标注，左旋螺纹应标注字母"LH"。

（2）螺纹公差带代号　螺纹公差带代号包括中径公差带代号和顶径公差带代号两部分。中径公差带代号和顶径公差带代号由公差等级数字和基本偏差的字母所组成。大写字母代表内螺纹，小写字母代表外螺纹。顶径是指外螺纹的大径和内螺纹的小径，若两组公差带相同，则只写一组。

（3）螺纹旋合长度代号　普通螺纹的旋合长度分为短、中、长三组，其代号分别是 S、N、L。中等旋合长度应用较广泛，其旋合代号 N 可省略。图 7-9 所示为普通螺纹标注示例。

2. 传动螺纹

传动螺纹主要指梯形螺纹和锯齿形螺纹，它们也用尺寸标注形式，注在内外螺纹的大径上，其标注的具体项目及格式如下：

| 螺纹代号 | 公称直径 | × | 导程（P 螺距） | 旋向 | — | 中径公差带代号 | — | 旋合长度代号 |

（1）螺纹代号　梯形螺纹的螺纹代号用特征代号"Tr"和"公称直径×导程（螺距）"表示，因为标准规定的同一个公称直径对应有几个螺距供选用，所以必须标注螺距。锯齿形螺纹的特征代号用字母"B"表示。多线螺纹标注导程与螺距，单线螺纹只标注螺距。右旋螺纹不标注代号，左旋螺纹标注字母"LH"。图 7-10 所示为传动螺纹标注示例。

（2）公差带代号和旋合长度代号　梯形螺纹和锯齿形螺纹常用于传动，标准只规定了中

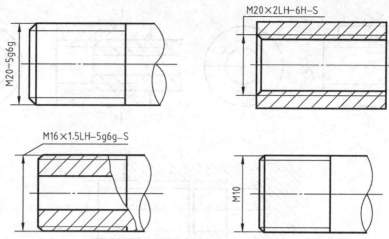

图 7-9　普通螺纹标注示例

等和粗糙两种精度，为确保传动的平稳性，旋合长度不宜太短，所以规定中没有短旋合长度。

梯形和锯齿形螺纹的公差带代号和旋合长度代号一般按表 7-1 的规定选用。

表 7-1　传动螺纹公差带选用

精　　度	内　螺　纹		外　螺　纹	
	旋合长度		旋合长度	
	N	L	N	L
中等	7H	8H	7h、7e	8e
粗糙	8H	9H	8e、8c	9c

注：和普通螺纹的标注一样，中等旋合长度的代号 N 可省略不注。

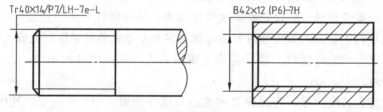

图 7-10　传动螺纹标注示例

3. 管螺纹

常用的管螺纹分为密封管螺纹和非密封管螺纹。

（1）密封管螺纹

① 连接形式。圆锥内螺纹与圆锥外螺纹连接；圆柱内螺纹与圆锥外螺纹连接。

② 标记。密封管螺纹代号为： 螺纹特征代号 尺寸代号 ，公差带只有一种，所以省略标注。

螺纹特征代号：Rc 为圆锥内螺纹；Rp 为圆柱内螺纹；R_1 为与圆柱内螺纹相配合的圆锥外螺纹；R_2 为与圆锥内螺纹相配合的圆锥外螺纹。

尺寸代号系列为：1/8、1/4、3/8、1/2、3/4、1 等。

③ 标注方法。管螺纹的标记一律注在引出线上，如图 7-11 所示。引出线从大径处引出或由对称中心处引出。

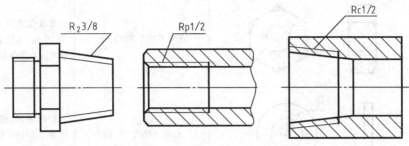

图 7-11 密封管螺纹的标注示例

（2）非密封管螺纹 这是一种圆柱管螺纹，一般用于生活用水的管道连接。

① 标记。非密封管螺纹代号为：| 螺纹特征代号 | 尺寸代号 | 公差等级代号 |

非密封的管螺纹的特征代号为"G"，尺寸代号系列为：1/8、1/4、3/8、1/2、5/8、3/4、7/8、1 等。外螺纹的公差等级分为 A 级和 B 级两种，标注在尺寸代号之后；内螺纹公差等级只有一种，所以省略标注。

② 标注方法。非密封管螺纹的标注方法与密封管螺纹的标注方法相同。如图 7-12 所示。

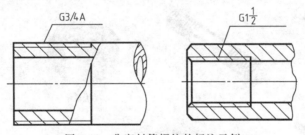

图 7-12 非密封管螺纹的标注示例

四、螺纹紧固件

常用螺纹紧固件有螺栓、双头螺柱、螺钉、螺母和垫圈，如图 7-13 所示。它们的结构、尺寸都已分别标准化，称为标准件，使用或绘图时，可以从相应标准中查到所需的结构尺寸。表 7-2 中列出了常用螺纹紧固件的种类与标记示例。

表 7-2 常用螺纹紧固件的种类与标记示例

种类	结构与规格尺寸	简化标记示例	说明
六角头螺栓		螺栓 GB/T 5782 M6×40	螺纹规格为 M6，$L=40$，性能等级为 8.8 级，表面氧化的 A 级六角头螺栓
双头螺柱		螺柱 GB/T 898 M×850	两端螺纹规格均为 M8，$L=50$，性能等级为 4.8 级，不经表面处理的 B 型双头螺柱

续表

种类	结构与规格尺寸	简化标记示例	说明
螺母		螺母 GB/T 6170 M8	螺纹规格为 M8,性能等级为 10 级,不经表面处理的 A 级 I 型六角螺母
平垫圈		垫圈 GB/T 97.18	标准系列,规格 8,性能等级为 140HV,不经表面处理的 A 级平垫圈
开槽沉头螺钉		螺钉 GB/T 68　M8×30	螺纹规格为 M8,L=30,性能等级为 4.8 级,不经表面处理的开槽沉头螺钉

六角头螺栓　　　　双头螺柱　　　　六角螺母　　　　六角开槽螺母

内六角圆柱头螺钉　开槽圆柱头螺钉　半圆头螺钉　　开槽沉头螺钉

平垫圈　　　弹簧垫圈　　圆螺母用止动垫圈　　圆螺母　　　紧定螺钉

图 7-13　常用的螺纹紧固件

1. 螺栓

螺栓由头部及杆部两部分组成,头部形状以六角形的应用最广。决定螺栓的规格尺寸为螺纹公称直径 d 及螺栓长度 L,选定一种螺栓后,其它各部分尺寸可根据有关标准查得。

螺栓的标记形式：名称 标准代号 螺纹代号 公称直径 × 公称长度

例：螺栓 GB/T 5782—2000 M12×80，是指公称直径 $d=12$，公称长度 $L=80$（不包括头部）的螺栓。

2. 双头螺柱

双头螺柱的两头制有螺纹，一端旋入被连接件的预制螺孔中，称为旋入端；另一端与螺母旋合，紧固另一个被连接件，称为紧固端。双头螺柱的规格尺寸为螺柱直径 d 及紧固端长度 L，其它各部分尺寸可根据有关标准查得。

双头螺柱的标记形式：名称 标准代号 螺纹代号 公称直径 × 公称长度

例：螺柱 GB/T 898—1988 M10×50，是指公称直径 $d=10$，公称长度 $L=50$（不包括旋入端）的双头螺柱。

3. 螺母

螺母通常与螺栓或螺柱配合着使用，起连接作用，以六角螺母应用最广。螺母的规格尺寸为螺纹公称直径 D，选定一种螺母后，其各部分尺寸可根据有关标准查得。

螺母的标记形式：名称 标准代号 螺纹代号 公称直径

例：螺母 GB/T 6170—2000 M12，指螺纹规格 $D=M12$ 的螺母。

4. 垫圈

垫圈通常垫在螺母和被连接件之间，其目的是增加螺母与被连接零件之间的接触面，保护被连接件的表面不致因拧螺母而被刮伤。垫圈分为平垫圈和弹簧垫圈，弹簧垫圈的作用是防止因振动而引起的螺母松动。选择垫圈的规格尺寸为螺栓直径 d，垫圈选定后，其各部分尺寸可根据有关标准查得。

平垫圈的标记形式：名称 标准代号 规格尺寸 — 性能等级

弹簧垫圈的标记形式：名称 标准代号 规格尺寸

例：垫圈 GB/T 97.1—1985 16—140HV，指规格尺寸 $d=16$，性能等级为 140HV 的平垫圈。垫圈 GB/T 93—1987 20，指规格尺寸为 $d=20$ 的弹簧垫圈。

5. 螺钉

螺钉按使用性质可分为连接螺钉和紧定螺钉两种，连接螺钉的一端为螺纹，另一端为头部。紧定螺钉主要用于防止两相配零件之间发生相对运动的场合。螺钉规格尺寸为螺钉直径 d 及长度 L，可根据需要从标准中选用。

螺钉的标记形式：名称 标准代号 螺纹代号 公称直径 × 公称长度

例：螺钉 GB/T 65—2000 M10×40，是指公称直径 $d=10$，公称长度 $L=40$（不包括头部）的螺钉。

五、螺纹紧固件的画法

螺纹紧固件一般按比例画法给出，就是当螺纹大径确定后，除了螺栓等螺纹紧固件的有效长度需要根据连接件实际情况确定外，各部分尺寸都按螺纹大径（d、D）的一定比例画出，如图 7-14 所示。

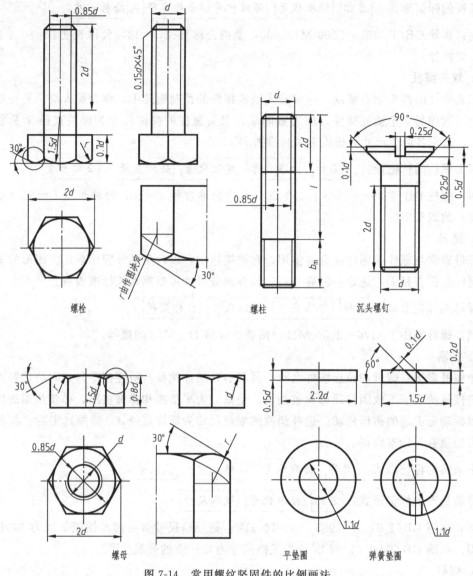

图 7-14　常用螺纹坚固件的比例画法

第二节　螺纹紧固件的连接画法

一、螺栓连接

　　螺栓连接一般用来连接不太厚的零件 δ_1 和 δ_2，如图 7-15（a）所示。连接前，先在两个被连接的零件上钻出通孔，孔径应略大于螺栓直径，一般为 $1.1d$，将螺栓插入螺栓孔中，垫上垫圈，再用螺母拧紧，即完成了螺栓的连接，如图 7-15（b）所示。

　　分析螺栓连接过程，可以看出画连接图时为保证图形清晰、连接合理，应注意以下几点。

　　（1）两零件的接触表面只画一条轮廓线。凡不接触的表面，不论其间隙大小，在图上应画出间隙，如螺杆直径与通孔之间应画出间隙。

（2）当剖切平面通过螺栓、螺母、垫圈等标准件的轴线时，应按不剖绘制。

（3）在剖视、断面图中，相邻两零件的剖面线，应画成不同方向或同方向而间隔不同加以区别。但同一零件在同一图幅的各剖视、断面图中，剖面线的方向和间隔必须相同。

（4）螺栓的长度 $L=\delta_1+\delta_2+$垫圈厚度＋螺母厚度＋$(0.3\sim0.4)d$。$(0.3\sim0.4)d$ 为螺栓伸出部分的长度，计算出 L 后，L 应取整数，其末位数取 0 或 5，然后按标准校正，伸出过长或不足都为不合理。螺纹终止线应画出，以表示 δ_1、δ_2 已被连接紧。

螺栓连接还可以采用简化画法，螺栓倒角、六角头部曲线等均可省略不画，如图 7-15（c）所示。

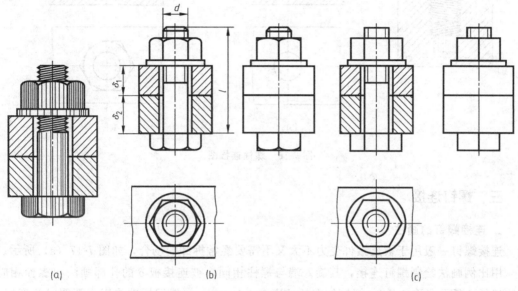

图 7-15　螺栓连接图

二、螺柱连接

当两个被连接件中有一个很厚，或者不适合用螺栓连接时，常用双头螺柱连接，如图 7-16（a）所示。先在较厚的零件上加工一孔，孔径应为螺纹的小径（$0.85d$），孔深为旋入端长度 b_m+d，如图 7-16（b）所示，用丝锥加工内螺纹。在较薄零件 δ 上加工螺柱孔，孔径为 $1.1d$；将螺柱旋入端旋入较厚零件的螺孔，装上较薄零件 δ，垫上垫圈，拧上螺母，即为螺柱连接，如图 7-16（c）所示。

画螺柱连接图时应注意以下几点。

（1）旋入端的螺纹终止线应与结合面平齐，表示旋入端已经拧紧。如图 7-16（b）所示。

（2）旋入端的长度 b_m 要根据被旋入件的材料而定，被旋入端的材料为钢时，$b_m=d$；被旋入端的材料为铸铁或铜时，$b_m=1.25d\sim1.5d$；被连接件为铝合金等轻金属时，取 $b_m=2d$。

（3）螺柱紧固端长度 $L=\delta+$垫圈厚度＋螺母厚度＋$(0.3\sim0.4)d$，取整数，末位数取 0 或 5，过长或过短都不合适。

（4）旋入端的螺孔深度取 $b_m+0.5d$，钻孔深度取 b_m+d，如图 7-16（b）所示。

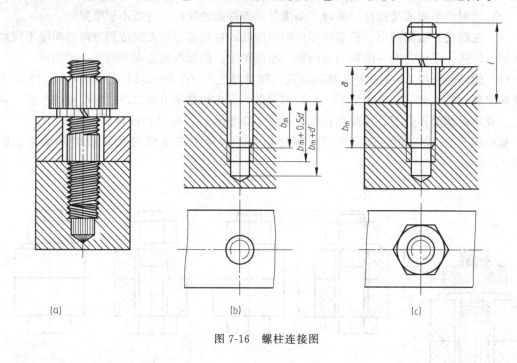

(a)   (b)   (c)

图 7-16　螺柱连接图

三、螺钉连接

1. 连接螺钉的画法

连接螺钉一般用于被连接件受力不大又不需要经常拆卸的场合，如图 7-17（a）所示。

用比例画法绘制螺钉连接，其旋入端与螺柱相同，被连接板 δ 的孔部画法与螺栓相同，被连接板 δ 的孔径取 $1.1d$。螺钉的有效长度 $L=\delta+b_m$，并根据标准校正。画图时注意以下两点。

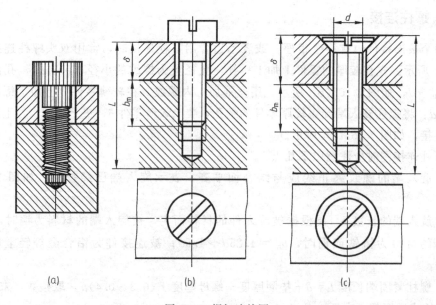

(a)   (b)   (c)

图 7-17　螺钉连接图

（1）螺钉的螺纹终止线不能与结合面平齐，而应画在盖板的范围内。以表示螺钉尚有拧紧的余地而盖板已被压紧。

（2）具有沟槽的螺钉头部，在主视图中应被放正，在俯视图中规定画成 45°倾斜。

螺钉连接的比例画法如图 7-17（b）、（c）所示。

2. 紧定螺钉的画法

紧定螺钉用来固定两零件的相对位置，使它们不产生相对运动，如图 7-18 所示。欲将轴、轮固定在一起，可先在轮毂的适当部位加工出螺孔，然后将轮、轴装配在一起，以螺孔导向，在轴上钻出锥坑，最后拧入螺钉，即可限定轮、轴的相对位置，使其不产生轴向相对移动和径向相对转动。

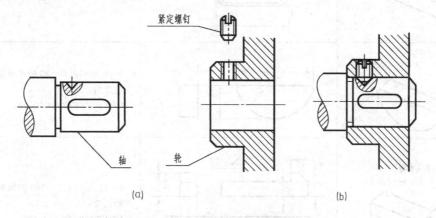

图 7-18 紧定螺钉的连接画法

第三节 键 和 销

一、常用键连接

在机器和设备中，通常用键来连接轴和轴上的零件（如齿轮，带轮等），使它们能一起转动并传递转矩。这种连接称为键连接。如图 7-19 所示为轴与轮毂之间的键连接。

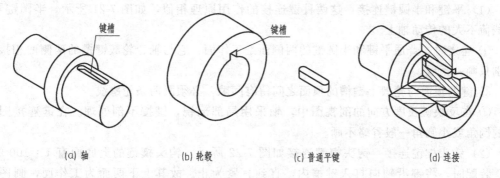

图 7-19 键连接

1. 常用键及其标记

键是标准件，常用的键有普通平键、半圆键和钩头楔键等。其中普通平键应用最广。它们都是标准件，画图时根据有关标准可查得相应的尺寸及结构。

表 7-3 列出了这几种键的标准编号、画法及其标记示例。其中平键的基本尺寸有键宽 b、键高 h、键长 L；半圆键的基本尺寸有键宽 b、键高 h、直径 D 和长度 L；钩头楔键的基本尺寸有键宽 b、键高 h 和长度 L。

表 7-3　键及其标记示例

名　称	图　例	标　记　示　例
普通平键 GB/T 1096—2003 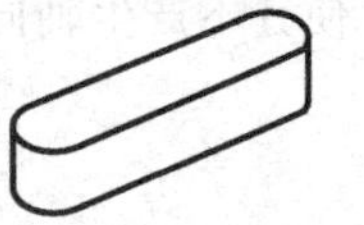	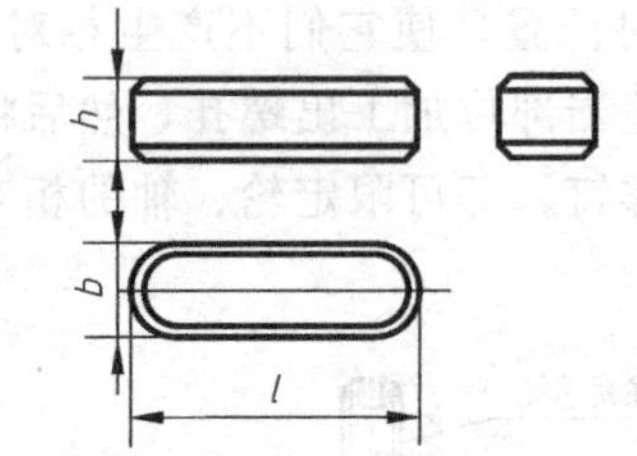	$b=8$、$h=7$、$L=25$ 的普通平键（A 型） 标记为： GB/T 1096 键 $8 \times 7 \times 25$
半圆键 GB/T 1099.1—2003 	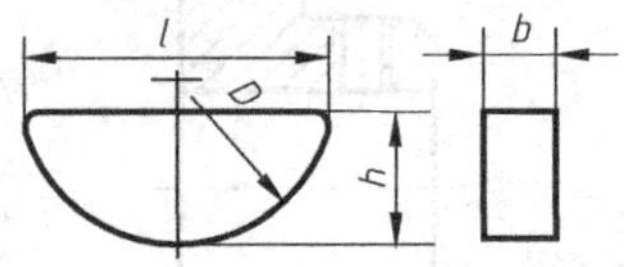	$b=6$、$h=10$、$D=25$ 的半圆键 标记为： GB/T 1096 键 $6 \times 10 \times 25$
钩头楔键 GB/T 1565—2003 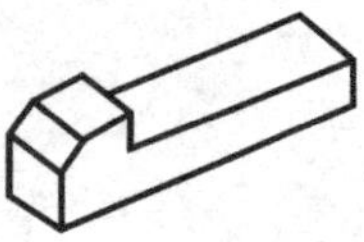	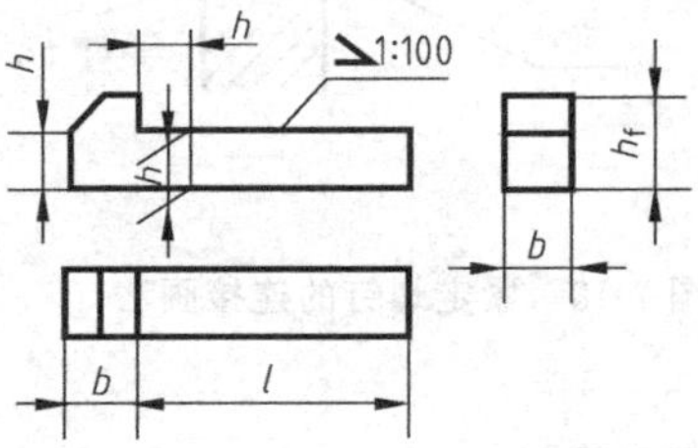	$b=18$、$h=11$、$L=100$ 的钩头楔键 标记为： GB/T 1565 键 18×100

2. 键槽的画法及其尺寸标注

设计或测绘中，键槽的宽度、深度和键的宽度、高度尺寸，可根据相连接的轴径在标准中查得。键长和轴上的键槽长，应根据轮宽，在键的长度标准系列中选用（键长不超过轮宽）。键槽的画法和尺寸标注方法如图 7-20 所示。

3. 键连接的画法

（1）平键和半圆键连接　这两种键连接的作用原理相似，如图 7-21 所示。半圆键常用于载荷不大的传动轴上。

① 连接时，普通平键和半圆键的两侧面是工作面，它与轴、轮毂键槽的两侧面相接触，分别只画一条线。

② 键的顶面与轮毂上键槽的顶面之间留有间隙，必须画两条轮廓线。

③ 在反映键长度方向的剖视图中，轴采用局部剖视，键按不剖处理。在键连接图中，键的倒角或小圆角一般省略不画。

（2）钩头楔键连接　钩头楔键连接如图 7-22 所示。钩头楔键的上底面有 1：100 的斜度。装配时，将键沿轴向打入键槽内，直到打紧为止。故其上下两面为工作面，画图时，上、下两面与键槽接触。

二、花键连接

花键是一种常用的标准结构，主要用于载荷大、定心精度要求高的连接上，花键的齿形

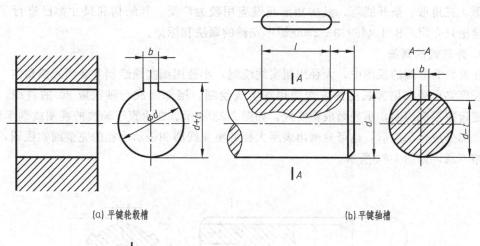

(a) 平键轮毂槽　　　　　　　　　　　　　　　(b) 平键轴槽

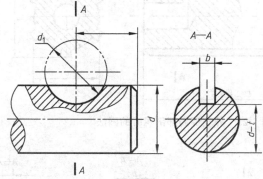

(c) 半圆键轴槽

图 7-20　键槽的画法及尺寸标注

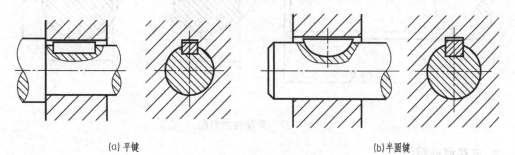

(a) 平键　　　　　　　　　　　　　　　(b) 半圆键

图 7-21　平键和半圆键的连接画法

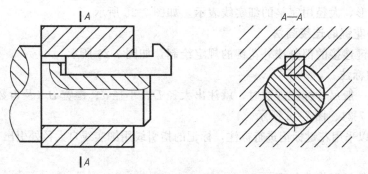

图 7-22　钩头楔键连接的画法

有矩形、三角形、渐开线等，其中矩形花键应用较为广泛，其结构和尺寸都已进行了标准化。这里只介绍 GB/T 4459.3—2000 矩形花键的画法和标记。

1. 外花键的画法

在投影为非圆的视图中，大径用粗实线绘制，小径用细实线绘制并要画入倒角内，花键工作长度终止线和尾部长度的末端均用细实线绘制，尾部画成与轴线成 30°的斜线。剖切时，键齿按不剖绘制，小径画成粗实线，如图 7-23 所示。在垂直于轴线的视图或剖面图中，可画出部分或全部齿形，也可只画出表示大径的粗实线圆和表示小径的完整细实线圆，倒角圆省略不画，如图 7-24 所示。

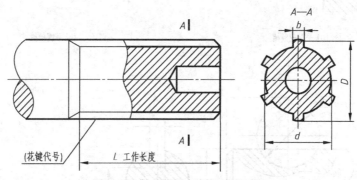

图 7-23　外花键局部剖视时的画法

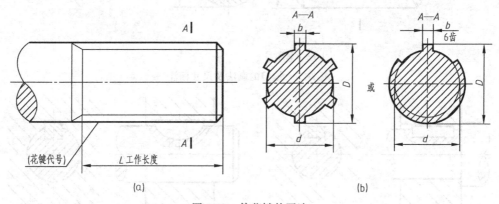

图 7-24　外花键的画法

2. 内花键的画法

在投影为非圆的剖视图中，大径、小径均用粗实线绘制。在投影为圆的视图中，可画出部分或全部齿形，大径用完整的细实线表示，如图 7-25 所示。

3. 内、外花键的连接画法

内、外花键连接的部分按外花键的规定绘制，如图 7-26 所示。

4. 花键的标注

花键采用一般尺寸标注方法时，就注出大径 D、小径 d、键宽 B（及齿数）、工作长度 L 等数据，如图 7-24、图 7-25 所示。

花键也可以采用花键标记进行标注，标记的指引线用细实线自大径处引出，如图 7-23～图 7-25 所示。

矩形花键的标记格式如下：

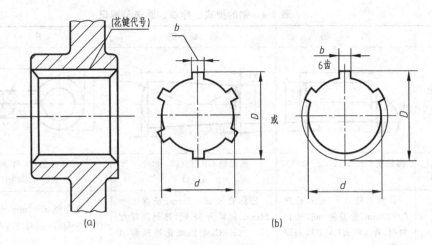

图 7-25　内花键的画法

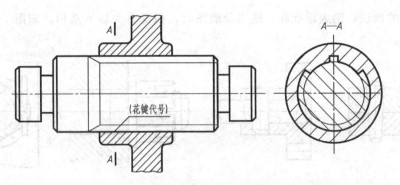

图 7-26　花键连接的画法

图形符号	齿数	×	小径 d	小径公差带代号	×	大径 D	大径公差带代号	×	齿宽 B

齿宽公差带代号	标准代号

标记示例如图 7-27 所示。

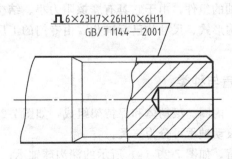

⊓ 6×23H7×26H10×6H11
GB/T 1144—2001

图 7-27　矩形花键的标记

三、销连接

销连接用于机器零件之间的连接或定位，常见的有圆柱销、圆锥销和开口销，它们的型式、标准、画法及标记示例如表 7-4 所示。

表 7-4　销的型式、标准、画法及标记

名称	圆 柱 销	圆 锥 销	开 口 销
结构及规格尺寸	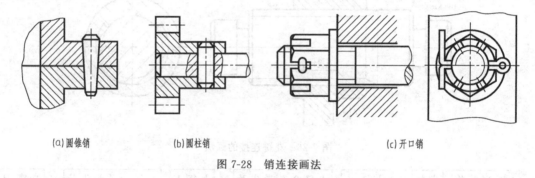		
简化标记示例	圆柱销 GB/T 119.2—2000 5×20	圆锥销 GB/T 117—2000 6×24	开口销 GB/T 91—2000 5×30
说明	公称直径 $d=5$mm，长度 $L=20$mm，公差为 m6，材料为钢，普通淬火（A 型），表面氧化的圆柱销	公称直径 $d=6$mm，长度 $L=24$mm，材料为 35 钢，热处理硬度 $28\sim38$HRC，表面氧化处理的 A 型圆锥销	公称直径 $d=5$mm，长度 $L=30$mm，材料为 Q215 或 Q235，不经表面处理的开口销

销连接的画法：销为标准件，使用及绘图时，根据有关标准选用，如图 7-28 所示为销连接的画法。

(a)圆锥销　　(b)圆柱销　　(c)开口销

图 7-28　销连接画法

第四节　滚动轴承

滚动轴承是用来支承轴的组件，由于它具有摩擦阻力小、结构紧凑等优点，在机器中被广泛应用。滚动轴承的结构形式、尺寸均已标准化，由专门的工厂生产，使用时可根据设计要求进行选择。

一、滚动轴承的构造与种类

滚动轴承一般由外圈、内圈、滚动体和保持架组成，如图 7-29 所示。

按承受载荷的方向，滚动轴承可分为三类：

（1）主要承受径向载荷，如图 7-29（a）所示的深沟球轴承；

（2）同时承受径向载荷和轴向载荷，如图 7-29（b）所示的圆锥滚子轴承；

（3）主要承受轴向载荷，如图 7-29（c）所示的推力球轴承。

二、滚动轴承的代号

滚动轴承代号是用字母加数字表示滚动轴承的结构、尺寸、公差等级、技术要求、技术性能等特征的产品符号。

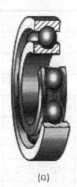
(a)

(b)

(c)

图 7-29 滚动轴承

滚动轴承代号由基本代号、前置代号和后置代号构成，其排列如下：

| 前置代号 | 基本代号 | 后置代号 |

前置代号和后置代号是轴承在结构形状、尺寸、公差、技术要求等有改变时添加的补充代号，具体内容可查阅相关的国家标准。现着重介绍基本代号。

基本代号表示滚动轴承的基本类型、结构和尺寸，是滚动轴承代号的基础。滚动轴承基本代号由轴承类型代号、尺寸系列代号、内径代号构成。

1. 类型代号

类型代号用阿拉伯数字或大写拉丁字母表示，其含义如表 7-5 所示。

表 7-5 滚动轴承类型代号

代号	轴承类型	代号	轴承类型
0	双列角接触球轴承	7	角接触球轴承
1	调心球轴承	8	推力圆柱滚子轴承
2	调心滚子轴承和推力调心滚子轴承	N	圆柱滚子轴承
3	圆锥滚子轴承	NN	双列或多列圆柱滚子轴承
4	双列深沟球轴承	U	外球面球轴承
5	推力球轴承	QJ	四点接触球轴承
6	深沟球轴承		

2. 尺寸系列代号

尺寸系列代号用数字表示，由轴承的宽（高）度系列代号和直径系列代号组合而成，用两位阿拉伯数字来表示。它们的主要作用是区别内径相同而宽度和外径不同的轴承。其具体含义见表 7-6。

表 7-6 滚动轴承尺寸系列代号

直径系列代号	向心轴承									推力轴承		
	宽度系列代号									宽度系列代号		
	8	0	1	2	3	4	5	6	7	9	1	2
	尺寸系列代号											
7	—	—	17	—	37	—	—	—	—	—	—	—
8	—	08	18	28	38	48	58	68	—	—	—	—

续表

直径系列代号	向心轴承									推力轴承		
	宽度系列代号									宽度系列代号		
	8	0	1	2	3	4	5	6	7	9	1	2
	尺寸系列代号											
9	—	09	19	29	39	49	59	69	—	—	—	—
0	—	00	10	20	30	40	50	60	70	90	10	—
1	—	01	11	21	31	41	51	61	71	91	11	—
2	82	02	12	22	32	42	52	62	72	92	12	22
3	83	03	13	23	33	43	53	63	73	93	13	23
4	—	04		24					74	94	14	24
5	—	—	—	—	—	—	—	—	—	95	—	—

3. 内径代号

内径代号表示轴承的公称内径，一般用两位阿拉伯数字表示。公称内径不同的滚动轴承其内径代号的表示法如表 7-7 所示。

表 7-7　滚动轴承内径代号

轴承公称内径/mm		内径代号	示例
0.6～10(非整数)		用公称内径毫米数直接表示,在其与尺寸系列代号之间用"/"分开	深沟球轴承 618/2.5 $d=2.5$
1～9(整数)		用公称内径毫米数直接表示,对深沟球轴承及角接触轴承 7、8、9 直径系列,内径与尺寸系列代号之间用"/"分开	深沟球轴承 625 $d=5$
10～17	10	00	深沟球轴承 6200 $d=10$
	12	01	
	15	02	
	17	03	
20～480 (22、28、32 除外)		公称内径除以 5 的商数,商数为个位数,需要在商数左边加"0",如 08	调心滚子轴承 23208 $d=40$
≥500 以及 22、28、32		用尺寸内径毫米数直接表示,但在与尺寸系列代号之间用"/"分开	调心滚子轴承 230/500　$d=500$ 深沟球轴承 62/22　$d=22$

4. 基本代号示例

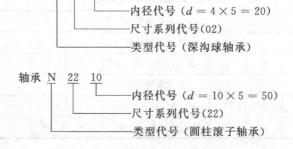

三、滚动轴承的画法

滚动轴承是标准组件，一般不单独绘出零件图，国标规定在装配图中采用简化画法和规定画法来表示，其中简化画法又分为通用画法和特征画法两种。常用滚动轴承的画法如表7-8 所示。

表 7-8　常用滚动轴承的画法（摘自 GB/T 4459.7—1998）

名称、标准号和代号	主要尺寸数据	规定画法	特征画法	装配示意图
深沟球轴承 60000	D d B	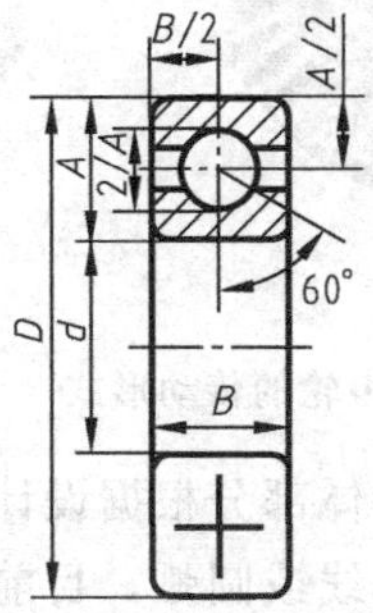	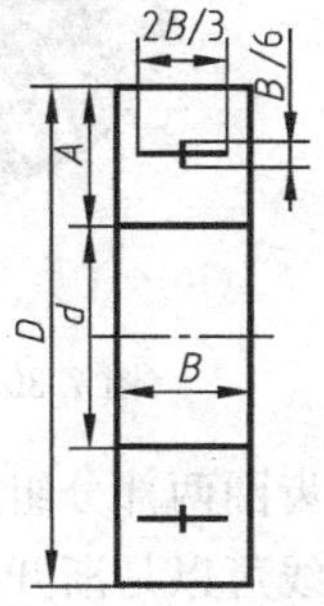	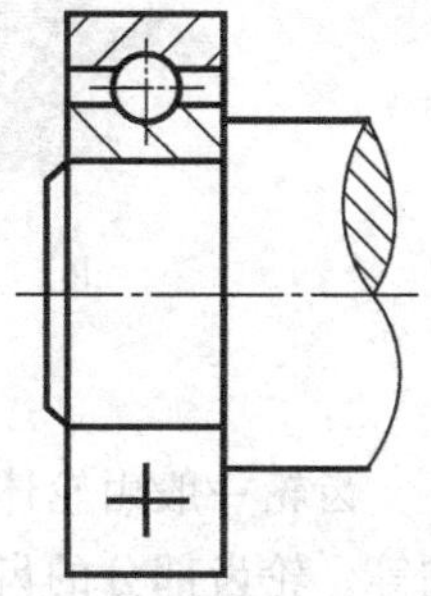
圆锥滚子轴承 30000	D d B T C	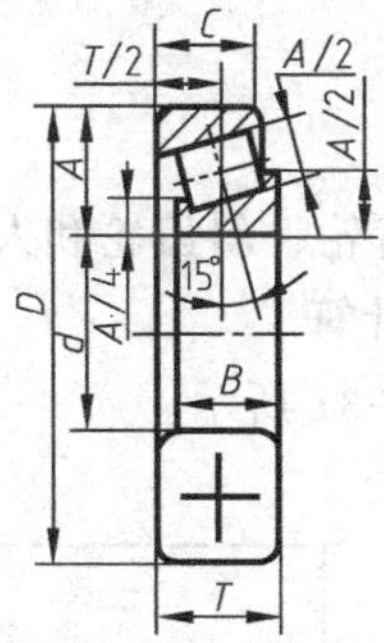	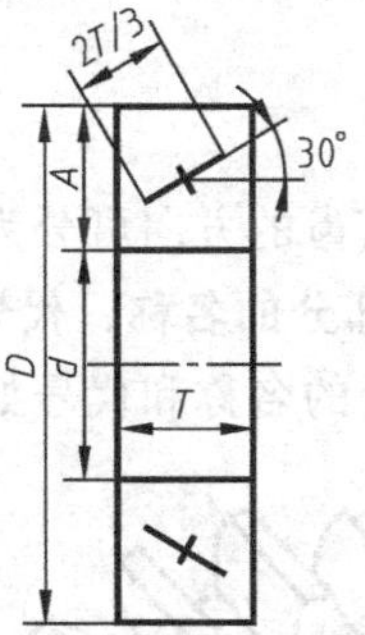	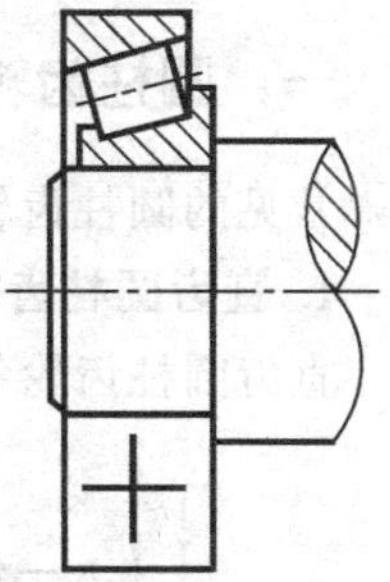
推力球轴承 50000	D d T	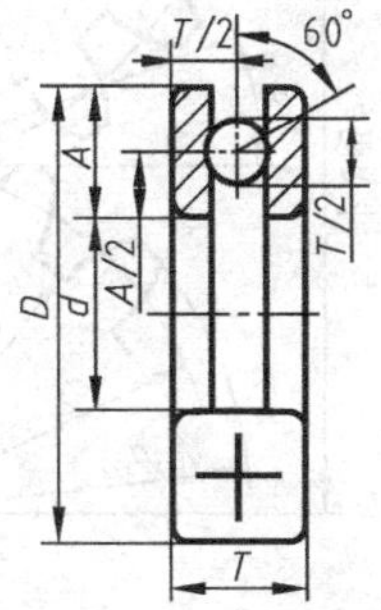	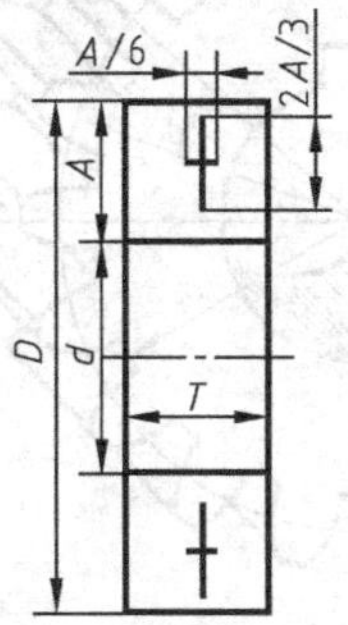	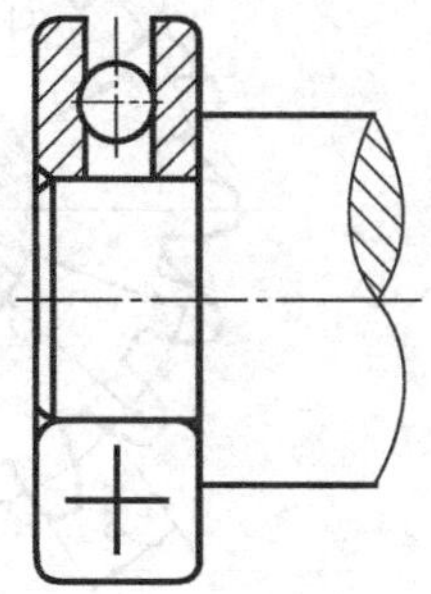

第五节　齿　轮

齿轮传动在机械或部件中被广泛地应用，它能将一根轴上的动力传递给另一根轴，同时能根据要求起到改变另一根轴的转速及旋向的作用。常见的齿轮传动可分为下列三种形式，如图 7-30 所示。其中，图 7-30（a）所示的圆柱齿轮用于两平行轴之间的传动；图 7-30（b）

所示的圆锥齿轮用于垂直相交两轴之间的传动；图 7-30（c）所示的蜗杆蜗轮则用于交叉两轴之间的传动。

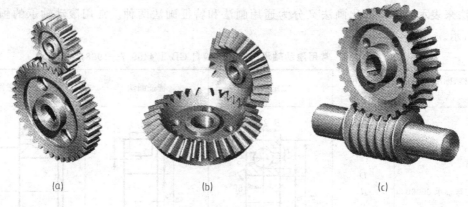

图 7-30　常见齿轮的传动形式

齿轮一般由轮体及轮齿圈两部分组成，轮体部分根据设计要求有平板式、轮辐式、辐板式等。轮齿部分的齿廓曲线可以是渐开线、摆线或圆弧，目前最常用的为渐开线齿形，轮齿的方向有直齿、斜齿、人字齿等。

一、圆柱齿轮

常见的圆柱齿轮按其齿的方向可分为直齿轮、斜齿轮和人字齿轮。

1. 直齿圆柱齿轮各部分的名称、代号及计算

直齿圆柱齿轮各部分的名称和代号如图 7-31 所示。

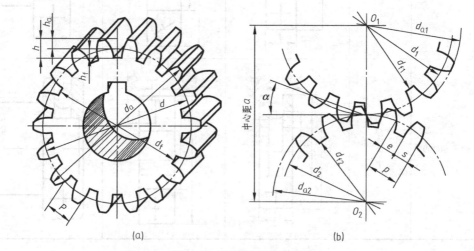

图 7-31　齿轮的各部分名称

（1）齿数 z：轮齿的数量。

（2）齿顶圆 d_a：通过轮齿顶部的圆。

（3）齿根圆 d_f：通过轮齿根部的圆。

（4）分度圆 d：齿轮加工时用以轮齿分度的圆，直径用 d 表示。在一对标准齿轮互相啮合时，两齿轮的分度圆应相切，如图 7-31（b）所示。分度圆直径是齿轮设计和加工时的重

要参数。在该圆上齿厚 s 与槽宽 e 相等。

（5）齿距 p：在分度圆上，相邻两齿同侧齿廓间的弧长。

（6）齿厚 s：一个轮齿在分度圆上的弧长。

（7）槽宽 e：一个齿槽在分度圆上的弧长。在标准齿轮中，齿厚与槽宽各为齿距的一半，即 $s=e=p/2$，$p=s+e$。

（8）齿顶高 h_a：分度圆至齿顶圆之间的径向距离。

（9）齿根高 h_f：分度圆至齿根圆之间的径向距离。

（10）全齿高 h：齿顶圆与齿根圆之间的径向距离，$h=h_a+h_f$。

（11）齿宽 b：沿齿轮轴线方向测量的轮齿宽度。

（12）压力角 α：轮齿在分度圆的啮合点上 C 处的受力方向与该点瞬时运动方向线之间的夹角，标准齿轮 $\alpha=20°$。

（13）中心距 a：两圆柱齿轮轴线之间的距离。

2. 直齿圆柱齿轮的基本参数与齿轮各部分的尺寸关系

（1）模数：当齿轮的齿数为 z 时，分度圆的周长 $=\pi d=zp$。令 $m=p/\pi$，则 $d=mz$，m 即为齿轮的模数。因为一对啮合齿轮的齿距 p 必须相等，所以，它们的模数也必须相等。模数是设计、制造齿轮的重要参数。模数越大，则齿距 p 也增大，随之齿厚 s 也增大，齿轮的承载能力也增大。不同模数的齿轮要用不同模数的刀具来制造。为了便于设计和加工，模数已经标准化，我国规定的标准模数数值见表 7-9。

表 7-9 标准模数（圆柱齿轮摘自 GB/T 1357—1987）

第一系列	1,1.25,1.5,2,2.5,3,4,5,6,8,10,12,16,20,25,32,40,50
第二系列	1.75,2.25,2.75,(3.25),3.5,(3.75),4.5,5.5,(6.5),7,9,(11),14,18,22,28,(30),36,45

注：选用时，优先采用第一系列，括号内的模数尽可能不用。

（2）齿轮各部分的尺寸关系：标准直齿圆柱齿轮的轮齿各部分尺寸，可根据模数和齿数来确定，其计算公式见表 7-10。

表 7-10 标准直齿圆柱齿轮各部分尺寸关系

基本参数	名　称	符　号	计算公式
模数 m 齿数 z	齿顶圆直径	d_a	$d_a=m(z+2)$
	齿根圆直径	d_f	$d_f=m(z-2)$
	分度圆	d	$d=mz$
	齿距	p	$p=\pi m$
	齿顶高	h_a	$h_a=m$
	齿根高	h_f	$h_f=1.25m$
	齿高	h	$h=h_a+h_f=2.25m$
	中心距	a	$a=(d_1+d_2)/2=m(z_1+z_2)/2$

3. 直齿圆柱齿轮的规定画法

（1）单个圆柱齿轮的画法　如图 7-32（a）所示，在投影为圆的视图中，齿顶圆用粗实线画出，齿根圆用细实线画出或省略不画，分度圆用点画线画出。投影为非圆的视图一般画成全剖视图，而轮齿规定按不剖处理，用粗实线表示齿顶线和齿根线，点画线表示分度线，如图 7-32（c）所示；若不画成剖视图，则齿根线可省略不画，如图 7-32（b）所示。当需要表示轮齿为斜齿时，则在投影为非圆的视图上，用三条互相平行的细实线表示轮齿方向，如图 7-32（d）所示。

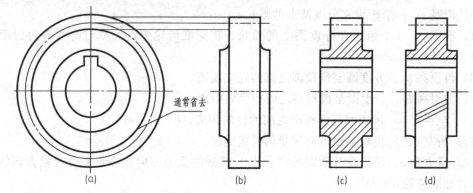

通常省去

(a)　　　　　(b)　　　　　(c)　　　　　(d)

图 7-32　直齿圆柱齿轮的画法

（2）圆柱齿轮的啮合画法　一对标准齿轮啮合时，两分度圆相切，除啮合区处，其余部分的结构均按单个齿轮绘制。

① 在投影为圆的视图中，两齿顶圆用粗实线完整绘制，如图 7-33（b）所示；啮合区内齿顶圆也可省略不画；齿根圆用细实线绘制，也可省略不画，如图 7-33（c）所示。

② 在投影为非圆的视图中，剖切时，两分度线重合用细点画线绘制，齿根线用粗实线绘制，一个齿轮的齿顶线画成粗实线，另一个齿轮的齿顶线画成虚线或省略不画，如图7-33（a）所示。不剖时，两分度线重合用粗实线绘制，如图 7-33（d）所示。

③ 齿顶与齿根之间有 0.25 的间隙，在剖视图中，应按图 7-34 所示的形式画出。

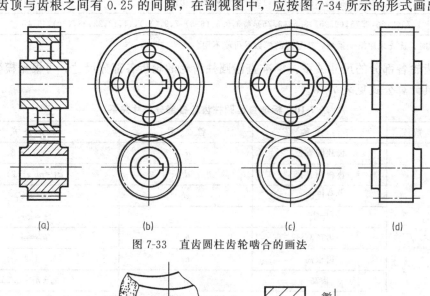

(a)　　　　　(b)　　　　　(c)　　　　　(d)

图 7-33　直齿圆柱齿轮啮合的画法

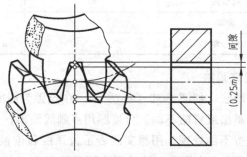

间隙

(0.25m)

图 7-34　啮合区的画法

图 7-35 为直齿圆柱齿轮的零件图，在齿轮零件图样的右上角，需要列表注出齿轮的基本参数、精度等级、公差值等内容，具体内容可以查阅相关国家标准。

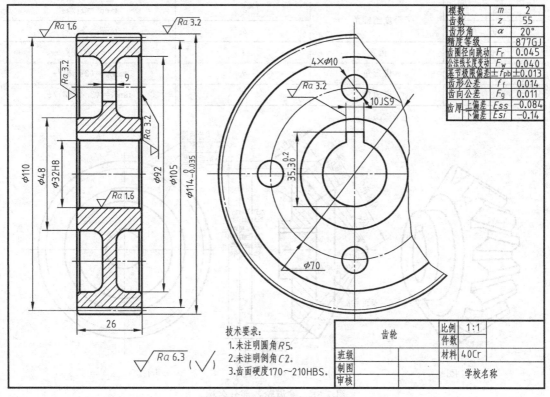

模数	m	2
齿数	z	55
齿形角	α	20°
精度等级		877GJ
齿圈径向跳动	F_r	0.045
公法线长度变动	F_w	0.040
基节极限偏差$\pm f_{pb}$	$\pm$	±0.013
齿形公差	f_f	0.014
齿向公差	F_β	0.011
齿厚 上偏差	E_{ss}	-0.084
下偏差	E_{si}	-0.14

技术要求：
1. 未注明圆角 R5。
2. 未注明倒角 C2。
3. 齿面硬度170～210HBS。

齿轮		比例	1:1
		件数	
班级		材料	40Cr
制图			学校名称
审核			

图 7-35 直齿圆柱齿轮零件图

二、直齿锥齿轮

直齿锥齿轮通常用于垂直相交的两轴之间的传动。其主体结构由顶锥、前锥和背锥组成，轮齿分布在圆锥面上，齿形从大端到小端逐渐缩小。为了便于设计和制造，国家标准规定以大端端面模数为标准模数。

1. 直齿锥齿轮各部分尺寸关系

直齿锥齿轮各部分名称和代号参见图 7-36。

给定直齿锥齿轮的齿数、模数和分度圆锥角后，可按表 7-11 所列公式计算各部分尺寸。

表 7-11 标准直齿锥齿轮各基本尺寸计算公式

序 号	名 称	代 号	计 算 公 式
1	齿顶高	h_a	$h_a = m$
2	齿根高	h_f	$h_f = 1.2m$
3	齿 高	h	$h = h_a + h_f = 2.2m$
4	分度圆直径	d	$d = mz$
5	齿顶圆直径	d_a	$d_a = m(z + 2\cos\delta)$
6	齿根圆直径	d_f	$d_f = m(z - 2.4\cos\delta)$
7	外锥距	R	$R = mz/(2\sin\delta)$

序　号	名　称	代　号	计算公式
8	分度圆锥角	δ_1	$\tan\delta_1 = z_1/z_2$
9		δ_2	$\tan\delta_2 = z_2/z_1$
10	齿宽	b	$b \leqslant R/3$
11	齿顶角	θ_a	$\tan\theta_a = (2\sin\delta)/z$
12	齿根角	θ_f	$\tan\theta_f = (2.4\sin\delta)/z$

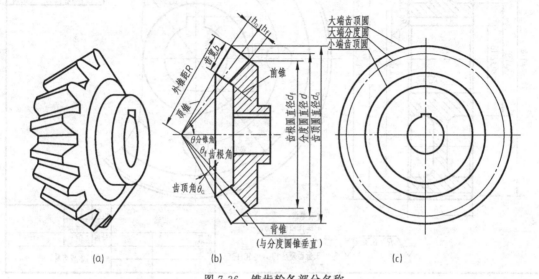

图 7-36　锥齿轮各部分名称

2. 直齿锥齿轮的画法

直齿锥齿轮画法与圆柱齿轮画法基本相同。

（1）单个锥齿轮画法　单个锥齿轮的画法如图 7-37 所示。在投影为非圆的视图中，常采用剖视，其轮齿按不剖处理，用粗实线画出齿顶线和齿根线，用细点画线画出分度线，如图 7-37（c）所示，不剖按图 7-37（e）绘制。在投影为圆的视图中，轮齿部分只需用粗实线画出大端和小端的齿顶圆，用细点画线画出大端的分度圆，齿根圆不画，如图 7-37（d）所示。

（2）锥齿轮的啮合画法　锥齿轮的主视图常画成剖视图，当剖切平面通过两啮合齿轮的轴线时，在啮合区内，将一个齿轮的轮齿用粗实线绘制，另一个齿轮轮齿被遮挡的部分用虚线绘制，如图 7-38（d）中的主视图所示，也可以省略不画。左视图常用不剖的外形视图表示，如图 7-38（d）中的左视图所示。

三、蜗轮蜗杆

蜗轮蜗杆常用于垂直交叉两轴之间的传动，如图 7-39 所示。一般情况下，蜗杆是主动件，蜗轮是从动件。蜗轮蜗杆传动具有结构紧凑、传动比大的优点，但效率低。相互啮合的蜗轮蜗杆，其模数必须相同，蜗杆的导程角与蜗轮的螺旋角大小相等，方向相同。

1. 蜗杆的画法

蜗杆齿廓的轴向剖面呈等腰梯形，与梯形螺纹相似，其齿数又称为头数，相当于螺纹的

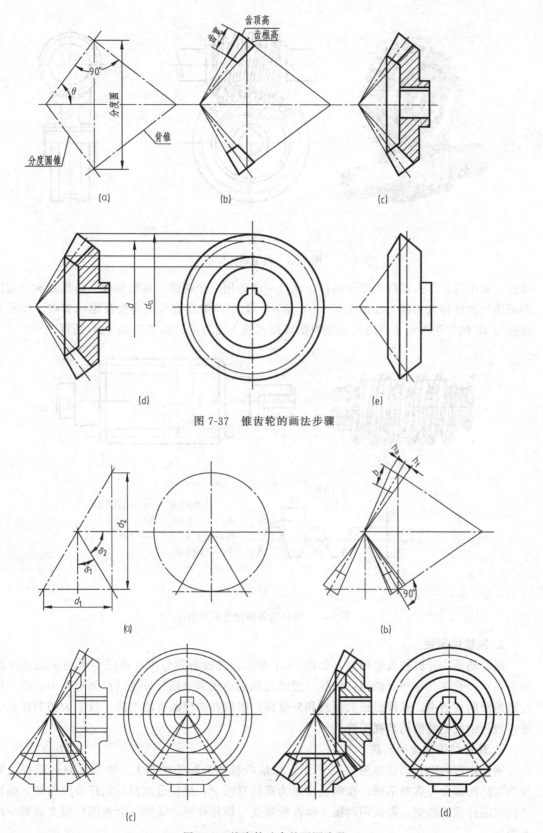

图 7-37 锥齿轮的画法步骤

图 7-38 锥齿轮啮合的画图步骤

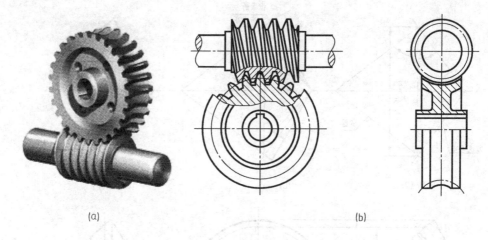

(a)   (b)

图 7-39　蜗轮蜗杆传动

线数，常用的是单头蜗杆和双头蜗杆。蜗杆一般选用一个视图，其齿顶线、齿根线和分度线的画法与圆柱齿轮相同，如图 7-40（b）所示。图中以细线表示的齿根线也可省略。齿形是顶角为 40° 的等腰梯形，可用局部剖视图或局部放大图表示，如图 7-40（c）所示。

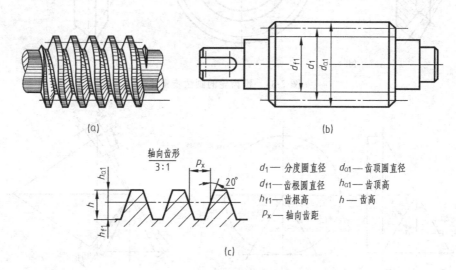

(a)   (b)

轴向齿形
3:1

d_1— 分度圆直径　　d_{a1}— 齿顶圆直径
d_{f1}— 齿根圆直径　　h_{a1}— 齿顶高
h_{f1}— 齿根高　　　　h — 齿高
p_x — 轴向齿距

(c)

图 7-40　蜗杆的各部分名称和画法

2. 蜗轮的画法

蜗轮的画法与圆柱齿轮相似，如图 7-41 所示。在投影为非圆的视图中常用全剖或半剖视图表示，并在其相啮合的蜗杆轴线位置画出细点画线圆（蜗杆分度圆）和对称中心线；在投影为圆的视图中，只画出最大顶圆和分度圆，喉圆和齿根圆省略不画，投影为圆的视图也可用表达轴孔键槽的局部视图取代。

3. 蜗杆蜗轮啮合的画法

蜗轮蜗杆的啮合画法如图 7-42 所示。在蜗杆投影为圆的视图上，啮合区只画蜗杆，蜗轮被遮挡的部分可省略不画。在蜗轮投影为圆的视图上，蜗轮分度圆与蜗杆节线相切，蜗轮外圆与蜗杆顶圆相交。若采用剖视，蜗杆齿顶线与蜗轮外圆、喉圆（齿顶圆）相交的部分均不画出。

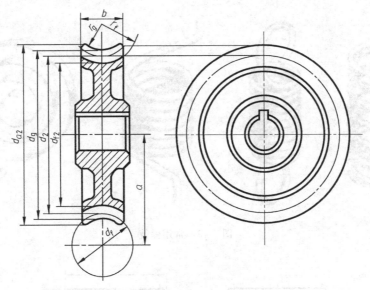

图 7-41 蜗轮的各部分名称和画法

d_2—分度圆直径；d_{a2}—齿顶圆直径；d_{f2}—齿根圆直径；d_g—喉圆直径；

r_g—咽喉面半径；r_f—齿根环面母圆半径；b—蜗轮宽度；a—中心距

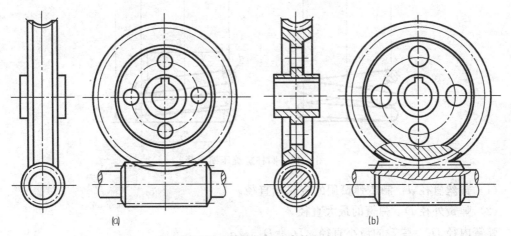

(a)　　　　　　　　　　　　　(b)

图 7-42 蜗轮蜗杆啮合的画法

第六节　弹　簧

　　弹簧是机械、电器设备中常用的零件，具有功、能转换特性，主要用于缓冲、减震、储能、测力、压紧与复位、调节等多种场合。

　　常用的弹簧如图 7-43 所示。其中圆柱螺旋弹簧更为常见。根据受力不同，这种弹簧可分为压缩弹簧、拉伸弹簧和扭转弹簧三种。本节主要介绍圆柱螺旋压缩弹簧的有关名称和规定画法。

一、圆柱螺旋压缩弹簧各部分名称及尺寸计算（GB/T 459—2003）

　　圆柱螺旋压缩弹簧的参数及尺寸关系见图 7-44。

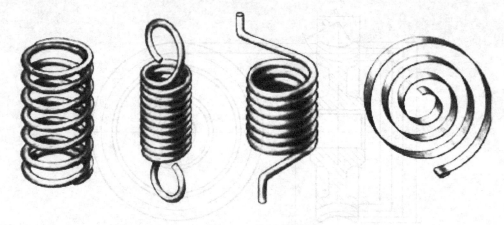

图 7-43 常用弹簧

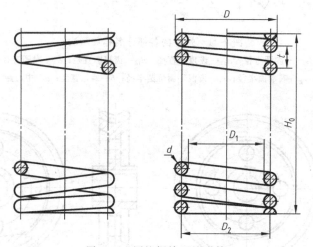

图 7-44 圆柱螺旋压缩弹簧

（1）簧丝直径 d 制造弹簧用的金属丝直径。

（2）弹簧外径 D 弹簧的最大直径。

弹簧内径 D_1 弹簧的最小直径，$D_1 = D_2 - 2d$。

弹簧中径 D_2 弹簧轴剖面内簧丝中心所在柱面的直径，$D_2 = (D + D_1)/2 = D_1 + d = D - d$。

（3）支承圈数 n_2、有效圈数 n、总圈数 n_1 为了使压缩弹簧工作平稳、端面受力均匀，制造时需将弹簧两端 $3/4 \sim 1.25$ 圈并紧磨平，这些并紧磨平的圈仅起支承作用，称为支承圈。支承圈数 n_2 一般为 1.5、2、2.5。其余保持节距相等且参与工作的圈数，称为有效圈数。支承圈数与有效圈数之和称为总圈数，即 $n_1 = n_2 + n$。

（4）节距 t 相邻两有效圈上对应两点间的轴向距离。

（5）自由高度 H_0 未受载荷时的弹簧高度（或长度），$H_0 = nt + (n_2 - 0.5)d$。等式右边第一项 nt 为有效圈的自由高度；第二项 $(n_2 - 0.5)d$ 为支承圈的自由高度。

（6）展开长度 L 制造弹簧时所需金属丝的长度。按螺旋线展开可得

$$L \approx n_1 \sqrt{(\pi D_2)^2 + t^2}$$

（7）旋向 螺旋弹簧分为右旋和左旋两种。

二、圆柱螺旋压缩弹簧的画法

1. 螺旋弹簧的规定画法

螺旋弹簧画法如图 7-45 所示，有剖视、视图和示意画法。

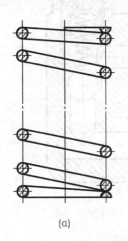 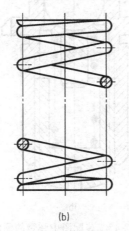 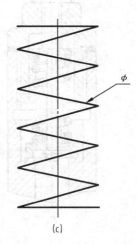

(a)   (b)   (c)

图 7-45 螺旋弹簧的表示方法

GB/T 4459.4—2003 对弹簧的画法作了如下规定。

（1）在平行于螺旋弹簧轴线的投影面的视图中，其各圈的轮廓应画成直线。

（2）有效圈数在四圈以上的螺旋弹簧，可在每一端只画 1～2 圈（支承圈除外），中间只需用通过簧丝断面中心的细点画线连起来，且可适当缩短图形长度。

（3）螺旋弹簧均可画成右旋，但左旋螺旋弹簧不论画成左旋或右旋，一律要注出旋向"左"字。

（4）螺旋压缩弹簧如要求两端并紧且磨平时，不论支承圈数多少、末端贴紧情况如何，均按支承圈为 2.5 圈（有效圈是整数）的形式绘制。必要时，也可按支承圈的实际结构绘制。

2. 装配图中弹簧的简化画法

（1）在装配图中，弹簧被看作实心形体，因而被弹簧挡住的结构一般不画出，可见部分应画至弹簧的外轮廓线或弹簧中径，如图 7-46（a）所示。

（2）在装配图中，被剖切后的簧丝直径小于 2mm 时，剖面可用涂黑表示，且各圈的界线轮廓线不画，如图 7-46（b）所示；也可用示意画法，如图 7-46（c）所示。

三、圆柱螺旋压缩弹簧画法举例

已知一普通圆柱螺旋压缩弹簧，中径 $D_2=38$，材料直径 $d=6$，节距 $t=11.8$，有效圈数 $n=7.5$，支承圈数 $n_2=2.5$，右旋，试绘制该弹簧。

作图步骤：如图 7-47 所示。

首先计算弹簧相关参数：

弹簧外径 $D=D_2+d=38+6=44$（mm）

自由高度 $H_0=nt+(n_2-0.5)d=7.5\times11.8+(2.5-0.5)\times6=100.5$（mm）

（1）根据 D_2 及 H_0 画出弹簧高度和中径线，如图 7-47（a）所示。

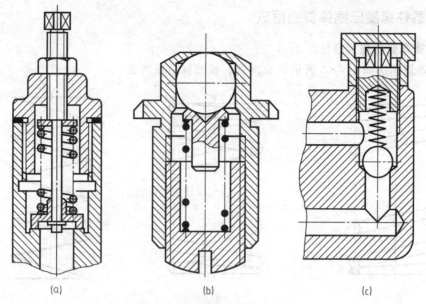

图 7-46　装配图中弹簧的画法

（2）画出支承圈部分与簧丝直径相等的圆和半圆，如图 7-47（b）所示。

（3）画出有效圈数部分与簧丝直径相等的圆和半圆，如图 7-47（c）所示。

（4）按右旋方向作相应圆公切线及剖面线，完成作图，如图 7-47（d）所示。

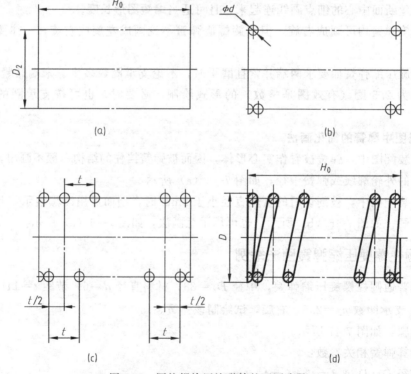

图 7-47　圆柱螺旋压缩弹簧的画图步骤

第8章 <<<

零件图

第一节 零件图的作用和内容

一、零件图的作用

任何机器（或部件）都是由若干零件组成的，如图 8-1 所示的虎钳是由底座、丝杠、活动钳身、钳口等十多种零件组成。要生产出合格的机器（或部件），首先必须制造出合格的零件。而零件又是根据零件图来进行制造和检验的。零件图是用来表示零件结构形状、大小及技术要求的图样，是直接指导制造和检验零件的重要技术文件。机器或部件中，除标准件外，其余零件一般均应绘制零件图。

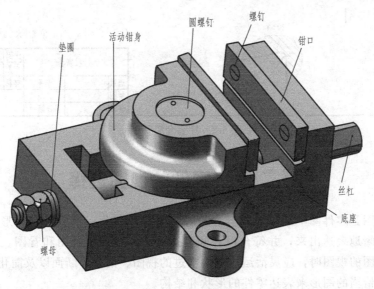

图 8-1 虎钳轴测图

二、零件图的内容

图 8-2 是柱塞套的零件图。从图中可以看出，一张完整的零件图，一般应具有下列内容。

（1）一组视图：用以完整、清晰地表达零件的结构和形状。

（2）全部尺寸：用以正确、完整、清晰、合理地标注出能满足制造、检验、装配所需的尺寸。

（3）技术要求：用以表示或说明零件在加工、检验过程中所需的要求。如尺寸公差、形状和位置公差、表面粗糙度、热处理、硬度及其它要求，技术要求常用符号或文字来表示。

（4）标题栏：标准的标题栏由更改区、签字区、其它区、名称及代号区组成。一般填写零件的名称、材料标记、阶段标记、重量、比例、图样代号、单位名称以及设计、制图、审核、工艺、标准化、更改、批准等人员的签名和日期等内容，见第一章中所示。学校一般用简易标题栏，如图 8-2 中所示。

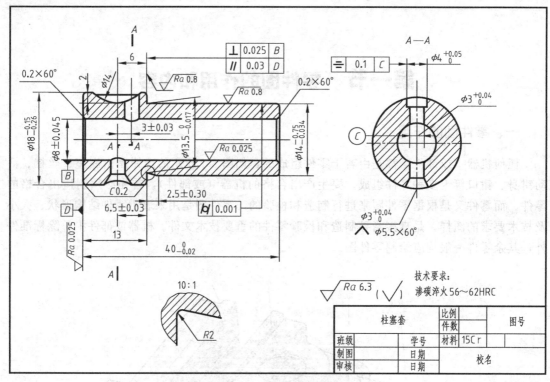

图 8-2　柱塞套零件图

第二节　零件的视图选择

零件的视图是零件图中的重要内容之一，必须使零件每一部分的结构形状和位置都完整、正确、清晰地表达出来，并符合设计和制造要求，且便于画图和看图。要满足上述要求，在画零件图的视图时，应灵活运用前面学过的视图、剖视、断面以及简化画法等表达方法，选择一组恰当的图形来表达零件的形状和结构。

一、主视图的选择

零件的主视图选择得是否恰当，将直接关系到能否把零件内外结构和形状表达清楚，同时也关系到其它视图的数量及位置，从而影响读图及绘图是否方便。选择主视图一般应从主视图的投影方向和零件摆放的位置两方面来考虑。

1. 确定主视图的投影方向

一般应把最能反映零件结构形状特征的一面作为主视图的方向，如图 8-3 所示的轴和图 8-4 所示的车床尾座，A 所指的方向作为主视图的投射方向能较好地反映该零件的结构形状和各部分的相对位置。

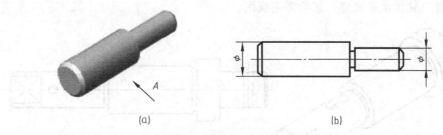

(a)   (b)

图 8-3   轴的主视图的选择

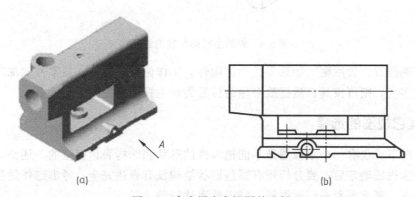

(a)   (b)

图 8-4   车床尾座主视图的选择

2. 确定主视图的位置

当零件主视图的投影方向确定以后，其位置要从以下几方面考虑。

（1）工作位置原则   主视图时的位置应尽量与零件在机器中的工作位置一致。如图 8-5 所示是车床在加工轴类零件的工作图，在选择车床尾座位置的时候，应选择如图 8-5（b）所示的工作位置较为合理，这样便于把零件和整个机器联系起来，想象其工作情况。

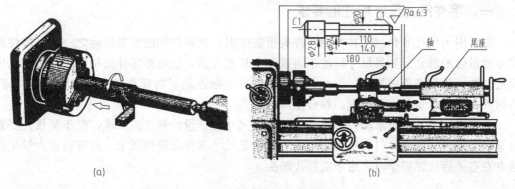

(a)   (b)

图 8-5   在车床上加工轴类零件

（2）加工位置原则   若零件为运动件，其工作位置不易确定或按工作位置画图不方便时，主视图一般按零件在机械加工中所处的位置作为主视图的位置。因为，零件图的重要作用之一是用来指导加工零件的，若主视图所表示的零件位置与零件在机床上加工时所处位置一致，则工人加工时看图方便。

如图 8-6 所示轴，它的形状基本上是由几段直径不同的圆柱构成的。该零件的主要加工方法是车削和磨削，为了便于工人对照图样进行加工，如图 8-5 所示，故按该轴在车床和磨床所处的位置（轴线水平放置）来绘制主视图。

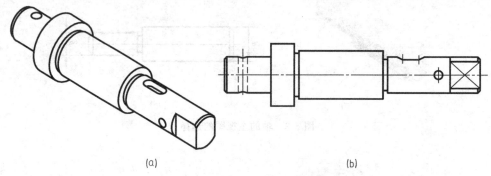

(a)　　　　　　　　　　　　(b)

图 8-6　轴的主视图位置的选择

（3）自然摆放位置原则　如果零件为运动件，工作位置不固定，或零件的加工工序较多其加工位置多变，则可按其自然摆放平稳的位置为画主视图的位置。

二、其它视图的选择

一般情况下，仅有一个主视图是不能把零件的形状和结构表达完全的，还必须配合其它视图。因此主视图确定后，要分析还有哪些形状结构没有表达完全，考虑选择适当的其它视图，如剖视图、断面图和局部视图等，将零件表达清楚。

一个零件需要多少视图才能表达清楚，只能根据零件的具体情况分析确定。考虑的一般原则是：在保证充分表达零件结构形状的前提下，尽可能使零件的视图数目为最少。应使每一个视图都有其表达的重点内容，具有独立存在的意义，而不应该为表达而表达，使绘图复杂化。

第三节　零件图的尺寸标注

一、零件图上尺寸标注的要求

零件图上的尺寸是加工和检验零件的重要依据，是零件图的重要内容之一，是零件图中指令性最强的部分。如果尺寸标注不当或不全甚至有错，就会给零件的制造带来困难或根本无法制造，给生产造成损失。因此，零件图的尺寸标注除了前面章节介绍的应正确、完整、清晰外，还应尽量标注得合理，符合生产实际。

合理标注尺寸的要求是：基准选择正确，尺寸符合设计和工艺要求，便于测量。要做到合理标注尺寸，只靠本门课程的学习还不能满足尺寸标注合理的要求，只有通过大量生产实践并在有关后续课程学习之后才能逐步解决。

二、零件图上尺寸标注的方法及步骤

1. 选择、确定基准

标注尺寸时，应先确定尺寸基准，尺寸基准一般有设计基准和工艺基准两类。

（1）**设计基准**　是在机器或部件中确定零件工作位置的一些面或线。如图 8-7 所示的轴承座，在标注轴承孔 φ15 的中心高 40 时，从设计的角度出发，通常一根轴需要两个轴承来支承，两个轴承孔的轴线应处于同一轴线上，且一般应与基面平行，也就是要保证两个轴承孔的轴线距底面等高。因此，在标注轴承支承孔 φ15 高度方向的定位尺寸 40 时，应以轴承座的底面 B 为高度方向的设计基准。标注底板两螺栓孔的定位尺寸 32，长度方向以对称平面 A 为基准，以保证两螺孔与轴孔的对称关系，对称平面 A 和底面 B 为设计基准。

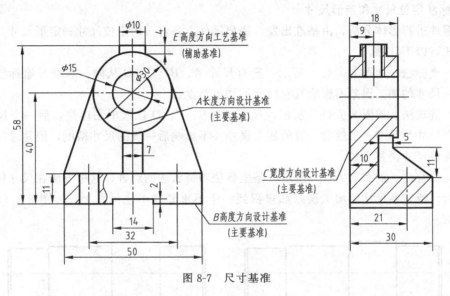

图 8-7　尺寸基准

（2）**工艺基准**　工艺基准是零件在加工、测量时确定零件位置的一些面或线。图 8-7 中凸台的顶面 E 就是工艺基准，以此为基准测量凸台的高度尺寸 4 比较方便。如图 8-8 所示的阶梯轴，在车床上车削外圆时，多次以右端面作为起点测量尺寸，因此，把右端面 B 作为长度方向的主要工艺基准。以轴的左端面 D 为辅助基准，以它为基准测量尺寸 85。

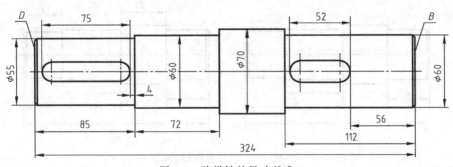

图 8-8　阶梯轴的尺寸基准

（3）**基准的选择**　从设计基准出发标注尺寸，其优点是在标注尺寸时反映了设计要求，能保证所设计的零件在机器中的性能。而从工艺基准标注尺寸，则便于加工和测量。实际上有不少尺寸，从设计基准标注与工艺基准标注并无矛盾，即有些基准既是设计基准也是工艺基准。在考虑选择零件的尺寸基准时，应尽量使设计基准与工艺基准重合，以减少尺寸误差，保证产品质量。如图 8-7 所示轴承座底面 B，既是设计基准也是工艺基准。

任何一个零件都有长、宽、高三个方向的尺寸，因此，每一个零件至少应该有三个尺寸基准。如图 8-7 所示轴承座，其高度方向的尺寸基准是底面 B，长度方向的尺寸基准是对称

平面 A，宽度方向的尺寸基准是端面 C。对零件上某一方向的尺寸，若用一个基准去标注，并不能全部注出，如图 8-7 所示轴承座高度方向的尺寸，主要以底面 B 为基准注出，而顶部的凸台高度尺寸 4，则是以顶面 E 为基准标注的。可见零件的某个方向可能会出现两个或两个以上的基准，在同方向的多个基准中，一般只有一个是主要基准，其它为次要基准，或称辅助基准。主要基准与辅助基准之间应有联系尺寸，图 8-7 与图 8-8 中的尺寸 58、324 就是主要基准与辅助基准之间的联系尺寸。

2. 标注定位尺寸和定形尺寸

对零件进行形体分析，由基准出发，注出零件上各部分的定位尺寸和定形尺寸。尺寸的标注形式有以下几种。

（1）坐标法　如图 8-9（a）所示，所有尺寸 A、B、C、D 从同一基准开始标注，其优点是任一尺寸的加工误差不影响其它尺寸的加工精度。

（2）链状法　如图 8-9（b）所示，尺寸 A、B、C、D 依次串联标注，后一个尺寸分别以前一个尺寸为基准，虽然前一段的加工误差并不影响后一段的尺寸精度，但是总尺寸的误差则是各段尺寸误差之和。

（3）综合法　如图 8-9（c）所示，是坐标法和链状法的综合，这种方法在尺寸标注中应用得最为广泛，各尺寸的加工误差都累积到一个不重要的不注尺寸上，如图 8-9（d）所示的尺寸 E。

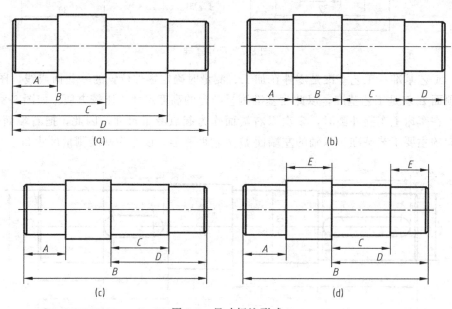

图 8-9　尺寸标注形式

3. 尺寸标注时需考虑的设计要求

（1）零件上功能尺寸一定要从基准直接注出　功能尺寸是指那些影响产品性能、工作精度及互换性的重要尺寸。为保证产品质量，重要尺寸必须从基准直接注出，避免加工误差的积累。如图 8-10 所示轴承座，轴承支承孔的中心高是高度方向的重要尺寸，应按图 8-10（a）所示那样从设计基准轴承座底面直接注出尺寸 b，而不能像图 8-10（b）那样注成尺寸 a 和尺寸 b。同样，对于轴承座上的两个螺栓孔的中心距 c 应按图 8-10（a）那样直接注出，而不能像图 8-10（b）中通过换算才能得出中心距尺寸值。

（2）避免注成封闭的尺寸链　一组首尾相连的链状尺寸称为尺寸链，如图 8-11（a）所示。组成尺寸链的每一个尺寸称为尺寸链的组成环。在尺寸链中，任何一环的尺寸误差同其它各环的加工误差有关，所以应避免注成封闭尺寸链。通常是将尺寸链中最不重要的一环不注尺寸，如图 8-11（b）所示。这样，使该尺寸链中其它尺寸的制造误差都集中到这个环上，从而保证主要尺寸的精度。

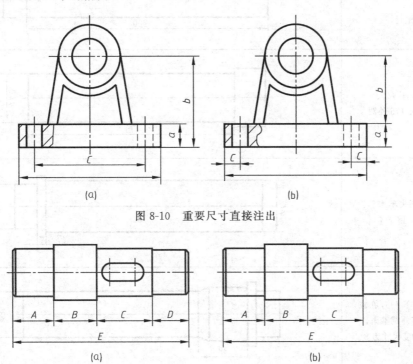

图 8-10　重要尺寸直接注出

图 8-11　尺寸不注成封闭形式

4. 尺寸标注时需考虑的工艺要求

（1）按加工顺序标注尺寸　按加工顺序标注尺寸，符合加工过程，便于加工和测量。表 8-1 列出了阶梯轴的加工顺序。

（2）考虑加工方法　用不同方法加工的有关尺寸，加工与不加工的尺寸，应分类集中标注。如表 8-1 所示，车削尺寸标注在下面，铣削尺寸 35、50 标注在上面，加工时看图就比较方便。图 8-12 中对加工与非加工尺寸分别进行集中标注。如图 8-13 所示的键槽因是铣削尺寸，所以其径向尺寸应注 ϕ 而不注 R。

表 8-1　阶梯轴加工顺序及尺寸标注

序号	说　明	尺寸标注
1	零件图	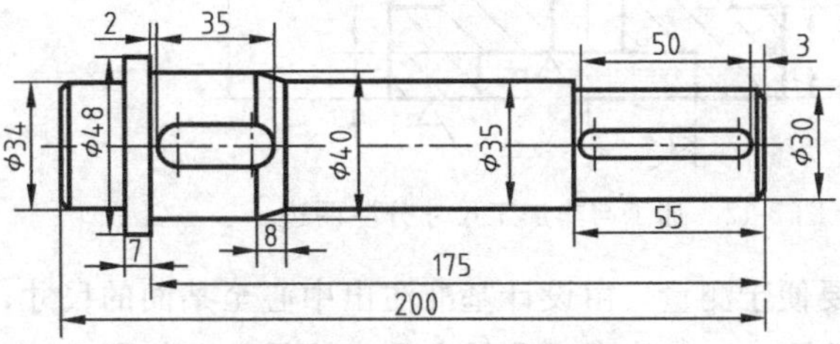

续表

序号	说　明	尺　寸　标　注
2	下料车外圆	
3	车 $\phi40$、长 175 外圆	
4	调头车 $\phi35$，留下 7	
5	调头车 $\phi35$，留 38，车外圆锥面，长度尺寸为 8	
6	车 $\phi30$、长 55 外圆	

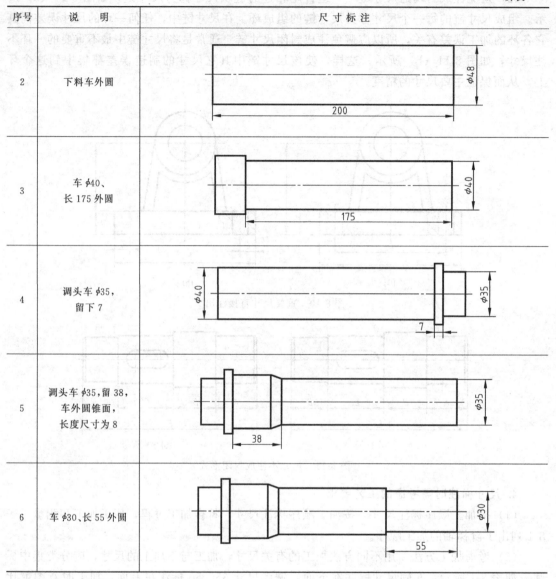

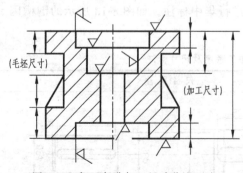

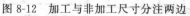

图 8-12　加工与非加工尺寸分注两边

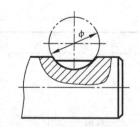

图 8-13　按加工方法标注直径尺寸

（3）要便于测量　由设计基准注出中心至某面的尺寸，但不易测量。如果这些尺寸对设计要求影响不大时，应考虑测量方便来注尺寸，如图 8-14 所示。

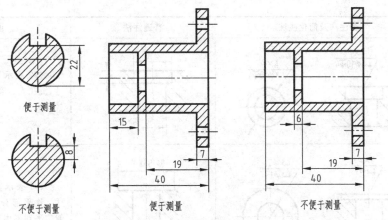

便于测量

不便于测量

便于测量

不便于测量

图 8-14　标注尺寸应考虑测量方便

三、常见孔的尺寸标注方法

零件图上常见孔的尺寸标注方法见表 8-2。

表 8-2　常见孔的尺寸标注

类型		旁注法及简化注法	普通注法	说明
通孔		3×M6-7H　　3×M6-7H	3×M6-7H	3×M6 表示直径为 6 并均匀分布的三个螺孔,三种标注法可任选一种
螺孔	不通孔	3×M6▼10　3×M6▼10	3×M6 10	只注螺孔深度时,可以与螺孔直径连注
	不通孔	3×M6-7H▼10 孔▼12　3×M6-7H▼10 孔▼12	3×M6-7H 10 12	需要注出光孔深度时,应明确标注深度尺寸
沉孔	锥形沉孔	4×φ7 ▽φ10×90°　4×φ7 ▽φ10×90°	90° φ10 4×φ7	4×φ7 表示直径为 7 且均匀分布的四个孔,沉孔尺寸为锥形部分的尺寸

续表

类型		旁注法及简化注法	普通注法	说明
沉孔	柱形沉孔	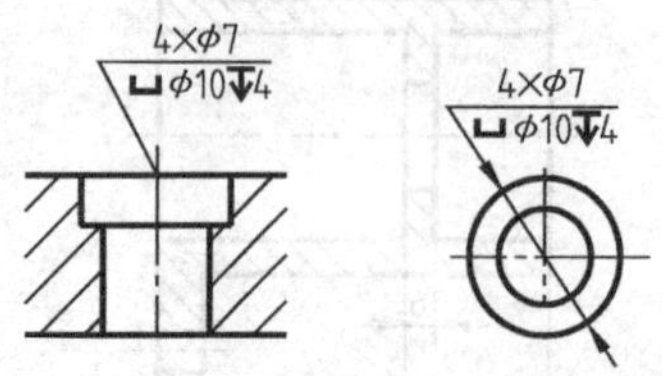4×ϕ7 ⌴ϕ10↧4 4×ϕ7 ⌴ϕ10↧4	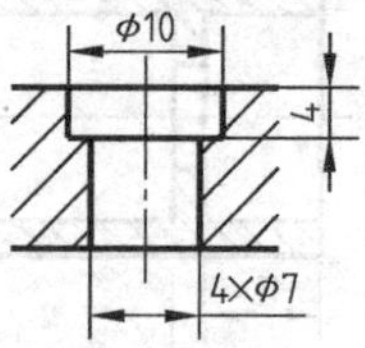ϕ10 4 4×ϕ7	4×ϕ7 表示直径小的柱形尺寸，沉孔 ϕ10 深 4 表示直径大的柱形尺寸
	锪平孔	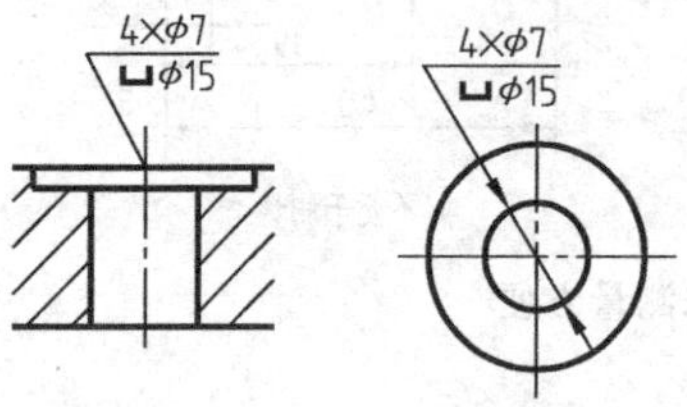4×ϕ7 ⌴ϕ15 4×ϕ7 ⌴ϕ15	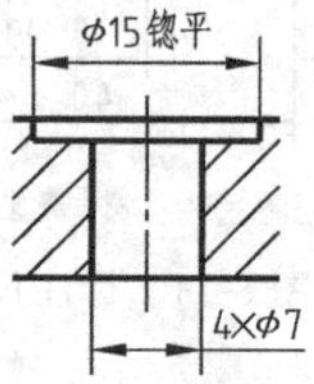ϕ15锪平 4×ϕ7	4×ϕ7 表示直径小的柱孔尺寸。锪平部分的深度不注，一般锪平到不出现毛面为止
光孔	光孔	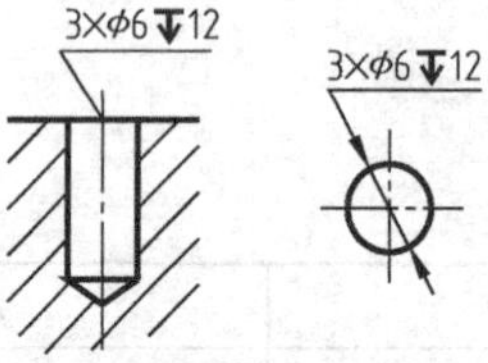3×ϕ6↧12 3×ϕ6↧12	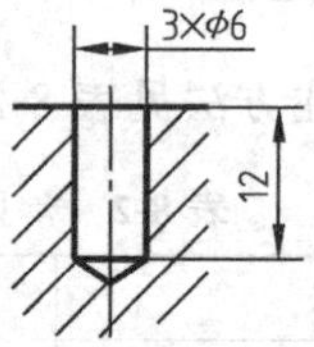3×ϕ6 12	3×ϕ6 表示直径为 6 的三个均匀分布的光孔，孔深 12
	精加工孔	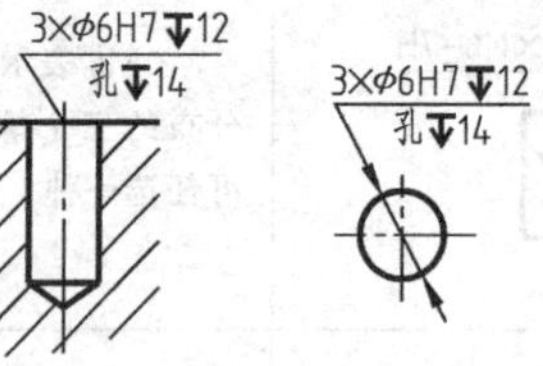3×ϕ6H7↧12 孔↧14 3×ϕ6H7↧12 孔↧14	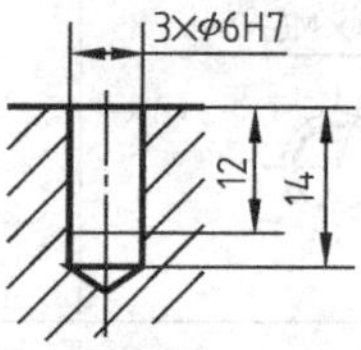3×ϕ6H7 12 14	3×ϕ6 表示直径为 6 的三个均匀分布的孔，精加工深度为 12，光孔深 14
	锥销孔	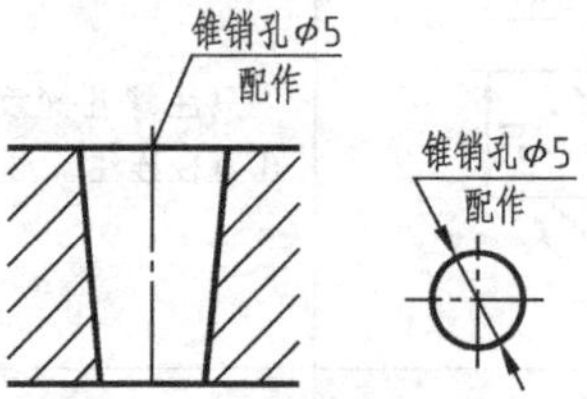锥销孔ϕ5 配作 锥销孔ϕ5 配作	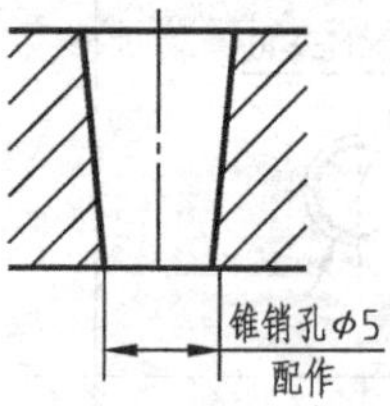锥销孔ϕ5 配作	锥销孔小端直径为 5，并与其相连接的另一零件一起加工

第四节　零件上常见的工艺结构

零件的结构除了应满足设计要求外，同时应考虑到加工、制造的方便与可能。结构不合理，常常会使制造工艺复杂化，甚至造成废品，因此必须使零件具有良好的结构工艺性。

一、铸造工艺结构

1. 铸造圆角

为防止砂型尖角脱落和避免铸件冷却收缩时在尖角处开裂或产生缩孔［如图 8-15（a）、（b）所示］，铸件各表面转角处应做成圆角过渡。这种因铸造要求而做成的圆角称为铸造圆角，如图 8-15（c）所示。

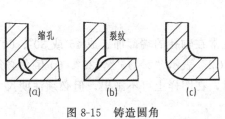

图 8-15 铸造圆角

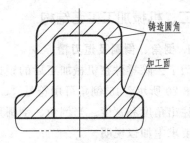

图 8-16 铸件的铸造圆角

铸造圆角半径一般取 3~5mm，或取壁厚的 0.2~0.4 倍，也可从有关手册中查得。

铸件经机械加工后，铸造圆角被切除，零件图上两表面相交处便不再有圆角，因此只有两个不加工的表面相交处才画铸造圆角，当其中一个是加工面时，不应画圆角，如图 8-16 所示。由于铸造圆角的存在，致使铸件表面的相贯线就不明显，这时的相贯线称为过渡线，过渡线用细实线绘制，这是新标准与旧标准的区别。过渡线的画法如图 8-17 所示。

2. 拔模斜度

铸件在铸造前的砂型造型过程中，为便于将木模（或金属模）从砂型中取出，铸件的内外壁沿拔模方向应设计成一定的斜度，称为拔模斜度，如图 8-18 所示。拔模斜度的大小可从有关手册中查得。

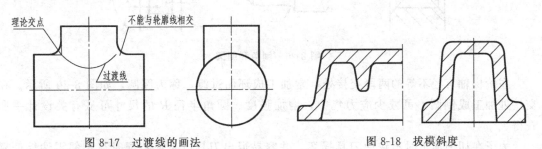

图 8-17 过渡线的画法　　　　图 8-18 拔模斜度

3. 铸件壁厚应均匀

零件设计时，应使铸件的壁厚尽可能均匀或逐渐过渡，防止局部肥大现象，如果铸件的壁厚设计不均匀，则会因冷却凝固的速度不同而使壁厚突变的地方产生裂纹或使肥厚处产生缩孔，如图 8-19 所示。

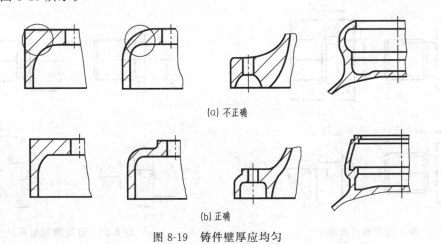

图 8-19 铸件壁厚应均匀

二、机械加工工艺结构

1. 倒角、倒圆及退刀槽

为了去除零件在机械加工后的锐边和毛刺，常在轴孔的端部加工成 45°或 30°、60°倒角，如图 8-20 所示，45°倒角可用符号"*C*"表示，"*C2*"表示"2×45°"，30°、60°倒角必须分别直接注出角度和宽度。当倒角、倒圆尺寸很小时，在图样上可不画出，但必须注明尺寸或在技术要求中加以说明。

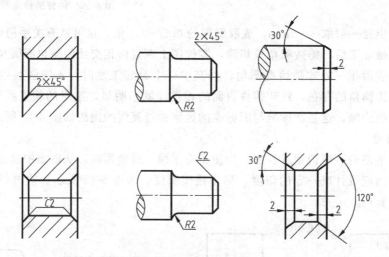

图 8-20 倒角和倒圆

在阶梯轴直径不等的两段交接处，常加工成环面过渡，称为倒圆，如图 8-20 所示。在交接处加工成倒圆，可减少应力集中，增加强度。圆角半径 *R* 的尺寸可从有关设计手册查得。

为了在切削加工时不致使刀具损坏，并容易退出刀具以及在装配时与相邻零件保证靠紧，常在加工表面的台肩处预先加工出退刀槽和砂轮越程槽，图中的数据可由相关的标准查出。退刀槽的尺寸标注形式，一般可按"槽宽×直径"或"槽宽×槽深"标注，如图 8-21 所示。砂轮越程槽一般用局部放大图画出，如图 8-22 所示。

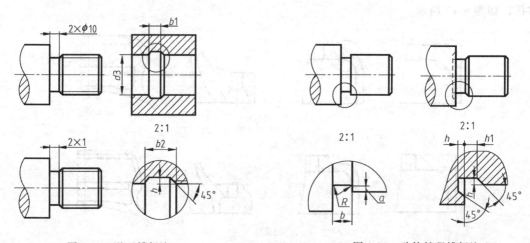

图 8-21 退刀槽标注   图 8-22 砂轮越程槽标注

2. 减少加工面积及加工面的数量

为了保证零件间配合面接触良好，配合表面一般都要加工。但为了降低零件的制造成本，在设计零件时尽量减少加工面，因此，在零件上常有凸台和沉孔、凹槽等结构，如图8-23、图8-24所示。

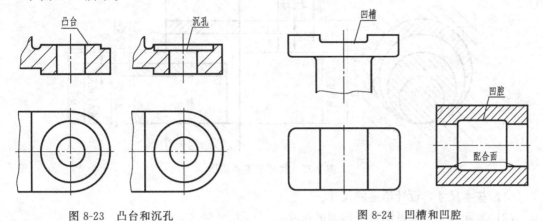

图 8-23　凸台和沉孔　　　　　　　　图 8-24　凹槽和凹腔

3. 钻头轴线应垂直被加工零件的表面

零件上有各种不同形式和不同用途的孔，多数是用钻头加工而成，用钻头钻孔时，要求钻头尽量垂直于被钻孔零件表面，以保证钻孔准确和避免钻头折断，如图8-25所示。

图 8-25　钻头轴线应垂直被加工零件表面

第五节　公差与配合及其标注

一、公差与配合的基本概念

1. 零件的互换性

在一批相同规格的零件或部件中，在装配时不经选择任取一件，且不经修配或其它加工，就能顺利装配到机械上去，并能够达到预期的性能和使用要求。把这批零件或部件所具有的这种性质称为互换性。零件具有互换性后，大大简化了零件、部件的制造和维修工作，使产品的生产周期缩短，生产率提高，成本降低，也保证了产品质量的稳定性，为成批、大量生产创造了条件。

2. 公差的有关术语

如果能将所有相同规格的零件的几何尺寸做成与理想的一样，没有一丝一毫的差别，则这批零件肯定具有很好的互换性。但是在实际中由于加工和测量总是不可避免地存在着误差，完全理想的状况是不可能实现的。因此在不影响零件正常工作并具有互换性的前提下，对零件的尺寸规定一个允许的变动范围，设计时根据零件的使用要求所制定允许尺寸的变动量，称为尺寸公差，简称公差。下面以图 8-26 为例说明公差的有关术语。

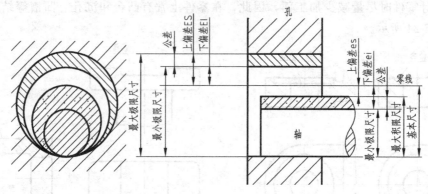

图 8-26　尺寸公差术语图

（1）基本尺寸　设计给定的尺寸。

（2）实际尺寸　通过测量所得到的尺寸。

（3）极限尺寸　允许尺寸变动的两个界限值。它以基本尺寸为基数，两个界限值中较大的一个称为最大极限尺寸，较小的一个称为最小极限尺寸。

（4）尺寸偏差（简称偏差）　某一尺寸减其基本尺寸所得的代数差。尺寸偏差有：

$$上偏差＝最大极限尺寸－基本尺寸$$
$$下偏差＝最小极限尺寸－基本尺寸$$

上、下偏差统称为极限偏差，上、下偏差可以是正值、负值和零。

国家标准规定：孔的上偏差代号为 ES、孔的下偏差代号为 EI，轴的上偏差代号为 es，轴的下偏差代号为 ei。

（5）尺寸公差（简称公差）　允许尺寸的变动量。

$$尺寸公差＝最大极限尺寸－最小极限尺寸＝上偏差－下偏差$$

因为最大极限尺寸总是大于最小极限尺寸，所以尺寸公差一定为正值。

（6）公差带和公差带图　公差带表示公差大小和相对于零线的一个区域。为了便于分析，一般将尺寸公差与基本尺寸的关系，按放大比例画成简图，称为公差带图。在公差带图中，上、下偏差的距离应成比例，公差带方框的左右长度根据需要任意确定。一般用斜线表示孔的公差带，加点表示轴的公差带，如图 8-27 所示。

（7）公差等级　确定尺寸精确程度的等级。国家标准将公差等级分为 20 级，IT01、IT0、IT1～IT18。"IT"表示标准公差，公差等级的代号用阿拉伯数字表示。从 IT01 至 IT18 等级依次降低。

（8）标准公差　用以确定公差带大小的任一公差，标准公差是基本尺寸的函数。对于一定的基本尺寸，公差等级愈高，标准公差值愈小，尺寸的精确程度愈高。基本尺寸和公差等级相同的公差值相等。国家标准把≤500mm的基本尺寸范围分成 13 段，按不同的公差等级列出了各段基本尺寸的公差值，可从附表中查出。

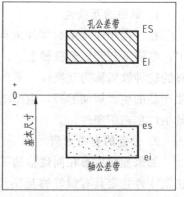

图 8-27　公差带图

（9）基本偏差　用来确定公差带相对于零线位置的上偏差或下偏差。一般是指靠近零线的那个偏差，如图 8-28 所示。

根据实际需要，国家标准分别对孔和轴各规定了 28 个不同的基本偏差，如图 8-28 所示。轴和孔的基本偏差数值表，可从附表中查出。

图 8-28　基本偏差系列

对所有位于零线之上的公差带而言，其基本偏差为下偏差，孔的下偏差用 EI 表示，轴的下偏差用 ei 表示。对于所有位于零线之下的公差带而言，其基本偏差为上偏差，孔的上偏差用 ES 表示，轴的上偏差用 es 表示。决定 28 个孔和轴的公差带位置的基本偏差系列用拉丁字母排列，孔用大写字母表示，轴用小写字母表示，如图 8-28 所示。

基本偏差决定了公差带的一个极限偏差，另一个极限偏差由标准公差决定，所以基本偏差和公差标准这两个独立部分，分别决定了公差带的两个极限偏差，另一极限偏差按以下代数式计算：

轴的另一个偏差（上偏差或下偏差）：

$$ei = es - IT \quad 或 \quad es = ei + IT$$

孔的另一个偏差（上偏差或下偏差）：

$$ES = EI + IT \quad 或 \quad EI = ES - IT$$

（10）孔、轴的公差代号　由基本偏差与公差等级代号组成，并且要用同一字母书写。

【例 8-1】　说明 $\phi50H8$ 的含义。

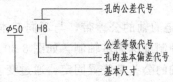

此公差带的全称是：基本尺寸为 $\phi50$，公差等级为 8 级，基本偏差为 H 的公差带。

【例 8-2】　说明 $\phi50h7$ 的含义。

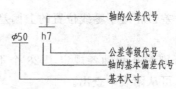

此公差带的全称是：基本尺寸为 ϕ50，公差等级是 7 级，基本偏差为 f 的轴公差带。

3. 配合的有关术语

在机器装配中，将基本尺寸相同的、相互结合的孔和轴公差带之间的关系，称为配合。

（1）配合的种类　根据机器的设计要求、工艺要求和生产实际的需要，国家标准将配合分为三大类。

① 间隙配合：具有间隙（包括最小间隙等于零）的配合称为间隙配合。此时，孔公差带在轴公差带之上，如图 8-29（a）所示。

② 过盈配合：具有过盈（包括最小过盈等于零）的配合。此时，孔的公差带在轴的公差带之下，如图 8-29（b）所示。

③ 过渡配合：可能具有间隙或过盈的配合称为过渡配合。此时，孔的公差带与轴的公差带相互交叠，如图 8-29（c）所示。

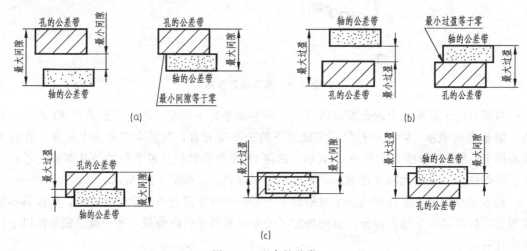

图 8-29　配合的种类

（2）配合的基准制　国家标准规定了两种基准制。

① 基孔制：基本偏差为一定的孔的公差带，与不同基本偏差的轴的公差带形成各种配合（间隙、过渡或过盈）的一种制度称为基孔制，如图 8-30（a）所示。

在基孔制的配合中，是将孔的公差带位置固定，通过变动轴的公差带位置，得到各种不同的配合。选作基准的孔称为基准孔，国家标准规定基准孔的下偏差为零，上偏差为正值。基准孔的基本偏差代号为"H"。

② 基轴制：基本偏差为一定的轴的公差带，与不同基本偏差的孔的公差带形成各种配合（间隙、过渡或过盈）的一种制度称为基轴制，如图 8-30（b）所示。

在基轴制的配合中，是将轴的公差带位置固定，通过变动孔的公差带位置，得到各种不同的配合。选作基准的轴称为基准轴，国家标准规定基准轴的上偏差为零，下偏差为负值。基准轴的基本偏差代号为"h"。

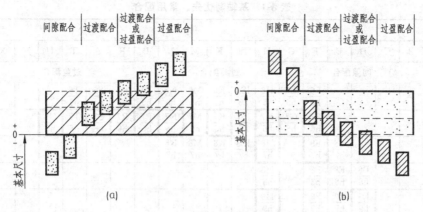

图 8-30 基孔制与基轴制

二、公差与配合的选用

1. 选用优先配合

国家标准规定的基孔制常用配合共 59 种，其中优先配合 13 种，见表 8-3。基轴制常用配合共 47 种，其中优先配合 13 种，见表 8-4。在使用时应尽量选用优先配合和常用配合。

表 8-3 基孔制优先、常用配合

基准孔	轴																					
	a	b	c	d	e	f	g	h	js	k	m	n	p	r	s	t	u	v	x	y	z
	间隙配合								过渡配合				过盈配合									
H6						$\frac{H6}{f5}$	$\frac{H6}{g5}$	$\frac{H6}{h5}$	$\frac{H6}{js5}$	$\frac{H6}{k5}$	$\frac{H6}{m5}$	$\frac{H6}{n5}$	$\frac{H6}{p5}$	$\frac{H6}{r5}$	$\frac{H6}{s5}$	$\frac{H6}{t5}$					
H7						$\frac{H7}{f6}$	$\frac{H7}{g6}$	$\frac{H7}{h6}$	$\frac{H7}{js6}$	$\frac{H7}{k6}$	$\frac{H7}{m6}$	$\frac{H7}{n6}$	$\frac{H7}{p6}$	$\frac{H7}{r6}$	$\frac{H7}{s6}$	$\frac{H7}{t6}$	$\frac{H7}{u6}$	$\frac{H7}{v6}$	$\frac{H7}{x6}$	$\frac{H7}{y6}$	$\frac{H7}{z6}$
H8				$\frac{H8}{e7}$	$\frac{H8}{f7}$	$\frac{H8}{g7}$		$\frac{H8}{h7}$	$\frac{H8}{js7}$	$\frac{H8}{k7}$	$\frac{H8}{m7}$	$\frac{H8}{n7}$	$\frac{H8}{p7}$	$\frac{H8}{r7}$	$\frac{H8}{s7}$	$\frac{H8}{t7}$	$\frac{H8}{u7}$				
			$\frac{H8}{d8}$	$\frac{H8}{e8}$	$\frac{H8}{f8}$		$\frac{H8}{h8}$														
H9			$\frac{H9}{c9}$	$\frac{H9}{d9}$	$\frac{H9}{e9}$	$\frac{H9}{f9}$		$\frac{H9}{h9}$													
H10			$\frac{H10}{c10}$	$\frac{H10}{d10}$				$\frac{H10}{h10}$													
H11	$\frac{H11}{a11}$	$\frac{H11}{b11}$	$\frac{H11}{c11}$	$\frac{H11}{d11}$				$\frac{H11}{h11}$													
H12		$\frac{H12}{b12}$						$\frac{H12}{h12}$													

注：1. $\frac{H6}{n5}$、$\frac{H7}{p6}$ 在基本尺寸小于或等于 3mm、$\frac{H8}{r7}$ 在小于或等于 10mm 时，为过渡配合。

2. 表中粗实线框内的为优先配合。

2. 选用基孔制

一般情况下，优先采用基孔制。这样可以限制定值刀具、量具的规格数量。基轴制通常仅用于具有明显经济效益的场合和结构设计要求不适合采用基孔制的场合。一些标准滚动轴承的外环与孔的配合，也采用基轴制。

表 8-4　基轴制优先、常用配合

基准轴	孔																				
	A	B	C	D	E	F	G	H	JS	K	M	N	P	R	S	T	U	V	X	Y	Z
	间隙配合								过渡配合				过盈配合								
h5						$\frac{F6}{h5}$	$\frac{G6}{h5}$	$\frac{H6}{h5}$	$\frac{JS6}{h5}$	$\frac{K6}{h5}$	$\frac{M6}{h5}$	$\frac{N6}{h5}$	$\frac{P6}{h5}$	$\frac{R6}{h5}$	$\frac{S6}{h5}$	$\frac{T6}{h5}$					
h6						$\frac{F7}{h6}$	$\frac{G7}{h6}$	$\frac{H7}{h6}$	$\frac{JS7}{h6}$	$\frac{K7}{h6}$	$\frac{M7}{h6}$	$\frac{N7}{h6}$	$\frac{P7}{h6}$	$\frac{R7}{h6}$	$\frac{S7}{h6}$	$\frac{T7}{h6}$	$\frac{U7}{h6}$				
h7					$\frac{E8}{h7}$	$\frac{F8}{h7}$		$\frac{H8}{h7}$	$\frac{JS8}{h7}$	$\frac{K8}{h7}$	$\frac{M8}{h7}$	$\frac{N8}{h7}$									
h8				$\frac{D8}{h8}$	$\frac{E8}{h8}$	$\frac{F8}{h8}$		$\frac{H8}{h8}$													
h9				$\frac{D9}{h9}$	$\frac{E9}{h9}$	$\frac{F9}{h9}$		$\frac{H9}{h9}$													
h10				$\frac{D10}{h10}$				$\frac{H10}{h10}$													
h11	$\frac{A11}{h11}$	$\frac{B11}{h11}$	$\frac{C11}{h11}$	$\frac{D11}{h11}$				$\frac{H11}{h11}$													
h12		$\frac{B12}{h12}$						$\frac{H12}{h12}$													

注：表中粗实线框内的为优先配合。

3. 选用孔比轴低一级的公差等级

为降低加工工作量，在保证使用要求的前提下，应当使选用的公差为最大值。加工孔比轴较困难，一般在配合中选用孔比轴低一级的公差等级，例如 H8/h7。

4. 常用公差等级的选择

常用公差等级是根据零件的应用范围及各种加工方法的加工精度来确定的，选择方法见表 8-5。

表 8-5　常用公差等级的选择

应用范围与加工方法	公差等级（IT）																			
	01	0	1	2	3	4	5	6	7	8	9	10	11	12	13	14	15	16	17	18
应用范围	公差等级应用范围																			
块规																				
量规																				
配合尺寸																				
特殊精密零件配合尺寸																				
非配合尺寸																				
原材料公差																				
加工方法	各种加工方法的加工精度																			
研磨																				
珩																				
磨、拉削																				
金刚石车、镗																				
铰孔																				
车、镗																				
铣																				
刨、插、滚、（挤）压																				
冲压																				
压铸																				
砂型铸造、气割																				
锻造																				

三、公差与配合的标注

1. 公差与配合在零件图中的标注

在零件图中，线性尺寸的公差配合有三种标注形式：一是只标注公差带代号，一是只标注上、下偏差，三是既标注公差带代号，又标注上、下偏差，但偏差值用括号括起来，如图 8-31 所示。

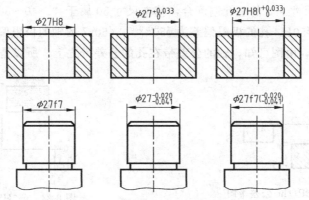

图 8-31　零件图中尺寸公差的标注

标注极限偏差数值时应注意以下几个问题。

（1）标注极限偏差数值时，上偏差注在基本尺寸的右上方，下偏差注在右下方，且下偏差与尺寸数字在同一水平线上。上、下偏差的字高比尺寸数字小一号。

（2）上、下偏差的小数位必须相同、对齐，当上偏差或下偏差为零时，用数字"0"标出，如 $\phi27_0^{0.033}$。小数点后末位的零一般不进行消零处理，如 $\phi27_{-0.041}^{-0.020}$。

（3）当公差带相对于基本尺寸对称地配置时，两个偏差值相同，只需注写一次，并在偏差与基本尺寸之间注出符号"±"，且两者数字高度相同，如 $\phi30\pm0.065$。

2. 公差与配合在装配图中的标注

在装配图上标注线性尺寸的配合代号时，必须在基本尺寸的右边用分数形式注出，分子为孔的公差带代号，分母为轴的公差带代号，如图 8-32（a）所示。标注标准件、外购件与零件（孔或轴）的配合代号时，允许只标注相配零件的公差代号，如图 8-32（b）所示。

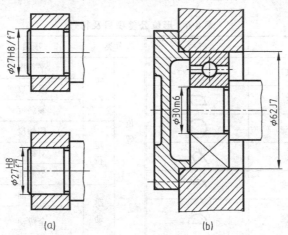

图 8-32　装配图中尺寸公差的标注

3. 公差与配合查表方法举例

【例 8-3】 查 $\phi25P7/h6$ 的极限偏差数值。

从表 8-4 可知，$\phi25\ P7/h6$ 是基轴制的过盈配合，基本尺寸 25 属于"$>24\sim30mm$"尺寸段，由附录中可直接查得 $\phi25h6$ 轴的极限偏差为 $\phi25_{-0.013}^{\ \ 0}$，由附录表可直接查得 $\phi25P7$ 孔的极限偏差为 $\phi25_{-0.035}^{-0.014}$。公差带图如图 8-33 所示。

【例 8-4】 查表确定 $\phi50H8/s7$ 中轴和孔的极限偏差，画出公差带图，判断配合性质。

此配合为基本尺寸 $\phi50$ 的基孔制配合，基本尺寸 50 属于"$>40\sim50mm$"尺寸段，由附录表中可直接查得 $\phi50H8$ 孔的极限偏差为 $\phi50_{0}^{0.039}$，$\phi50s7$ 的轴的极限偏差为 $\phi50_{0.034}^{0.068}$。公差带图如图 8-34 所示，由图可知，轴的公差带在孔的公差带之上，所以是过盈配合。

图 8-33 　$\phi25P7/h6$ 公差带图 　　　　　　图 8-34 　$\phi50H8/s7$ 公差带图

第六节　形状和位置公差及其标注

一、形状和位置公差的基本知识

零件在加工后，不仅产生尺寸误差和表面粗糙度，而且还存在着形状误差和位置误差。形状误差是指零件上的实际几何要素的形状与理想几何要素的形状之间的误差，位置误差是指零件上各几何要素之间实际相对位置与理想相对位置之间的误差。形状误差与位置误差简称形位误差。形位误差的允许变动量称为形位公差。

1. 形位公差的名称、符号

国家标准规定形状和位置公差两大类共有十四个项目，各项目的名称及符号如表 8-6 所示。

表 8-6　形位公差项目及符号

分类	项目	符号	分类		项目	符号
形状公差	直线度	—	位置公差	定向	平行度	//
	平面度	▱			垂直度	⊥
	圆度	○			倾斜度	∠
	圆柱度	⌀		定位	同轴度	◎
	线轮廓度	⌒			对称度	≡
	面轮廓度	⌓			位置度	⊕
				跳动	圆跳动	↗
					全跳动	↗↗

2. 形位公差的代号

形位公差采用代号标注在图纸上，当无法采用代号时，允许在技术要求中用文字说明。代号由框格和带箭头的指引线组成，框格由两格或多格组成，框格中的主要内容从左到右填写公差项目符号、公差值和有关附加符号、基准符号及有关附加符号，如图 8-35 所示。

框格的高度应是框格内所书写字体高度的两倍。框格的宽度应是：第一格等于框格的高度；第二格应与标注内容的长度相适应；第三格以后各格须与有关字母的宽度相适应。

3. 基准代号

相对于被测要素的基准用基准代号表示，基准代号由三角形、连线、方框和代表基准的字母组成，三角形涂黑或空白，与轮廓接触，如图 8-36 所示。不论基准要素的方向如何，方框内字母都应水平书写。

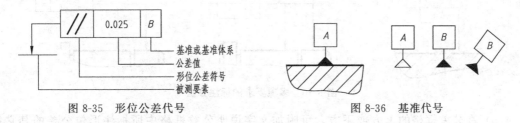

图 8-35 形位公差代号   图 8-36 基准代号

二、形位公差的标注方法

（1）当基准要素或被测要素为线或表面时，基准符号应靠近该基准要素，指引线箭头应指在被测要素的轮廓线或其引出线上，并应明显地与尺寸线错开，如图 8-37 所示。

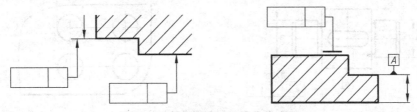

图 8-37 被测要素、基准为线或面

（2）当基准或被测要素为轴线、球心或中心平面时，基准符号、箭头应与相应要素的尺寸线对齐。如图 8-38 所示。

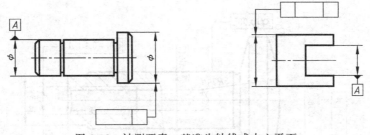

图 8-38 被测要素、基准为轴线或中心平面

（3）被测要素或基准要素是不连续回转体结构的整体轴线时，其标注方法应按图 8-39所示的形式进行标注。

（4）同一要素有多项形位公差要求，或多个被测要素有相同形位公差要求时，其标注方

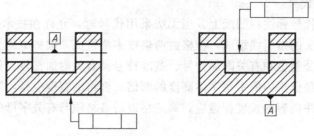

图 8-39　被测要素、基准为整体轴线时

法如图 8-40 所示。

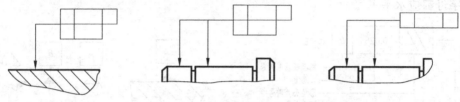

图 8-40　多项要求的标注方法

（5）在公差框格的上方或下方，可附加文字说明公差框格中所标注形位公差的其它说明，如说明是属于被测要素的，规定在上方，属于解释性的，规定在下面，如图 8-41 所示。

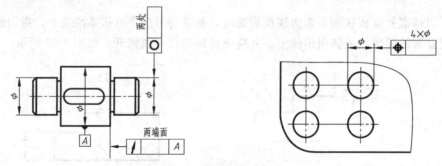

图 8-41　附加要求的标注

（6）形位公差的标注实例及识读。

如图 8-42 所示为气门阀杆零件图上标注形位公差的实例，图中三处标注的形位公差分别解释如下：

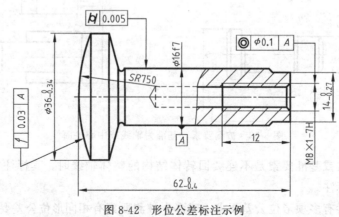

图 8-42　形位公差标注示例

① 杆身 ϕ16f7 的圆柱度公差为 0.005mm；
② SR750 球面对 ϕ16f7 孔的轴线的圆跳动公差为 0.03mm；
③ M8×1-7H 螺孔对于 ϕ16f7 轴线的同轴度公差为 ϕ0.1mm。

第七节　表面结构的图样表示法

为了保证零件装配后的使用要求，要根据功能需要对零件的表面结构给出质量的要求。表面结构是表面粗糙度、表面波纹度、表面缺陷、表面纹理和表面几何形状的总称。表面结构的图样表示法在 GB/T 131—2006 中均有具体规定。本节主要介绍表面粗糙度表示法。

一、表面粗糙度的基本概念

加工零件时，由于刀具在零件表面上留下刀痕和切屑分裂时表面金属的塑性变形等影响，使零件表面存在着间距较小的轮廓峰谷。这种表面上具有较小间距的峰谷所组成的微观几何形状特性，称为表面粗糙度。机器设备对零件各个表面的要求不一样，如配合性质、耐磨性、抗腐蚀性、密封性、外观要求等，因此，对零件表面粗糙度的要求也各有不同。一般说来，凡零件上有配合要求或有相对运动的表面，表面粗糙度参数值小。因此，应在满足零件表面功能的前提下，合理选用表面粗糙度参数。

1. 评定表面结构常用的轮廓参数

对于零件表面结构的状况，可由三大类参数加以评定；轮廓参数（由 GB/T 3505—2000 定义）、图形参数（由 GB/T 18618—2002 定义）、支承率曲线参数（由 GB/T 18778.2—2003 和 GB/T 18778.3—2006 定义）。其中轮廓参数是我国机械图样中目前最常用的评定参数。本节仅介绍评定粗糙度轮廓（R 轮廓）中的两个高度参数 Ra 和 Rz。

（1）算术平均偏差 Ra 是指在一个取样长度内纵坐标值 $Z(x)$ 绝对值的算术平均值，如图 8-43 所示。

（2）轮廓的最大高度 Rz 是指在同一取样长度内，最大轮廓峰高和最大轮廓谷深之和的高度，如图 8-43 所示。

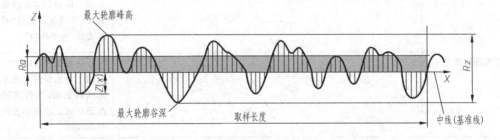

图 8-43　评定表面结构常用的轮廓参数

2. 有关检验规范的基本术语

检验评定表面结构参数值必须在特定条件下进行。国家标准规定，图样中注写参数代号及其数值要求的同时，还应明确其检验规范。有关检验规范方面的基本术语有取样长度、评定长度、滤波器和传输带以及极限值判断规则。有关检验规范本节仅介绍取样长度与评定长度和极限值判断规则。

（1）取样长度和评定长度

以粗糙度高度参数的测量为例，由于表面轮廓的不规则性，测量结果与测量段的长度密切相关，当测量段过短，各处的测量结果会产生很大差异，但当测量段过长，则测得的高度值中将不可避免地包含了波纹度的幅值。因此，在 X 轴上选取一段适当长度进行测量，这段长度称为取样长度。但是，在每一取样长度内的测得值通常是不等的，为取得表面粗糙度最可靠的值，一般取几个连续的取样长度进行测量，并以各取样长度内测量值的平均值作为测得的参数值。这段在 X 轴方向上用于评定轮廓的并包含着一个或几个取样长度的测量段称为评定长度。当参数代号后未注明时，评定长度默认为 5 个取样长度，否则应注明个数。例如：$Rz0.4$、$Ra3 0.8$、$Rz1 3.2$ 分别表示评定长度为 5 个（默认）、3 个、1 个取样长度。

（2）极限值判断规则

完工零件的表面按检验规范测得轮廓参数值后，需与图样上给定的极限比较，以判定其是否合格。极限值判断规则有两种。

① 16%规则。运用本规则时，当被检表面测得的全部参数值中，超过极限值的个数不多于总个数的 16%时，该表面是合格的。

② 最大规则。运用本规则时，被检的整个表面上测得的参数值一个也不应超过给定的极限值。16%规则是所有表面结构要求标注的默认规则。即当参数代号后未注写"max"字样时，均默认为应用 16%规则（例如 $Ra0.8$）。反之，则应用最大规则（例如 $Ra\max0.8$）。

二、标注表面结构的图形符号

标注表面结构要求时的图形符号种类、名称、尺寸及其含义见表 8-7。

表 8-7 表面结构代号

符号名称	符 号		含 义
基本图形符号	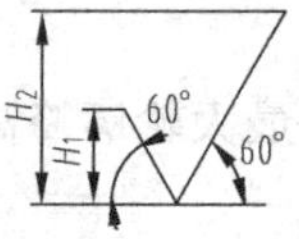	$d'=0.35mm$ （d'—符号线宽） $H_1=3.5mm$ $H_2=7mm$	未指定工艺方法的表面，当通过一个注释解释时可单独使用
扩展图形符号	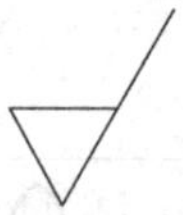		用去除材料方法获得的表面；仅当其含义是"被加工表面"时可单独
			不去除材料的表面，也可用于表示保持上道工序形成的表面，不管这种状况是通过去除或不去除材料形成的
完整图形符号	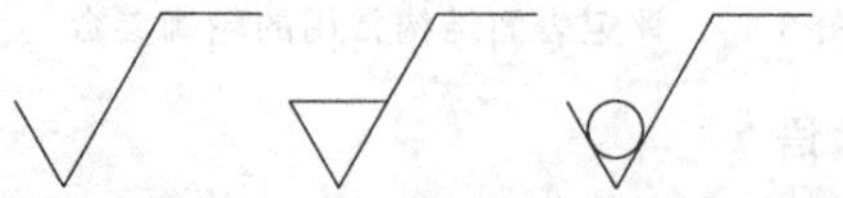		在以上各种符号的长边上加一横线，以便注写对表面结构的各种要求

注：表中 d'、H_1 和 H_2 的大小是当图样中尺寸数字高度选取 $h=3.5mm$ 时按 GB/T 131—2006 的相应规定给定的。表中 H_2 是最小值，必要时允许加大。

当在图样中某个视图上构成封闭轮廓的各表面有相同的表面结构要求时，在完整图形符号上加一圆圈，标注在图样中工件的封闭轮廓线上，如图 8-44 所示。如果标注会引起歧义时，各表面应分别标注。

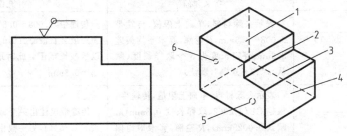

图 8-44 对周边各面有相同的表面结构要求的注法

注：图示的表面结构符号是指对图形中封闭轮廓的六个面的共同要求（不包括前后面）。

三、表面结构完整图形符号的组成

1. 概述

为了明确表面结构要求，除了标注表面结构参数和数值外，必要时应标注补充要求，补充要求包括传输带、取样长度、加工工艺、表面纹理及方向、加工余量等。为了保证表面的功能特征，应对表面结构参数规定不同要求。

2. 表面结构补充要求的注写位置

在完整符号中，对表面结构的单一要求和补充要求应注写在图 8-45 所示的指定位置。

(1) 位置 a　注写表面结构的单一要求。

(2) 位置 a 和 b　注写两个或多个表面结构要求。

(3) 位置 c　注写加工方法、表面处理、涂层或其它加工工艺要求等。如车、磨、镀等加工表面。

(4) 位置 d　注写表面纹理和方向。如"＝"、"X"、"M"。

(5) 位置 e　注写加工余量，以毫米为单位给出数值。

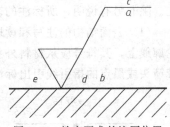

图 8-45　补充要求的注写位置

四、表面结构代号

表面结构符号中注写了具体参数代号及数值要求后即称为表面结构代号，表面结构代号的示例及含义见表 8-8。

表 8-8　表面结构代号示例

序号	符号	含义/解释	补充说明
1	$\sqrt{}$ Ra 0.8	表示不允许去除材料，单向上限值，默认传输带，R 轮廓，算术平均偏差 0.8，评定长度为 5 个取样长度（默认），"16％规则"（默认）	参数代号与极限值之间应留空格（下同），本例未标注传输带，应理解为默认传输带，此时取样长度可由 GB/T 10610 和 GB/T 6062 中查取
2	$\sqrt{}$ Rzmax 0.2	表示去除材料，单向上限值，默认传输带，R 轮廓，粗糙度最大高度的最大值 0.2μm，评定长度为 5 个取样长度（默认），"最大规则"	示例 1～4 均为单向极限要求，且均为单向上限值，则均可不加注"U"，若为单向下限值，则应加注"L"

续表

序号	符号	含义/解释	补充说明
3	$\sqrt{0.008\sim0.8/Ra\,3.2}$	表示去除材料,单向上限值,传输带 0.008~0.8mm,R 轮廓,算术平均偏差 3.2μm,评定长度为 5 个取样长度(默认),"16%规则"(默认)	传输带"0.008~0.8"中的前后数值分别为短波和长波滤波器的截止波长($\lambda_s\sim\lambda_c$),以示波长范围。此时取样长度等于 λ_c,则 $L_r=0.8$mm
4	$\sqrt{-0.8/Ra\,33.2}$	表示去除材料,单向上限值,传输带:根据 GB/T 6062,取样长度 0.8mm(λ_s 默认 0.0025mm),R 轮廓,算术平均偏差 3.2μm,评定长度为 3 个取样长度,"16%规则"(默认)	传输带仅注出一个截止波长值(本例 0.8 表示 λ_c 值)时,另一截止波长值 λ_s 应理解成默认值,由 GB/T 6062 中查知 $\lambda_s=0.0025$mm
5	$\sqrt{\substack{U\ Ra\max\,3.2 \\ L\ Ra\ 0.8}}$	表示不允许去除材料,双向极限值,两极限值均使用默认传输带,R 轮廓,上限值:算术平均偏差 3.2μm,评定长度为 5 个取样长度(默认),"最大规则"。下限值:算术平均偏差 0.8μm,评定长度为 5 个取样长度(默认),"16%规则"(默认)	本例为双向极限要求,用"U"和"L"分别表示上限值和下限值。在不致引起歧义时,可不加注"U"、"L"

五、表面结构要求在图样中的注法

表面结构要求对每一表面一般只注一次,并尽可能注在相应的尺寸及其公差的同一视图上。除非另有说明,所标注的表面结构要求是对完工零件表面的要求。

(1)表面结构的注写和读取方向与尺寸的注写和读取方向一致。表面结构要求可标注在轮廓线上,其符号应从材料外指向并接触表面,如图 8-46 所示。必要时,表面结构也可用带箭头或黑点的指引线引出标注,如图 8-47 所示。

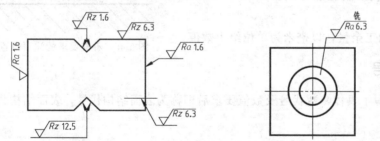

图 8-46 表面结构要求在轮廓线上的标注

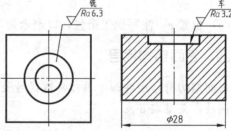

图 8-47 用指引线引出标注表面结构要求

(2)在不致引起误解时,表面结构要求可以标注在给定的尺寸线上,如图 8-48 所示。

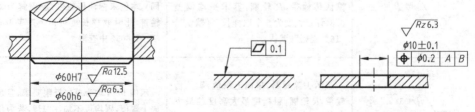

图 8-48 表面结构要求标注在尺寸线上　　图 8-49 表面结构要求标注在形位公差框格的上方

(3)表面结构要求可标注在形位公差框格的上方,如图 8-49 所示。

（4）圆柱和棱柱表面的表面结构要求只标注一次，如图 8-50 所示。如果每个棱柱表面有不同的表面要求，则应分别单独标注，如图 8-51 所示。

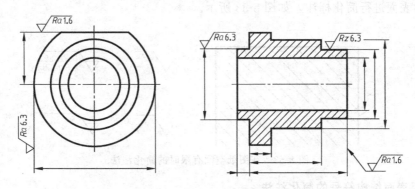

图 8-50 表面结构要求标注在圆柱特征的延长线上

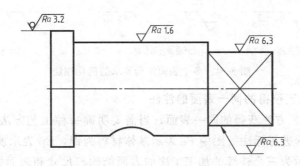

图 8-51 圆柱和棱柱的表面结构要求的注法

六、表面结构要求在图样中的简化注法

1. 有相同表面结构要求的简化注法

如果在工件的多数（包括全部）表面有相同的表面结构要求时，则其表面结构要求可统一标注在图样的标题栏附近。此时，表面结构要求的符号后面应有以下几种标注。

① 在圆括号内给出无任何其它标注的基本符号，如图 8-52（a）所示。

② 在圆括号内给出不同的表面结构要求，如图 8-52（b）所示。

③ 不同的表面结构要求应直接标注在图形中，如图 8-52 所示。

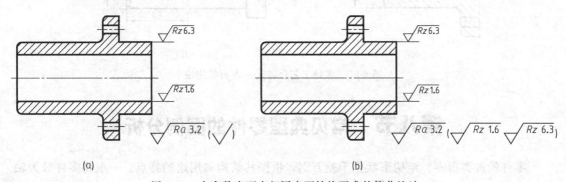

图 8-52 大多数表面有相同表面结构要求的简化注法

2. 多个表面有共同要求的注法

用带字母的完整符号的简化注法，以等式的形式，在图形或标题栏附近，对有相同表面结构要求的表面进行简化标注，如图 8-53 所示。

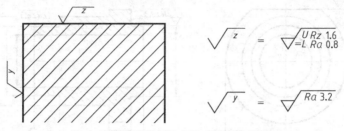

图 8-53　在图纸空间有限时的简化注法

3. 只用表面结构符号的简化注法

用表面结构符号，以等式的形式给出对多个表面共同的表面结构要求，如图 8-54 所示。

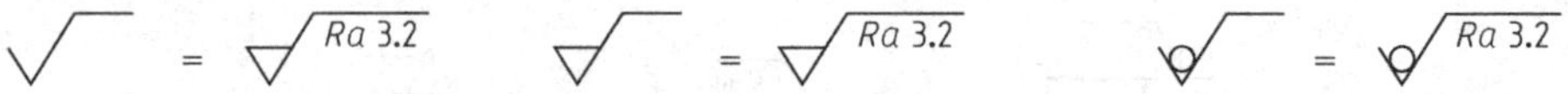

$$\sqrt{} = \sqrt{Ra\,3.2} \qquad \sqrt{} = \sqrt{Ra\,3.2} \qquad \sqrt{} = \sqrt{Ra\,3.2}$$

(a) 未指定工艺方法　　　　　　　(b) 要求去除材料　　　　　　　(c) 不允许去除材料

图 8-54　多个表面结构要求的简化注法

4. 两种或多种工艺获得的同一表面的注法

由几种不同的工艺方法获得的同一表面，当需要明确每种工艺方法的表面结构要求时，可按图 8-55 （a）所示进行标注。图中 Fe 表示基体材料为钢，Ep 表示加工工艺为电镀。

图 8-55 （b）所示为三个连续的加工工序的表面结构、尺寸和表面处理的标注。第一道工序：单向上限值，$Rz=1.6\mu m$，"16％ 规则"（默认），默认评定长度，默认传输带，表面纹理没有要求，去除材料的工艺。第二道工序：镀铬，无其它表面结构要求。第三道工序：一个单向上限值，仅对长为 50mm 的圆柱表面有效，$Rz=6.3\mu m$，"16％ 规则"（默认），默认评定长度，默认传输带，表面纹理没有要求，磨削加工工艺。

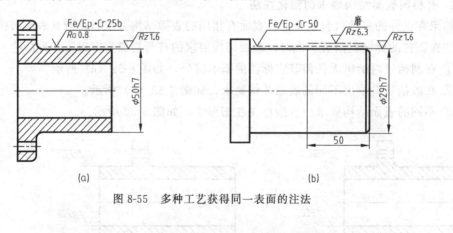

图 8-55　多种工艺获得同一表面的注法

第八节　常见典型零件的图例分析

零件的种类很多，结构形状也千差万别，根据其结构和用途的特点，一般将零件分为轴套类、轮盘类、箱体类、叉架类四种典型零件。

一、轴套类零件

（1）结构分析　轴套类零件包括各种轴、套筒和衬套。轴类零件主要用来支承传动零件（如齿轮、皮带轮等）和传递动力，套类零件一般装在轴上或孔中，用来定位、支承、保护传动零件。轴套类零件的基本形状是同轴回转体。在轴上通常有倒角、键槽、锥度、退刀槽、倒圆等结构。此类零件主要是在车床或磨床上加工。

（2）表达方案的选择　这类零件的主视图按其加工位置选择，一般按水平位置放置。这样既可把各段形体的相对位置表示清楚，同时又能反映出轴上轴肩、退刀槽等结构，如图8-56所示为圆柱齿轮减速器中的输出轴零件图。

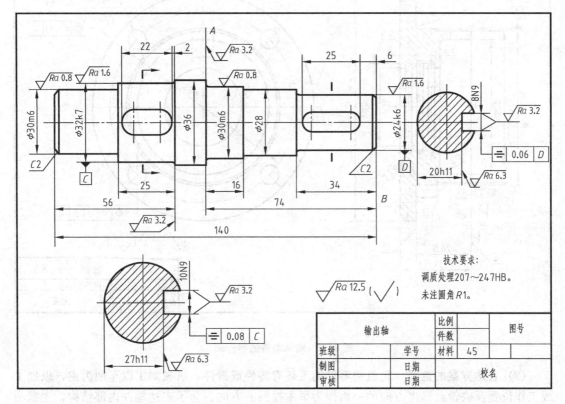

图 8-56　输出轴零件图

其它视图的选择，轴套类零件主要结构形状是回转体，一般只画一个主视图。确定了主视图后，对于零件上的键槽、孔等结构，一般可采用局部视图、局部剖视图、移出断面和局部放大图。

（3）尺寸分析　轴类零件高度和宽度方向是以轴线作为尺寸基准，长度方向以端面作为主要基准。图8-56所示的输出轴，轴肩端面 A 为滚动轴承装配时的定位端面，因此以 A 为该轴长度方向的主要基准，右端面 B 是长度方向的第一辅助基准，主要基准和辅助基准用尺寸74联系起来。车削尺寸和铣削尺寸分别在图样的上方和下方。

（4）技术要求　根据零件工作情况来确定表面粗糙度、尺寸公差及形位公差，如 φ30、φ32 分别同滚动轴承和齿轮配合，所以表面粗糙度 Ra 的最大值为 0.8μm 和 1.6μm，尺寸精度也较高。形位公差要求了键槽的对称度。

二、轮盘（盖）类零件

（1）结构分析　轮盘类零件有各种手轮、带轮、齿轮、法兰盘、端盖及压盖等。轮类零件一般通过键、销与轴连接来传递扭矩，盘类零件可起支承、定位和密封等作用。这类零件的基本形体一般为回转体或其它几何形状的扁平的盘状体，通常还带有各种形状的凸缘、均布的圆孔和肋等局部结构，如图 8-57 所示的轴承端盖。

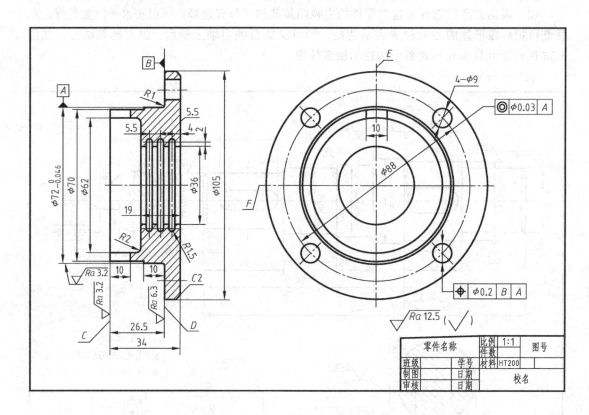

图 8-57　轴承端盖的零件图

（2）表达方案的选择　轮盘类零件的毛坯有铸件或锻件，机械加工以车削为主，以加工或工作位置反映轮盘厚度方向的一面作为画主视图的方向。为了表达零件内部结构，主视图常取全剖视图。

轮盘类零件一般需要两个以上基本视图表达，除主视图外，为了表示零件上均布的孔、槽、肋、轮辐等结构，还需选用一个左视图或右视图，此外，为了表达细小结构，有时还常采用局部放大图。

（3）尺寸分析　轮盘类零件宽度和高度方向的主要基准是圆的中心线，长度方向的主要基准是经加工的主要端面，如图 8-57 所示，透盖宽度方向的基准是中心线 E，高度方向的基准是中心线 F，长度方向的主要基准是端面 C，端面 D 是长度方向的辅助基准。用形体分析法标注各部分的定形尺寸和定位尺寸。

（4）技术要求　有配合要求的内、外表面粗糙度参数值较小，起轴向定位的端面，表面粗糙度参数值也较小，端面、轴心线与轴心线之间或端面与轴心线之间一般有形位公差要求。

三、箱体类零件

（1）结构分析　箱体类零件主要包括减速器箱体、泵体、阀体、机座等，它是机器或部件中的主体部分，它的总体特点是由薄壁围成不同形状的空腔，以容纳运动零件及油、汽等介质。多数由铸造形成毛坯，具有加强肋、凹坑、凸台、铸造圆角、拔模斜度等结构，如图 8-58 所示为蜗轮蜗杆减速器箱体零件图。

（2）表达方案的选择　箱体类零件由于结构、形状比较复杂，加工位置变化较多，通常以自然安放位置或工作位置，最能反映形状特征及相对位置的一面作为主视图的投影方向，一般需用三个以上的基本视图，并可根据具体零件的需要选择合适的视图、剖视图、剖面图、局部放大图来表达其复杂的内外结构。

（3）尺寸分析　箱体类零件由于结构较复杂，尺寸数量多，要充分运用形体分析法进行尺寸标注。常选用较重要的平面（图 8-58 中的 H）、零件的对称平面（图 8-58 中的 M）或较大的加工平面（图 8-58 中的 Q）作为长、宽、高三个方向的主要尺寸基准，重要轴孔对基准的定位尺寸，如图 8-58 中的 $\phi36$ 孔，其高度方向的定位尺寸 36 要直接注出。座体上安装孔的中心距 10、86、40 及与其它零件有装配关系的功能尺寸也要直接注出。

（4）技术要求　重要的箱体孔和重要的表面，其表面粗糙度参数值较小。如座体孔 $\phi36$、$\phi50$，其粗糙度参数值 Ra 的最大值为 $0.8\mu m$。重要的箱体孔和重要的表面应该有尺寸公差和形位公差要求。

四、叉架类零件

（1）结构分析　叉架类零件包括各种拨叉和支架。拨叉主要用在各种机器的操纵机构上操纵机器、调节速度。支架主要起支承和连接作用。叉架类零件通常由轴座或拨叉等几个主体部分，用不同截面形状的肋板或实心杆件支撑连接起来，形式多样，结构复杂，一般铸造或锻造成毛坯，经必要的机械加工而成，具有铸（锻）造圆角、拔模斜度、凹坑、凸台等常见结构，如图 8-59 所示。

（2）表达方案的选择　叉架类零件的结构形状较为复杂，一般都需要两个以上的视图来表达，主视图按形状特征和工作位置（或自然位置）确定。由于叉架类零件的某些结构形状不平行于基本投影面，所以常常采用斜视图、斜剖视和剖面来表示。对零件上的一些内部结构形状可采用局部剖视，对某些较小的结构，也可采用局部放大图。

（3）尺寸分析　叉架类零件各组成形体的定形尺寸和定位尺寸比较明显，标注时就注意运用形体分析法，使尺寸标注得更完善。叉架类零件常以主要轴心线、对称平面、安装平面或较大的平面作为长、宽、高三个方向的尺寸基准。如图 8-59 所示支架，支架左右对称，对称面即为长度方向的尺寸基准，支架的底面为装配基准面，它是高度方向的尺寸基准，标注出了孔 $\phi72^{0.046}_{0}$ 高度方向的定位尺寸 170 ± 0.1 。宽度方向是以后端面为尺寸基准，标注出了肋板的定位尺寸 4。

（4）技术要求　叉架类零件根据具体使用要求确定各加工表面的表面粗糙度、尺寸精度以及各组成部分形体的形位公差。如支承孔是配合面，所以其表面粗糙度值高于其它部位。

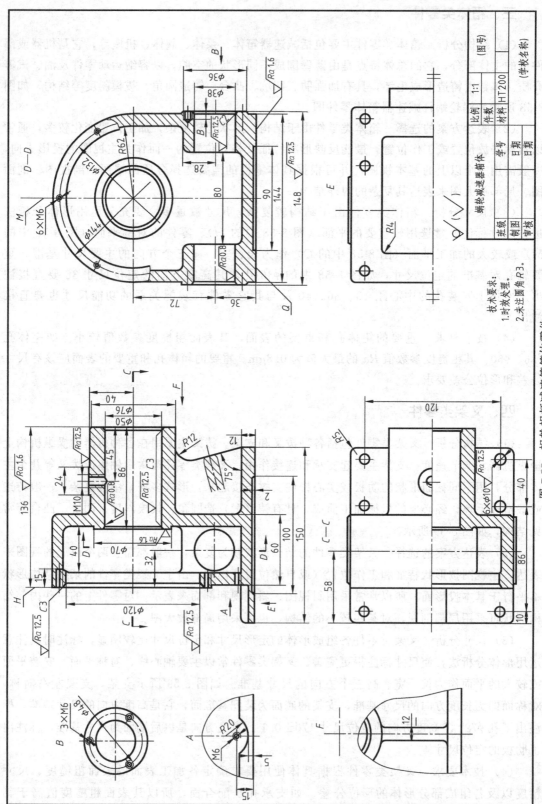

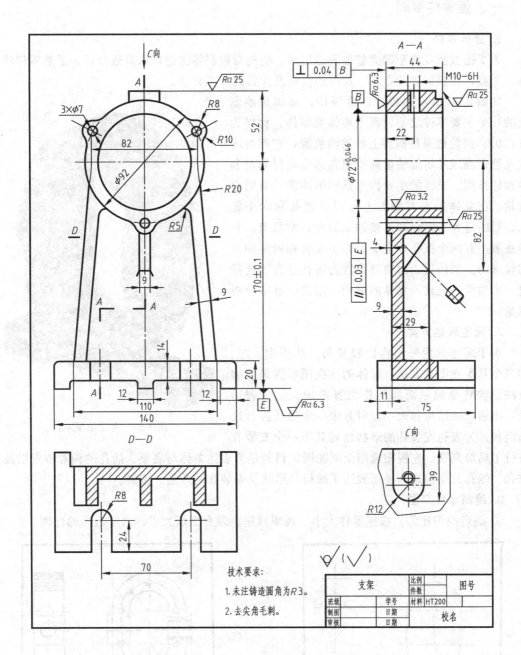

图 8-59　支架的零件图

第九节　零 件 测 绘

零件测绘是根据已有的零件，不用或只用简单的绘图工具，用较快的速度，徒手目测画出零件的视图，测量并注上尺寸及技术要求，得到零件草图，然后参考有关资料整理绘制出供生产使用的零件工作图的过程。零件测绘对推广先进技术、改造现有设备、技术革新、修配零件等都有重要作用。因此，零件测绘是工程技术人员必须掌握的制图技能之一。

一、画零件草图

1. 分析零件

为了把被测零件准确完整地表达出来，应先对被测零件进行认真地分析，了解零件的名称、类型，在机器中的作用，使用的材料及大致的加工方法。

如图 8-60 所示的齿轮油泵泵体，泵体是油泵上的一个主要零件之一，属于箱体类零件，材料为HT200。齿轮油泵是机器上的供油装置，它起着改变及稳定油压并将油输送到机器各部位进行润滑和冷却的作用。泵体的主要作用是容纳油和一对啮合齿轮。在泵体的左右端面上有两个销孔和六个螺孔，目的是为了定位和连接油泵的左、右泵盖。泵体底板上有两个沉孔，主要是为了安装和固定油泵而设置的。泵体进、出油口设置为螺孔是为了连接进、出油管。至此，泵体的结构、用途已基本分析清楚。

图 8-60　齿轮油泵泵体

2. 确定表达方案

由于泵座的内外结构比较复杂，选用主、左、仰三个基本视图来表达。泵体的主视图根据最能够反映形状特征的一面和工作位置来确定。为表达进、出油口的结构和大小，对其中一个油孔进行局部剖视。为表达安装孔的形状也对其中一个安装孔进行了局部剖视。左视图选用全剖视图，目的是为表达泵体与底板、油孔的相对位置以及定位孔、螺孔的结构。仰视图表达了底板的形状及安装孔的数量、位置。

3. 绘制零件草图

① 确定绘图比例。根据零件大小、视图数量、现有图纸大小，确定适当的比例。

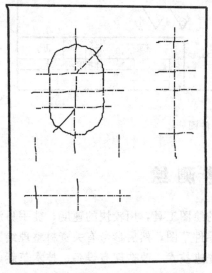

图 8-61　绘制基准线、中心线

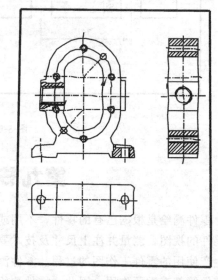

图 8-62　绘制泵体的内、外结构

②定位布局。根据所选比例，估计各视图应占的图纸面积，在图纸上作出主要视图的作图基准线、中心线。注意留出标注尺寸的位置，如图 8-61 所示。

③ 详细画出零件的内外结构和形状，如图 8-62 所示。

④ 检查、加深图线，标注尺寸，零件上标准结构（如键槽、退刀槽、销孔、中心孔、螺纹等）的尺寸必须查阅相应国家标准，并予以标准化。

⑤ 制定并注写技术要求。根据类比法或用样板比较，确定表面粗糙度。查阅有关资料，确定零件尺寸公差、形位公差及热处理等要求。

⑥ 检查、修改全图并填写标题栏，完成草图，如图 8-63 所示。

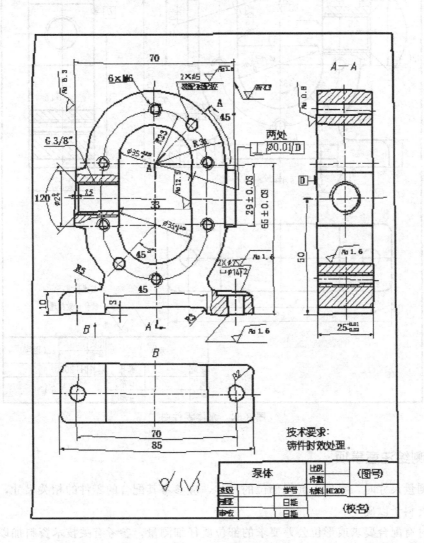

图 8-63 泵体草图

二、绘制零件工作图

由于绘制零件草图时，往往受条件、地点的限制，有些问题有可能处理得不够完善，因此在画零件工作图时，还需要对草图进行仔细审核、检查和校对，然后根据草图画出零件工作图，经批准后，整个零件测绘的工作就进行完了，如图 8-64 所示。

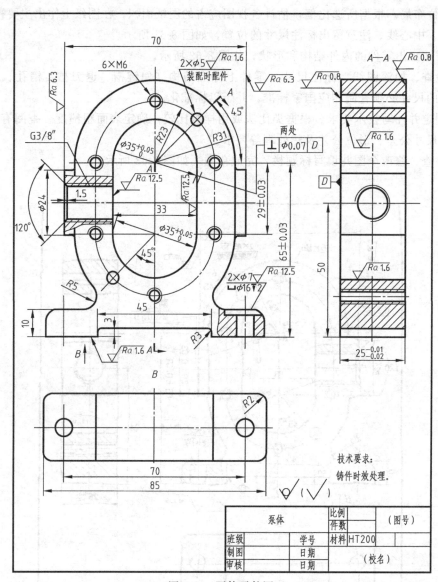

图 8-64　泵体零件图

三、测绘注意事项

（1）测量尺寸时，零件上磨损部位的尺寸，应参考其配合的零件的相关尺寸，或参考有关的技术资料予以确定。

（2）对有配合要求或形位公差要求的部位要仔细测量，参考有关技术资料加以确定，进行注写。对于有配合关系的孔和轴，要查阅有关手册或相应资料，确定配合制度和配合性质。

（3）零件上的非配合尺寸，如果测得为小数，应圆整标出。

（4）零件上的过渡线，常常由于制造上的缺陷而变形。画图时要分析弄清它们是怎样形成的，用正确的方法画出。

（5）对于零件上的缺陷，如铸造缩孔、砂眼、加工的疵点、磨损等，在测绘时不可当成零件的原有结构画出。

四、零件尺寸的测量

零件测绘中，常用的测量工具、量具有：直尺、内卡钳、外卡钳、游标卡尺、内径千分尺、外径千分尺、高度尺、螺纹规、圆弧规、量角器等。

对于精度要求不高的尺寸，一般用直尺、内外卡钳等即可，精确度要求较高的尺寸，一般用游标卡尺、千分尺等精确度较高的测量工具。特殊结构一般要用特殊工具如螺纹规、圆弧规、曲线尺来测量。

（1）直线尺寸的测量　用直尺或游标卡尺测量，如图 8-65 所示。

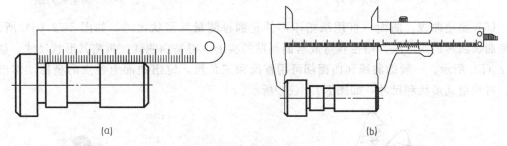

图 8-65　测量直线尺寸

（2）测量回转体的直径　一般可用卡钳、游标卡尺或千分尺，如图 8-66 所示。在测量阶梯孔直径时，会遇到外面孔小，里面孔大的情况，用游标卡尺就无法测量大孔的直径，可用内卡钳测量，如图 8-67（a）所示，也可用内外同值卡来测量，如图 8-67（b）所示。

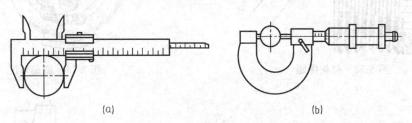

图 8-66　测量回转体的直径

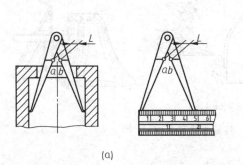

图 8-67　测量阶梯孔的直径

（3）测量壁厚　用卡尺测量零件壁厚，如图 8-68 所示。

（4）测量孔间距　可用游标卡尺、卡钳或直尺测量孔间距，如图 8-69 所示。

（5）测量角度和螺距　用螺纹规测量螺距，如图 8-70 所示。用量角规测量角度，如图 8-71 所示。

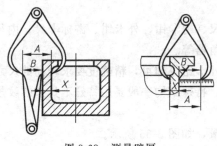

图 8-68　测量壁厚

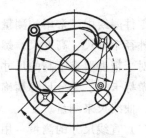

图 8-69　测量孔间距

（6）测量曲线、曲面　可用纸拓印零件轮廓再测量其形状尺寸，如图 8-72（a）所示。测量曲线回转面的母线，用铅丝弯成与面相贴的实形，得平面曲线，再测其形状尺寸，如图 8-72（b）所示。一般的曲线和曲面都可用直尺和三角尺，定出曲面上各点的坐标，作出曲线，再测量其形状和尺寸，如图 8-72（c）所示。

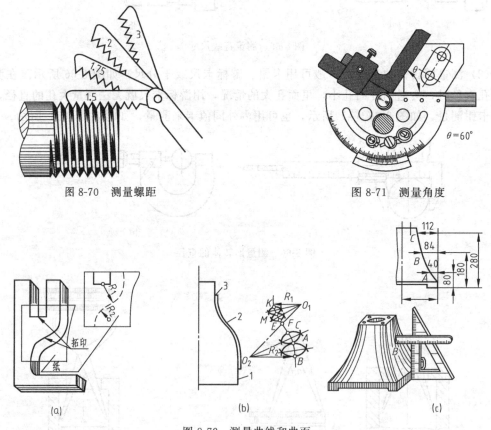

图 8-70　测量螺距　　　　　　　图 8-71　测量角度

图 8-72　测量曲线和曲面

第9章 ›››

装配图

第一节　装配图概述

　　任何机器都是由若干个零件按一定的装配关系和技术要求装配起来的。图 9-1 是滑动轴承的轴测装配图，它是支承传动轴的一个部件。图 9-2 是表示滑动轴承的装配图，这种用来表达机器或部件的图样，称为装配图。

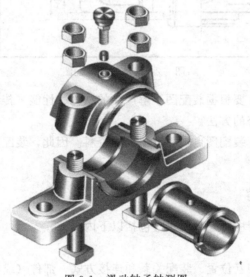

图 9-1　滑动轴承轴测图

一、装配图的作用

　　装配图是机器设计中设计意图的反映，是机器设计、制造过程中的重要技术依据。装配图的作用有以下几方面。

　　（1）进行机器或部件设计时，首先要根据设计要求画出装配图，表示机器或部件的结构和工作原理。

　　（2）生产、检验产品时，是依据装配图将零件装成产品，并按照图样的技术要求检验产品。

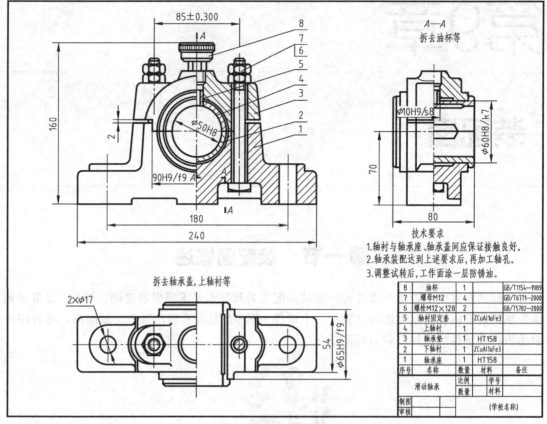

图 9-2　滑动轴承装配图

（3）使用、维修时，要根据装配图了解产品的结构、性能、传动路线、工作原理等，从而决定操作、保养和维修的方法。

（4）在技术交流时，装配图也是不可缺少的资料。因此，装配图是设计、制造和使用机器或部件的重要技术文件。

二、装配图的内容

从滑动轴承的装配图中可知装配图应包括以下内容。

1. 一组视图

表达各组成零件的相互位置、装配关系和连接方式，部件（或机器）的工作原理和结构特点等。

2. 必要的尺寸

包括部件或机器的规格（性能）尺寸、零件之间的配合尺寸、外形尺寸、部件或机器的安装尺寸和其它重要尺寸等。

3. 技术要求

用符号或文字注写部件或机器在装配、安装、检验、调整或运转的技术要求，一般用文字写出。

4. 标题栏、零部件序号和明细栏

根据生产组织和管理工作的需要，应对装配图中的组成零件编写序号，并填写明细栏和

标题栏，说明机器或部件的名称、图号、图样比例以及零件的名称、材料、数量等一般概况。

第二节　装配图的表达方法

第8章中介绍的机件的各种表达方法在装配图的表达中同样适用。但由于机器或部件是由若干个零件组成，装配图重点表达零件之间的装配关系、零件的主要形状结构、装配体的内外结构形状和工作原理等。国家标准《机械制图》对装配体的表达方法作了相应的规定，画装配图时应将机件的表达方法与装配体的表达方法结合起来，共同完成装配体的表达。

一、装配图中的规定画法

1. 接触面与配合面的画法

相邻两零件接触表面和配合面规定只画一条线，两个零件的不接触面（两零件的基本尺寸不同），不论间隙多小，也必须画出有明显间隔的两条轮廓线。如图9-3所示。

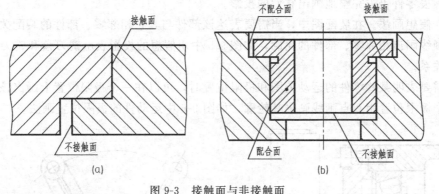

图 9-3　接触面与非接触面

2. 剖面线的画法

装配图中相邻两个金属零件的剖面线，必须以不同方向或不同的间隔画出，如图9-3所示。几个相邻零件被剖切，其剖面线可用间隙、倾斜方向错开等方法加以区别，如图9-4所示，但在同一张图张上，表示同一零件的剖面线其方向、间隔应相同。另外，在装配图中，宽度小于或等于2mm的窄剖面区域，可全部涂黑表示，如图9-4中的垫片。

3. 紧固件和实心零件的画法

在装配图中，对于紧固件及轴、球、手柄、键、连杆等实心零件，若沿纵向剖切且剖切平面通过其对称平面或轴线时，这些零件均按不剖绘制。如需表明零件的凹槽、键槽、销孔等结构，可用局部剖视表示。如图9-4中所示的轴、螺钉和键均按不剖绘制。为表示轴和齿轮间的键连接关系，采用局部剖视。

二、装配图上的特殊画法

（1）拆卸画法。当一个或几个零件在装配图的某一视图中遮住了要表达的大部分装配关系或其它零件时，可假想拆去一个或几个零件后再绘制该视图，这种画法称为拆卸画法，如图9-2中拆去轴承盖、上轴衬等的俯视图和拆去油杯等零件的左视图。应用拆卸画法画图时，应在视图上方标注"拆去件××"等字样，拆卸画法是一种假想的表达方法，在其它视

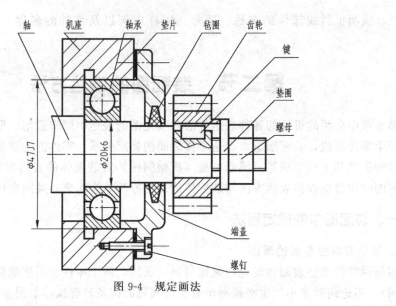

图 9-4　规定画法

图上，拆去零件仍需完整地画出它们的投影。

（2）假想画法。在装配图中，当需要表达该部件与其它相邻零、部件的装配关系时，可用双点画线画出相邻零、部件的轮廓，如图 9-5 中用假想的投影表示铣刀盘和铣刀头的装配位置有关系。

当需要表明某些零件的运动范围和极限位置时，可以在一个极限位置上画出该零件，而在另一个极限位置用双点画线画出其轮廓，如图 9-6 中运动件的极限位置画法。

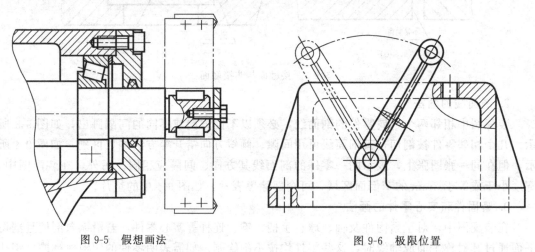

图 9-5　假想画法　　　　　　　　　　　　　　　　图 9-6　极限位置

（3）为了表示传动机构的传动路线和装配关系，可假想将在图纸上互相重叠的空间轴系，按其传动顺序展开在一个平面上，然后沿各轴线剖开，得到剖视图，如图 9-7 所示。

三、装配图中的简化画法

（1）在装配图中，若干相同的零、部件组，可详细地画出一组，其余只需用点画线表示其位置即可，如图 9-4 中的螺钉连接。

（2）在装配图中，零件的工艺结构如倒角、圆角、退刀槽等均可允许不画，如图 9-4、图 9-5 中的轴。螺栓、螺母因倒角而产生的曲线也允许省略，如图 9-4 所示。

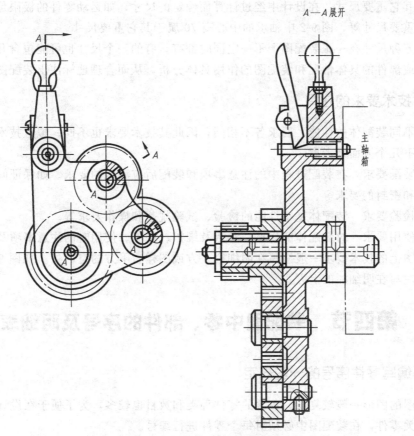

图 9-7 三星轮系的展开画法

（3）滚动轴承允许按图 9-5 所示绘制。

第三节 装配图上的尺寸和技术要求的标注

一、装配图上的尺寸标注

装配图中，不必也不可能注出所有零件的尺寸，只需标注出说明机器或部件的性能、工作原理、装配关系、安装要求等方面的尺寸。这些尺寸按其作用分为以下几类。

（1）性能（规格）尺寸 表示机器或部件性能（规格）的尺寸。这类尺寸在设计时就已确定，是设计、了解和选用该机器或部件的依据，如图 9-2 滑动轴承的轴孔直径 $\phi50H8$。

（2）装配尺寸 由两部分组成，一部分是各零件间配合尺寸，如图 9-2 中轴承盖与轴承座的配合尺寸 $90H9/f9$，轴承盖和轴承座与上、下轴衬的配合尺寸 $\phi60H8/k7$ 等。另一部分是装配有关零件间的相对位置尺寸，如图 9-2 中轴承孔轴线到基面的距离 70，两连接螺栓的中心距尺寸 85 ± 0.300。

（3）外形尺寸 表示装配体外形轮廓大小的尺寸，即总长、总宽和总高。它为包装、运输和安装过程所占的空间提供了依据。如图 9-2 中滑动轴承的总体尺寸 240、160 和 80。

（4）安装尺寸 机器或部件安装时所需的尺寸，如图 9-2 中滑动轴承的安装孔尺寸 $2\times\phi17$ 及其定位尺寸 180。

(5) 其它重要尺寸　在设计中经过计算而确定的尺寸，如运动零件的极限位置尺寸、主要零件的重要尺寸等，图 9-2 中轴承的中心高 70 属于其它重要尺寸。

上述五种尺寸在一张装配图上不一定同时都有，有的一个尺寸也可能包含几种含义。应根据机器或部件的具体情况和装配图的作用具体分析，从而合理地标注出装配图的尺寸。

二、技术要求的注写

由于不同装配体的性能、要求各不相同，因此其技术要求也不同。拟定技术要求时，一般可从以下几个方面来考虑。

(1) 装配要求　在装配过程中的注意事项和装配后应满足的要求。如保证间隙、精度要求、润滑和密封的要求等。

(2) 检验要求　装配体基本性能的检验、试验规范和操作要求等。

(3) 使用要求　对装配体的规格、参数及维护、保养、使用时的注意事项及要求。

装配图上的技术要求一般注写在明细栏上方或图样右下方的空白处。如图 9-2 所示的技术要求，注写在明细栏的上方。

第四节　装配图中零、部件的序号及明细表

一、编写零件序号的一些规定

装配图的图形一般较复杂，包含的零件种类和数目也较多，为了便于在设计和生产过程中查阅有关零件，在装配图中必须对每个零件进行编号。

零、部件序号包括：指引线、序号数字和序号排列顺序。

1. 指引线

(1) 指引线用细实线绘制，应从所指零件的轮廓线内引出，并在末端画一圆点，如图 9-8 所示。若所指零件很薄或为涂黑断面，可在指引线末端画出箭头，并指向该部分的轮廓，如图 9-9 所示。

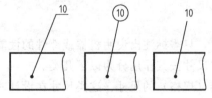

图 9-8　指引线画法

图 9-9　指引线末端为箭头的画法

(2) 指引线的另一端可弯折成水平横线、细实线圆或直线段终端，如图 9-8 所示。

(3) 指引线相互不能相交，当通过有剖面线的区域时，不应与剖面线平行。必要时，指引线可以画成折线，但只允许曲折一次，如图 9-10 所示。

(4) 一组紧固件或装配关系清楚的零件组，可采用公共指引线，如图 9-11 所示。

2. 序号数字

(1) 序号数字应比图中尺寸数字大一号或两号，但同一装配图中编注序号的形式应一致。

(2) 相同的零、部件的序号应为一个序号，一般只标注一次。多次出现的相同零、部件，必要时也可以重复编注。

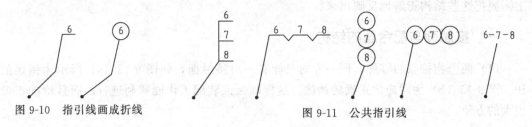

图 9-10　指引线画成折线　　　　　　　　图 9-11　公共指引线

3. 序号的排列

在装配图中，序号可在一组图形的外围按水平或垂直方向顺次整齐排列，排列时可按顺时针或逆时针方向，但不得跳号，如图 9-2 所示。当在一组图形的外围无法连续排列时，可在其它图形的外围按顺序连续排列。

4. 序号的画法

为使序号的布置整齐美观，编注序号时应先按一定位置画好横线或圆圈（画出横线或圆圈的范围线，取好位置后再擦去范围线），然后再找好各零、部件轮廓内的适当处，一一对应地画出指引线和圆点。

二、明细栏

明细栏是机器或部件中全部零件的详细目录，应画在标题栏上方，当位置不够用时，可续接在标题栏左方。明细栏外框竖线为粗实线，其余各线为细实线，其下边线与标题栏上边线重合，长度相等。

明细栏中，零、部件序号应按自下而上的顺序填写，以便在增加零件时可继续向上画格。GB/T 10609.1—1989 和 GB 10609.2—1989 分别规定了标题栏和明细栏的统一格式。学校制图作业明细栏可参考图 9-12 所示的格式。明细栏"名称"一栏中，除填写零、部件名称外，对于标准件还应填写其规格，有些零件还要填写一些特殊项目，如齿轮应填写"$m=$"、"$z=$"。标准件的国标号应填写在"备注"中。

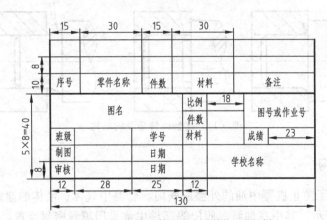

图 9-12　推荐学校使用的标题栏、明细栏

第五节　装配体的工艺结构

为了保证装配体的质量，在设计装配体时，应注意零件之间装配结构的合理性，装配图

上需要把这些结构正解地反映出来。

一、接触面与配合面的结构

（1）两个相接触的零件，同一方向只能有一对接触面，如图 9-13（a）所示为错误的画法。图 9-13（b）为对应的正确的画法。这样既保证装配工作能顺利进行，而且给加工带来很大的方便。

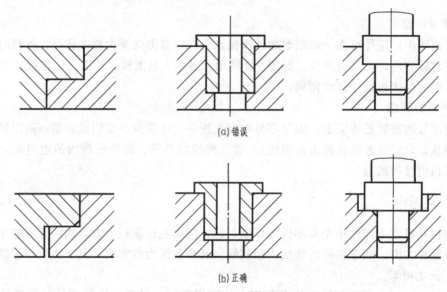

(a) 错误

(b) 正确

图 9-13　同一方向只能有一对接触面

（2）轴颈和孔配合时，应在孔的接触端面制作倒角或在轴肩根部切槽，以保证零件间接触良好，如图 9-14 所示。

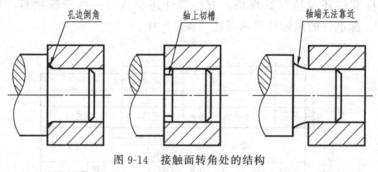

孔边倒角　　　　轴上切槽　　　　轴端无法靠近

图 9-14　接触面转角处的结构

二、密封结构

密封装置是为了防止机器中油的外溢或阀门、管路中气体、液体的泄漏，通常采用的密封装置如图 9-15 所示。其中在油泵、阀门等部件中常采用填料密封装置，如图 9-15（a）所示。图 9-15（b）是管道中的管子接口处用垫片密封的密封装置。图 9-15（c）和图 9-15（d）表示的是滚动轴承的常用密封装置。

三、便于装拆的合理结构

（1）在滚动轴承的装配结构中，与轴承内圈结合的轴肩直径及与轴承外圈结合的孔径尺

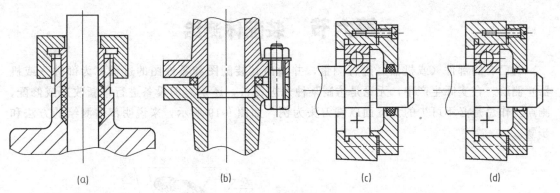

图 9-15　密封结构

寸应设计合理，以便于轴承的拆卸，如图 9-16 所示。

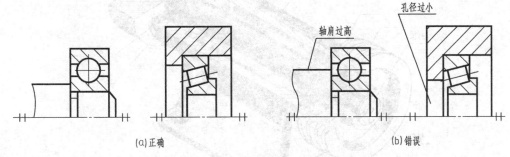

图 9-16　滚动轴承用轴肩或孔肩定位方式

（2）用螺纹紧固件连接时，要考虑到安装和拆卸紧固件是否方便，如图 9-17 所示。

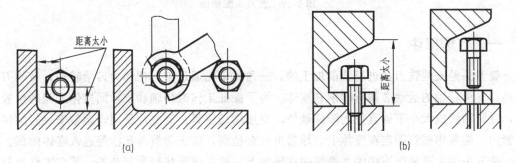

图 9-17　螺纹连接件的装配合理性

（3）为使两零件装配时准确定位及拆卸后不降低装配精度，常用圆柱销或圆锥销将两零件定位。为了加工和拆卸的方便，在可能时将销孔做成通孔，如图 9-18 所示。

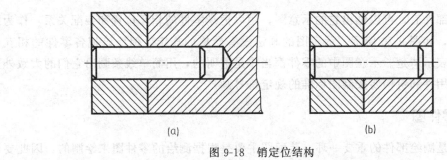

图 9-18　销定位结构

第六节　装配体测绘

对已有的部件（或机器）进行测量，并画出其装配图和零件图的过程称为部件（或机器）测绘。在实际生产中，无论是仿制某种先进设备，还是对旧设备进行革新改造或修配，测绘工作总是必不可少的。下面以铣刀头为例，如图 9-19 所示，来说明部件测绘的方法和步骤。

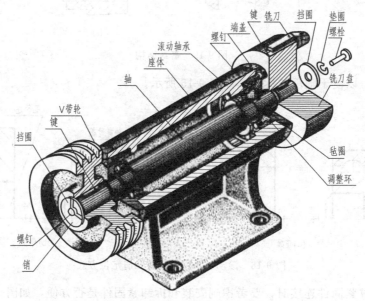

图 9-19　铣刀头轴测图

一、了解部件

铣刀头是安装铣刀盘进行铣削加工的，三角皮带轮通过键，把动力传给转轴，带动刀盘旋转。支承转轴的运动必须有轴承和座体。为了保证工作时转轴和轴承同座体之间的位置不变，除转轴做成大小不同直径的阶梯轴外，要用端盖压紧。调整片是用来调整安装间隙保证压紧的。端盖用螺钉固定在座体上，端盖里嵌有毡圈，防止切屑、灰沙等进入座体内部。

铣刀头的主要装配连接关系都集中在转轴上，除座体形状稍为复杂外，其它零件都较简单，大都是回转体。

二、画装配示意图

全面了解部件后，可以画出它的示意图，用以记录零件的相互位置和装配关系，作为画装配图的参考，如图 9-20 所示。示意图的画法没有严格的规定，但应该把各零件的相互位置和连接关系表示清楚。示意图中的零件都当作是透明的，用简单线条画出它们的大致外形轮廓，有些常用件和机构要按制图标准的规定符号画。

三、画零件图

画零件图是测绘部件的重要一环。装配图主要是根据测绘的零件图来绘制的，因此要认

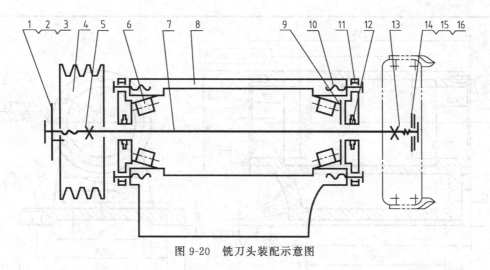

图 9-20　铣刀头装配示意图

真测绘。标准零件如螺栓、滚动轴承等不必画。非标准零件，除保证它的形状完整和尺寸齐全外，还要注意下面几点。

（1）零件形状结构要完整，零件上的缺陷要改正，选择视图要方便画装配图。

（2）零件间有配合或连接关系的尺寸应该相同，如图 9-20 中皮带轮孔径和转轴左端直径的 $\phi28$ 要相同，座体两端螺孔直径和连接螺钉的直径 M6 要相同等。

（3）注意零件的表面粗糙度、配合性质和精度等质量要求。

铣刀头各零件图见图 9-21～图 9-25。

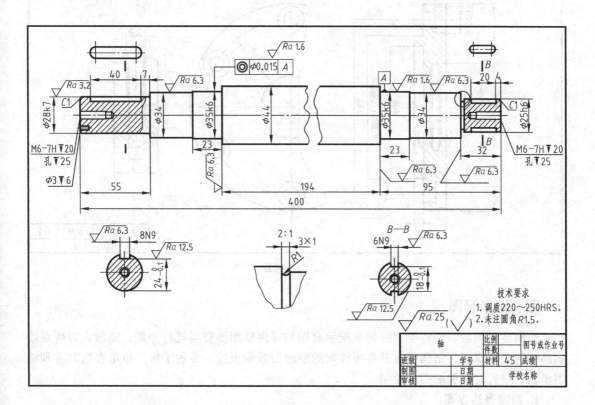

图 9-21　轴

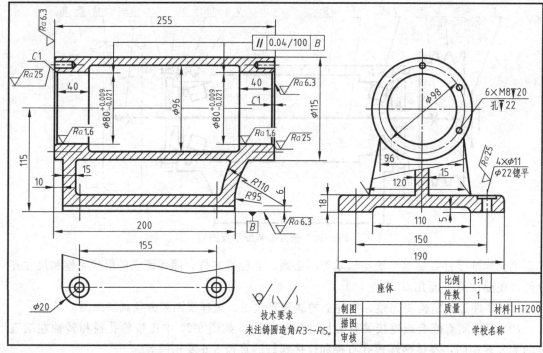

图 9-22 座体

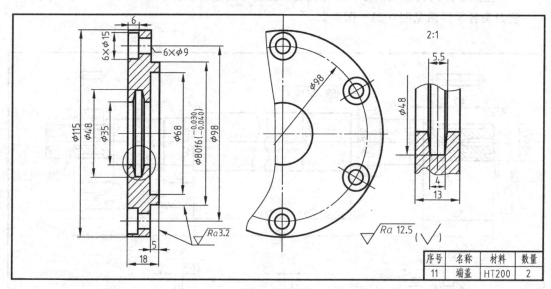

图 9-23 端盖

四、画装配图

绘制装配图前，要将绘制好的装配示意图和零件草图等资料进行分析、整理，对所要绘制部件的工作原理、结构特点及各零件间的装配关系做更进一步的了解，拟定表达方案和绘图步骤，最后完成装配图的绘制。

1. 拟定表达方案

画装配图时，部件大多按工作位置放置。主视图方向应选择反映部件主要装配关系及工作原理的方位，为详细地表达零件间的装配关系，主视图的表达方法多采用剖视的方法。

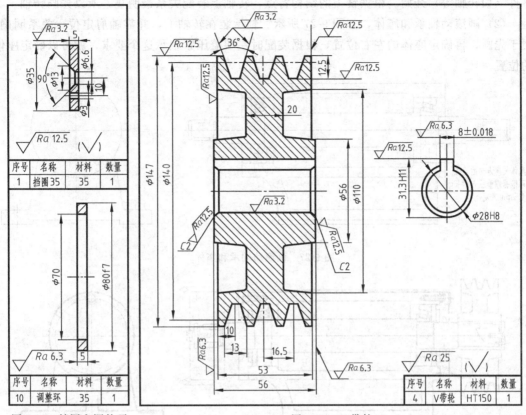

图 9-24　挡圈和调整环　　　　　　　图 9-25　V 带轮

铣刀头的主视图通过转轴中心线采取全剖，并在轴上采取局部剖，这样就把各零件间的相互位置和装配连接关系以及工作情况表示清楚了。增加左视图是为了把座体的基本形状表示清楚，为了突出座体的形状，左视图没有画皮带轮和键，这是装配图的一种特有表达方法。铣刀盘不属这个部件，用双点画线画出来，表示它们的装配连接关系，这也是装配图中常采用的方法。

2. 画装配图的具体步骤

画装配图比画零件图要复杂些，因为零件多又有一定的位置关系，所以具体画图时要先考虑从哪个零件或哪一部分画起，还要考虑怎样确定有关零件的定位和相互遮盖的问题。这样才能画得快并且不容易出错。画图具体步骤如下。

（1）画中心线和转轴，如图 9-26 所示。从哪个零件先画起呢，这要分析部件的结构特

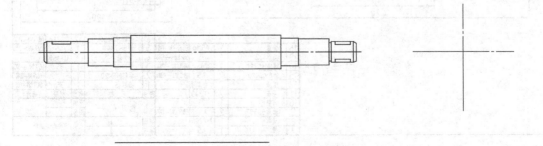

图 9-26　画中心线和转轴

点，一般可以先从主体零件（如外壳、箱座等）画起，也可先从装配关系最多而又最明显的
零件（如转轴等）开始。根据铣刀的结构特点，转轴上装配关系最明显，所以先画转轴。

（2）画滚动轴承和座体，如图 9-27 所示。轴承装在转轴上，并靠轴肩定位，关系明确，
便于先画，再确定座体的左右位置，根据装配时左端盖压紧轴承这个要求，就可以确定座体
的位置。

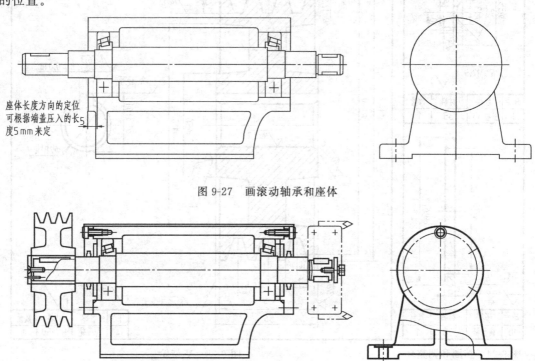

座体长度方向的定位
可根据端盖压入的长
度5 mm 来定

图 9-27　画滚动轴承和座体

图 9-28　画皮带轮、端盖等零件

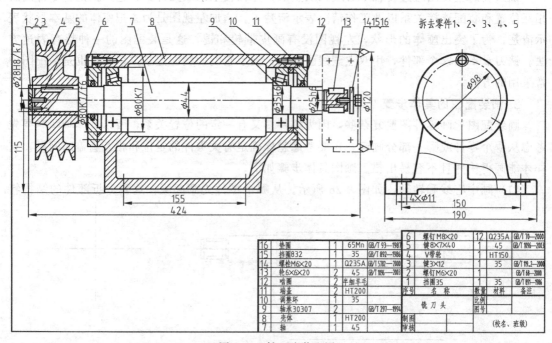

拆去零件1、2、3、4、5

16	垫圈	1	65Mn	GB/T 93—1987
15	挡圈832	1	35	GB/T 892—1986
14	螺栓M6×20	1	Q235A	GB/T 5782—2000
13	铣6×6×20	2	45	GB/T 1096—2003
12	嗡毡	2	半细羊毛	
11	端盖	2	HT200	
10	调整环	1	35	
9	轴承30307	2		GB/T 297—1994
8	壳体	1	HT200	
7	轴	1	45	

6	螺钉M8×20	1	Q235A	GB/T 70—2000
5	键8×7×40	1	45	GB/T 1096—2003
4	V带轮	1	HT150	
3	键3×12	1	35	GB/T 119.2—2000
2	螺钉M6×20	1	35	GB/T 68—2000
1	挡圈35	1	35	GB/T 891—1986
序号	名　称	数量	材料	备注

铣刀头

比例
图号

制图
审核
(校名、班级)

图 9-29　铣刀头装配图

主视图采取全剖视画法，在剖视图中，零件被遮住的部分不必画出，所以应当注意零件的层次。如剖开后轴在前，轴承、端盖在后，画轴承时，被轴遮住的轴承孔端面轮廓就不画。

（3）画皮带轮、端盖等零件，如图9-28所示。

（4）注尺寸、画剖面线、给零件编号、填写明细表和技术要求等，加深粗实线，完成后的装配图如图9-29所示。

第七节　读装配图及由装配图拆画零件图

一、看装配体的方法和步骤

设计机器，装配产品，进行技术交流，都会遇到看装配图的问题，因此，学习和掌握看装配体的方法是工程技术人员必备的技能。

看装配体，最主要是了解部件或机器各零件间的关系：即它们的相互位置、连接和固定方式、哪些零件可以转动或移动、配合的松紧程度、装拆顺序、技术要求等，并且通过看图，对部件的用途、工作情况、使用特点有一个全面的了解。

看装配图时，仍然要用"分线框、对投影"、"形体分析法"、"线面分析法"等方法，进

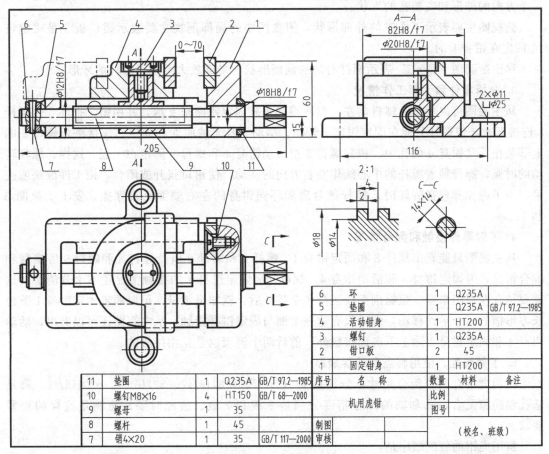

图 9-30　机用虎钳装配图

行由此及彼、由表及里地分析。但是装配图的表达有许多特点：如特殊的剖法和画法；相邻零件接触面画一条线；不同零件的剖面线的方向和间隔不同，同一零件的则相同；还有零件序号和明细表等。抓住这些特点，便有利于看图。下面就以图 9-30 所示的机用虎钳为例，介绍看图的方法和步骤。

1. 了解名称和用途

首先看标题栏的名称。由名称可略知它们的用途，看到"机用虎钳"，就知道它是装在机床上夹持工件用的，并且能想到它的工作情况和结构特点。再看明细表，知道虎钳共有11 种零件。

2. 明确视图关系和表达意图

全面地看看各个视图，确定视图名称，找出剖切位置和视图之间的投影联系，以及所表示的主要内容。

主视图是全剖视图，从螺杆这一实心零件没有画剖面线，再对照一下俯视图，就知道是顺着螺杆的中心线剖开的。11 种零件有 10 种集中在主视图上，说明了它表示零件的相互位置最清楚，装配连接关系也很明显。可见，要了解虎钳的工作情况、装配连接关系等，就要着重研究这个视图。

左视图是半剖视图，根据"A—A"的标注，从主视图可以找到剖切位置，知道它是顺着零件 3 和 9 的中心线剖开的，主要表示零件 1、3、4、9 间的接触情况，其次表示了虎钳一个方向的外形和安装孔的形状。

俯视图主要表示了虎钳的外部形状，俯视图中的局部剖视主要表示钳口板 2 是用螺钉10 固定在钳身上的。

移出断面图"C—C"表示螺杆右端的截面形状，局部放大图说明螺杆的牙形。

3. 分析零件和了解工作情况

从主视图可以看出，螺杆的左、右两端都是靠固定钳座来支承，并用销 7 把环 6 和螺杆8 连接起来，使螺杆只能在固定钳座上转动。活动钳身 4 的底面和固定钳座接触，螺母 9 的上部装在活动钳身 4 的孔中，依靠螺钉 3 把活动钳身 4 和螺母 9 固定在一起。这样，螺杆转动的时候，螺母顺着螺杆的中心线作左右方向的移动，使钳口张开或闭合，把工件放松或夹紧。为了避免螺杆在旋转时，螺杆的台肩和环同钳身的左右端面直接摩擦，安上了垫圈 5和 11。

4. 了解零件接触和配合情况

从主视图只能看出螺杆 8 和固定钳身 1、螺杆 8 和螺母 9 以及螺钉 3 和螺母 9 等接触和配合情况，但固定钳身 1 和活动钳身 4，螺母 9 和固定钳身 1 的接触情况还不十分清楚，这就要结合左视图来看。根据剖面线区分各个零件后，就知道螺母 9 可以顺着固定钳身 1 下边长方形槽的一个平面移动，螺母只有这一个面与固定钳身接触。从左视图还可以看出，活动钳身 4 和固定钳身 1 除上下底面接触外，前后两个侧面也是互相接触的。

5. 了解装配、使用特点和装拆顺序

机用虎钳有四个配合尺寸，分别是 $\phi12H8/f7$、$\phi18H8/f7$、$82H8/f7$、$\phi20H8/f7$，都是基孔制间隙配合，孔和轴的尺寸精度分别是 8 级和 7 级。装配时要注意满足这样的松紧要求。

机用虎钳的装配顺序是：

（1）把钳口板 2 用螺钉固定在钳身上，把活动钳身放在固定钳身上面。

（2）把螺母9从固定钳身下面装入它的长方形孔中，并把螺母9的上部装入活动钳身的孔中，旋上螺钉3（先不要锁紧）。

（3）把垫圈11套在螺杆8上后，从右到左，把螺杆装进固定钳身和螺母9的螺孔内，套上垫圈5和环6，插进销7。

（4）最后调整螺钉3的松紧，这台虎钳就装配成功。

6. 归纳总结

综合上述分析，对装配体的性能、规格、结构、装配等有一个全面的了解。如图9-31所示为机用虎钳的轴测图，对照机用虎钳装配图，检验看图效果。

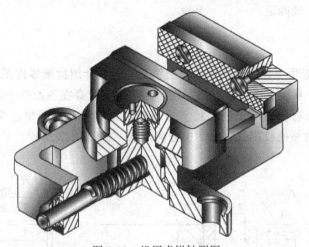

图 9-31　机用虎钳轴测图

二、由装配图拆画零件图

在设计过程中，需要由装配图拆画零件图，简称拆图。拆图应在全面读懂装配图的基础上进行。为了保证各零件的结构形状合理，并使尺寸、配合性质和技术要求等协调一致，一般情况下，应先拆画主要零件，然后逐一画出其它零件。对于一些标准零件，只需要确定其规定标记，可以不必拆画零件图。拆图步骤如下。

1. 分离出零件

（1）根据明细栏中的零件符号，从装配图中找到该零件所在的位置。

（2）根据零件的剖面线倾斜方向和间隔，及投影规律确定零件在各视图中的轮廓范围，并将其分离出来。

2. 构思零件的完整结构

（1）利用配对连接结构形状相同或相似的特点，确定配对连接零件的相关部分形状。对分离出的投影补线。

（2）根据视图的表达方法的特点，确定零件相关结构的形状。对分离出的投影补线。

（3）根据配合零件的形状、尺寸符号，并利用构形分析，确定零件相关结构的形状。

（4）根据零件的作用再结合形体分析法，综合起来想象出零件总体的结构形状。

3. 确定零件视图及其表达方案，画零件图

（1）零件图的视图表达方案应根据零件的形状特征确定，而不能盲目照抄装配图。

（2）在装配图中允许不画的零件的工艺结构，如：倒角、圆角、退刀槽等，在零件图中

应全部注出。

4. 标注零件尺寸

（1）装配图已标注的零件尺寸都需抄注到零件图上。

（2）标准化结构查手册取标准值。

（3）有些尺寸由公式计算确定。

（4）其余按比例从装配图中直接量取，并圆整。

5. 注写零件相关的技术要求与标题栏

零件图上的技术要求，应根据零件的作用，与其它零件的装配关系，以及结构、工艺方面的知识或由同类图纸确定。

三、拆图实例

以图 9-30 所示机用虎钳装配图中的固定钳身为例，介绍拆画零件图的一般步骤。

（1）分离零件：从装配图中根据投影规律确定固定钳身在各视图中的轮廓范围，为了区别，将固定钳身的轮廓范围用黑色的粗实线表示，其它零件均用黑色的细实线表示，如图 9-32 所示。将固定钳座的投影从装配图中分离出来，如图 9-33 所示。

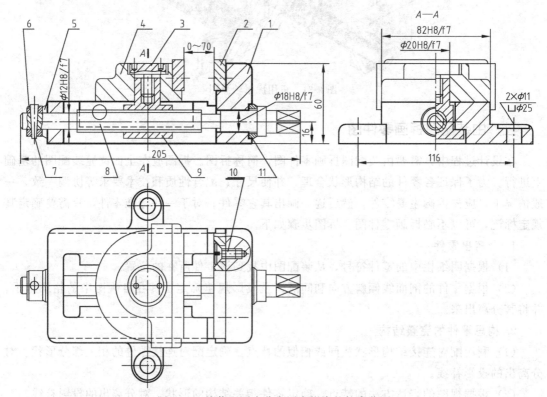

图 9-32　从装配图中分离固定钳身的轮廓范围

（2）构思零件的完整结构

① 利用配对连接结构形状相同或相似的特点，确定配对连接零件的相关部分形状，如图 9-34 所示。

② 根据视图的表达方法的特点，确定零件相关结构的形状。对分离出的投影补线，补

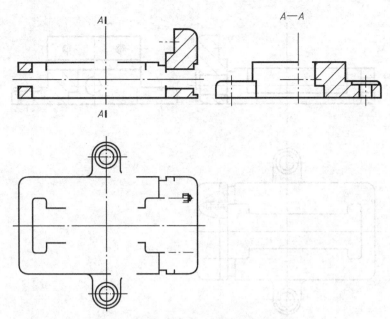

图 9-33　分离出来的固定钳身的投影

线后的结果如图 9-35 所示。

③ 根据配合零件的形状、尺寸符号，并利用构形分析，确定零件相关结构的形状。

④ 根据零件的作用再结合形体分析法，综合起来想象出零件总体的结构形状，钳身的轴测图如图 9-36 所示。

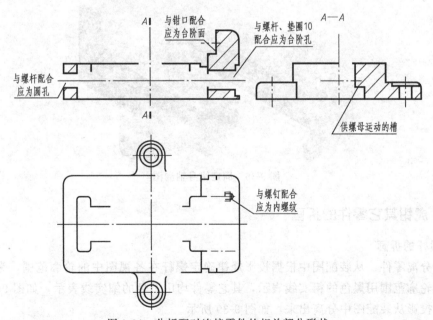

图 9-34　分析配对连接零件的相关部分形状

（3）确定零件视图及其表达方案，画零件图。

（4）标注零件尺寸。

（5）注写零件相关的技术要求与标题栏，结果如图 9-37 所示。

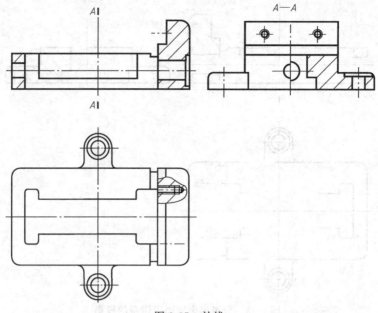

图 9-35　补线

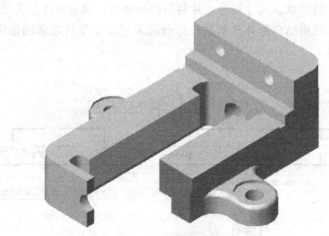

图 9-36　固定钳身轴测图

四、虎钳其它零件的拆画

1. 螺杆的拆画

（1）分离零件　从装配图中根据投影规律确定螺杆在各视图中的轮廓范围，为了区别，将螺杆的轮廓范围用黑色的粗实线表示，其它零件均用黑色的细实线表示，如图 9-38 所示。将螺杆的投影从装配图中分离出来，如图 9-39 所示。

（2）补线　利用配对连接结构形状相同或相似的特点，确定配对连接零件的相关部分形状。根据视图的表达方法的特点，确定零件相关结构的形状。对分离出的投影补线，补线后的结果如图 9-40 所示。

（3）画出螺杆零件工作图，如图 9-41 所示。

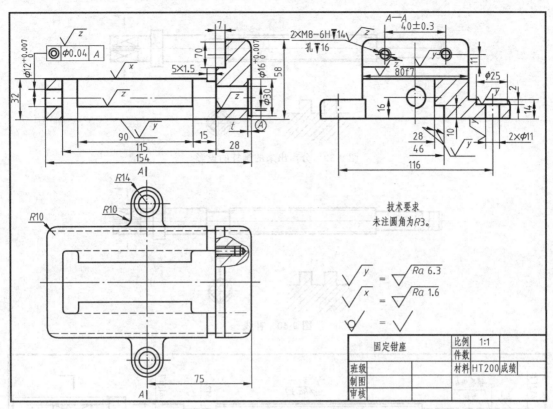

图 9-37　固定钳座零件图

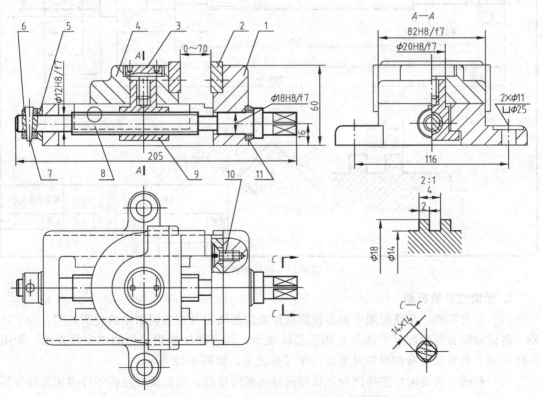

图 9-38　从装配图中分离出螺杆的轮廓范围

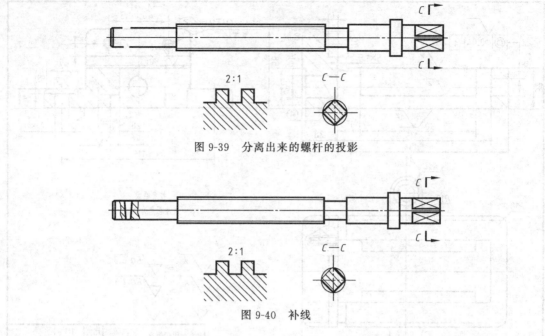

图 9-39　分离出来的螺杆的投影

图 9-40　补线

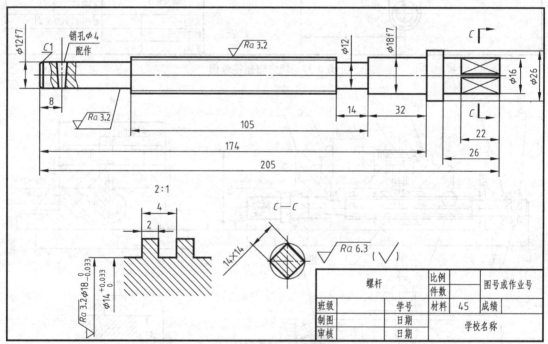

图 9-41　螺杆零件图

2. 活动钳身的拆画

（1）分离零件　从装配图中根据投影规律确定活动钳身在各视图中的轮廓范围，为了区别，将活动钳身的轮廓范围用黑色的粗实线表示，其它零件均用黑色的细实线表示，如图9-42所示。将活动钳身的投影从装配图中分离出来，如图9-43所示。

（2）补线　利用配对连接结构形状相同或相似的特点，确定配对连接零件的相关部分形状。如图9-44所示。根据视图的表达方法的特点，确定零件相关结构的形状。对分离出的投影补线。补线后的结果如图 9-45 所示。

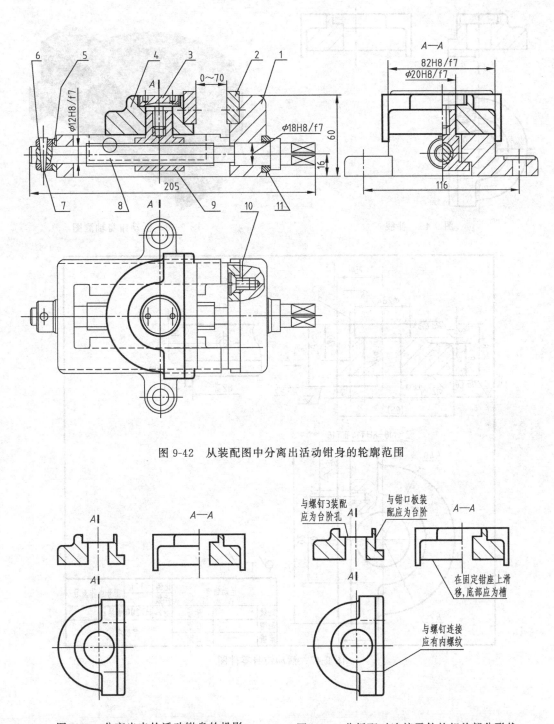

图 9-42 从装配图中分离出活动钳身的轮廓范围

图 9-43 分离出来的活动钳身的投影　　图 9-44 分析配对连接零件的相关部分形状

（3）根据零件的作用再结合形体分析法，综合起来想象出零件总体的结构形状，活动钳身的轴测图如图 9-46 所示。

（4）画出螺杆零件工作图，如图 9-47 所示。

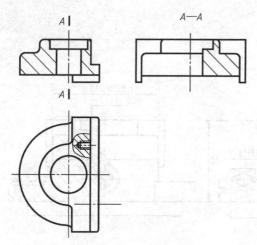

图 9-45　补线

图 9-46　活动钳身轴测图

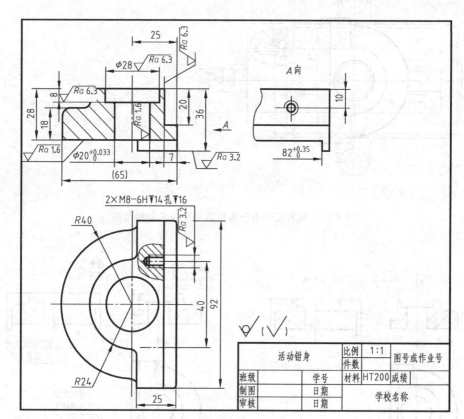

图 9-47　活动钳身零件图

附　　录

附录A　螺　　纹

表 A-1　普通螺纹直径与螺距（摘自 GB/T 196～197—2003）　　　　　mm

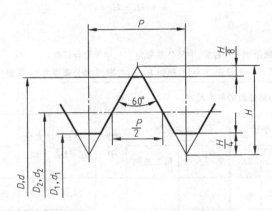

D——内螺纹的基本大径（公称直径）

d——外螺纹的基本大径（公称直径）

D_2——内螺纹的基本中径

d_2——外螺纹的基本中径

D_1——内螺纹的基本小径

d_1——外螺纹的基本小径

P——螺距

H——$\dfrac{\sqrt{3}}{2}P$

标注示例

M24（公称直径为 24mm、螺距为 3mm 的粗牙右旋普通螺纹）

M24×1.5-LH（公称直径为 24mm、螺距为 1.5mm 的细牙左旋普通螺纹）

公称直径 D、d		螺距 P		粗牙中径 D_2、d_2	粗牙小径 D_1、d_1
第一系列	第二系列	粗牙	细牙		
3		0.5	0.35	2.675	2.459
	3.5	(0.6)		3.110	2.850
4		0.7		3.545	3.242
	4.5	(0.75)	0.5	4.013	3.688
5		0.8		4.480	4.134
6		1	0.75(0.5)	5.350	4.917
8		1.25	1,0.75,(0.5)	7.188	6.647
10		1.5	1.25,1,0.75,(0.5)	9.026	8.376
12		1.75	1.5,1.25,1,0.75,(0.5)	10.863	10.106
	14	2	1.5,(1.25),1,(0.75),(0.5)	12.701	11.835
16		2	1.5,1,(0.75),(0.5)	14.701	13.835
	18	2.5	1.5,1,(0.75),(0.5)	16.376	15.294
20		2.5		18.376	17.294
	22	2.5	2,1.5,1,(0.75),(0.5)	20.376	19.294
24		3	2,1.5,1,(0.75)	22.051	20.752
	27	3	2,1.5,1,(0.75)	25.051	23.752
30		3.5	(3),2,1.5,1,(0.75)	27.727	26.211

注：1. 优先选用第一系列，括号内尺寸尽可能不用，第三系列未列入。

2. M14×1.25 仅用于火花塞。

表 A-2　梯形螺纹（摘自 GB/T 5796.1～5796.4—1986）　　　　mm

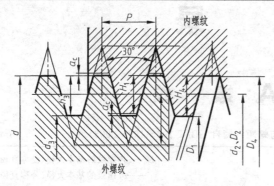

d——外螺纹大径（公称直径）
d_3——外螺纹小径
D_4——内螺纹大径
D_1——内螺纹小径
d_2——外螺纹中径
D_2——内螺纹中径
P——螺距
a_c——牙顶间隙
$h_3 = H_4 + H_1 + a_c$

标记示例：

Tr40×7-7H（单线梯形内螺纹、公称直径 d=40、螺距 P=7、右旋、中径公差带为 7H、中等旋合长度）

Tr60×18(P9)LH-8e-L（双线梯形外螺纹、公称直径 d=60、导程 P_h=18、螺距 P=9、左旋、中径公差带为 8e、长旋合长度）

梯形螺纹的基本尺寸

\multicolumn 2 d 公称系列		螺距	中径	大径	小径		d 公称系列		螺距	中径	大径	小径	
第一系列	第二系列	P	$d_2=D_2$	D_4	d_3	D_1	第一系列	第二系列	P	$d_2=D_2$	D_4	d_3	D_1
8	—	1.5	7.25	8.3	6.2	6.5	32	—		29.0	33	25	26
—	9		8.0	9.5	6.5	7	—	34	6	31.0	35	27	28
10	—	2	9.0	10.5	7.5	8	36	—		33.0	37	29	30
—	11		10.0	11.5	8.5	9	—	38		34.5	39	30	31
12	—		10.5	12.5	8.5	9	40	—	7	36.5	41	32	33
—	14	3	12.5	14.5	10.5	11	—	42		38.5	43	34	35
16	—		14.0	16.5	11.5	12	44	—		40.5	45	36	37
—	18	4	16.0	18.5	13.5	14	—	46		42.0	47	37	38
20	—		18.0	20.5	15.5	16	48	—	8	44.0	49	39	40
—	22		19.5	22.5	16.5	17	—	50		46.0	51	41	42
24	—		21.5	24.5	18.5	19	52	—		48.0	53	43	44
—	26	5	23.5	26.5	20.5	21	—	55		50.5	56	45	46
28	—		25.5	28.5	22.5	23	60	—	9	55.5	61	50	51
—	30	6	27.0	31.0	23.0	24	—	65	10	60.0	66	54	55

注：1. 优先选用第一系列的直径。

2. 表中所列的螺距和直径，是优先选择的螺距及与之对应的直径。

表 A-3　55°密封管螺纹

第1部分　圆柱内螺纹与圆锥外螺纹(摘自 GB/T 7306.1—2000)
第2部分　圆锥内螺纹与圆锥外螺纹(摘自 GB/T 7306.2—2000)

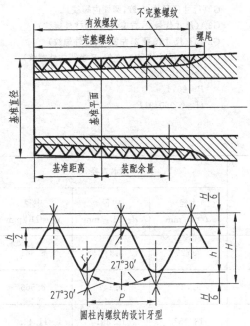

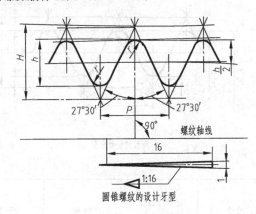

圆锥螺纹的设计牙型

圆柱内螺纹的设计牙型

标注示例:
GB/T 7306.1—2000
$R_p3/4$(尺寸代号 3/4,右旋,圆柱内螺纹)
R_13(尺寸代号 3,右旋,圆锥外螺纹)
$R_p3/4LH$(尺寸代号 3/4,左旋,圆柱内螺纹)
R_p/R_13(右旋圆锥螺纹、圆柱内螺纹螺纹副)

GB/T 7306.2—2000
$R_c3/4$(尺寸代号 3/4,右旋,圆锥内螺纹)
$R_c3/4LH$(尺寸代号 3/4,左旋,圆锥内螺纹)

R_23(尺寸代号 3,右旋,圆锥内螺纹)
R_2/R_23(右旋圆锥内螺纹、圆锥外螺纹螺纹副)

尺寸代号	每 25.4mm 内所含的牙数 n	螺距 P /mm	牙高 h /mm	基准平面内的基本直径			基准距离 (基本) /mm	外螺纹的有效螺纹不小于/mm
				大径 (基准直径) $d=D$/mm	中径 $d_2=D_2$ /mm	小径 $d_1=D_1$ /mm		
1/16	28	0.907	0.581	7.723	7.142	6.561	4	6.5
1/8	28	0.907	0.581	9.728	9.147	8.566	4	6.5
1/4	19	1.337	0.856	13.157	12.301	11.445	6	9.7
3/8	19	1.337	0.856	16.662	15.806	14.950	6.4	10.1
1/2	14	1.814	1.162	20.955	19.793	18.631	8.2	13.2
3/4	14	1.814	1.162	26.441	25.279	24.117	9.5	14.5
1	11	2.309	1.479	33.249	31.770	30.291	10.4	16.8
1 1/4	11	2.309	1.479	41.910	40.431	38.952	12.7	19.1
1 1/2	11	2.309	1.479	47.803	46.324	44.845	12.7	19.1
2	11	2.309	1.479	59.614	58.135	56.656	15.9	23.4
2 1/2	11	2.309	1.479	75.184	73.705	72.226	17.5	26.7
3	11	2.309	1.479	87.884	86.405	84.926	20.6	29.8
4	11	2.309	1.479	113.030	111.551	110.072	25.4	35.8
5	11	2.309	1.479	138.430	136.951	135.472	28.6	40.1
6	11	2.309	1.479	163.830	162.351	160.872	28.6	40.1

表 A-4　55°非密封管螺纹 （摘自 GB/T 7307—2001）

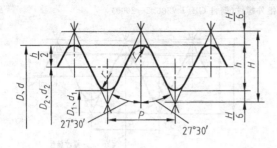

标注示例：
G2(尺寸代号 2,右旋,圆柱内螺纹)
G3A(尺寸代号 3,右旋,A 级圆柱外螺纹)
G2-LH(尺寸代号 2,左旋,圆柱外螺纹)
G4B-LH(尺寸代号 4,左旋,B 级圆柱外螺纹)
注：$r=0.137329P$
$P=25.4/n$
$H=0.960401P$

螺纹的设计牙型

尺寸代号	每 25.4mm 内所含的牙数 n	螺距 P/mm	牙高 h/mm	基本直径		
				大径 $d=D/\text{mm}$	中径 $d_2=D_2/\text{mm}$	中径 $d_1=D_1/\text{mm}$
1/16	28	0.907	0.581	7.723	7.142	6.561
1/8	28	0.907	0.581	9.728	9.147	8.566
1/4	19	1.337	0.856	13.157	12.301	11.445
3/8	19	1.337	0.856	16.662	15.806	14.950
1/2	14	1.814	1.162	20.955	19.793	18.631
3/4	14	1.814	1.162	26.441	25.279	24.117
1	11	2.309	1.479	33.249	31.770	30.291
1 1/4	11	2.309	1.479	41.910	40.431	38.952
1 1/2	11	2.309	1.479	47.803	46.324	44.845
2	11	2.309	1.479	59.614	58.135	56.656
2 1/2	11	2.309	1.479	75.184	73.705	72.226
3	11	2.309	1.479	87.884	86.405	84.926
4	11	2.309	1.479	113.030	111.551	110.072
5	11	2.309	1.479	138.430	136.951	135.472
6	11	2.309	1.479	163.830	162.351	160.872

附录 B　常用标准件

表 B-1　六角头螺栓（一）　　　　　　　　　　　mm

六角头螺栓—A 和 B 级（摘自 GB/T 5782—2000）
六角头螺栓—细牙—A 和 B 级（摘自 GB/T 5785—2000）

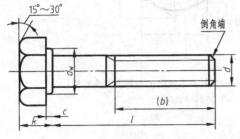
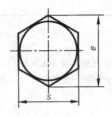

标记示例：
螺栓　GB/T 5782　M12×100
（螺纹规格 d=M12、公称长度 l=100、性能等级为 8.8 级、表面氧化、杆身半螺纹、A 级的六角头螺栓）

六角头螺栓—全螺纹—A 和 B 级（摘自 GB/T 5783—2000）
六角头螺栓—细牙—全螺纹—A 和 B 级（摘自 GB/T 5786—2000）

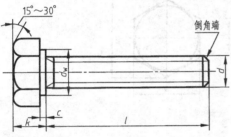
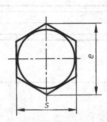

标记示例：
螺栓　GB/T 5786　M30×2×80
（螺纹规格 d=M30×2、公称长度 l=80、性能等级为 8.8 级、表面氧化、全螺纹、B 级的细牙六角头螺栓）

螺纹规格 d		M4	M5	M6	M8	M10	M12	M16	M20	M24	M30	M36	M42	M48
	$D×P$	—	—	—	M8×1	M10×1	M12×1.5	M16×1.5	M20×2	M24×2	M30×2	M36×3	M42×3	M48×3
b参考	l≤125	14	16	18	22	26	30	38	46	54	66	78	—	—
	125<l≤200	—	—	—	28	32	36	44	52	60	72	84	96	108
	l>200	—	—	—	—	—	—	57	65	73	85	97	109	121
c_{max}		0.4	0.5	0.5	0.6	0.6	0.6	0.6	0.8	0.8	0.8	0.8	1	1
k公称		2.8	3.5	4	5.3	6.4	7.5	10	12.5	15	18.7	22.5	26	30
s_{max}=公称		7	8	10	13	16	18	24	30	36	46	55	65	75
e_{min}	A	7.66	8.79	11.05	14.38	17.77	20.03	26.75	33.53	39.98	—	—	—	—
	B	—	8.63	10.89	14.2	17.59	19.85	26.17	32.95	39.55	50.85	60.79	72.02	82.6
$d_{w\,min}$	A	5.9	6.9	8.9	11.6	14.6	16.6	22.5	28.2	33.6	—	—	—	—
	B	—	6.7	8.7	11.4	14.4	16.4	22	27.7	33.2	42.7	51.1	60.6	69.4
l范围	GB 5782 / GB 5785	25~40	25~50	30~60	35~80	40~100	45~120	55~160	65~200	80~240	90~300	110~360 / 110~300	130~400	140~400
	GB 5783	8~40	10~50	12~60	16~80	20~100	25~100	35~100	40~100	40~100	40~100	40~100	80~500	100~500
	GB 5786	—	—	—	16~80	20~100	25~120	35~160	40~200	40~200	40~200	40~200	90~400	100~500
l系列	GB 5782 / GB 5785	20~65(5 进位)、70~160(10 进位)、180~400(20 进位)												
	GB 5783 / GB 5786	6、8、10、12、16、18、20~65(5 进位)、70~160(10 进位)、180~500(20 进位)												

注：1. P—螺距，末端按 GB/T 2—2000 规定。
2. 螺纹公差：6g；机械性能等级为 8.8。
3. 产品等级：A 级用于 d≤24 和 l≤10d 或≤150mm（按较小值）；B 级用于 d>24 和 l>10d 或>150mm（按较小值）。

表 B-2　六角头螺栓（二）　　　　　　　　　　　　mm

六角头螺栓—C 级（摘自 GB/T 5780—2000）

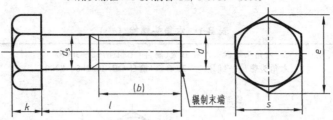

标记示例：

螺栓　GB/T 5780　M20×100

（螺纹规格 d＝M20、公称长度 l＝100、性能等级为 4.8 级、不经表面处理、杆身半螺纹、C 级的六角头螺栓）

六角头螺栓—全螺纹—C 级（摘自 GB/T 5781—2000）

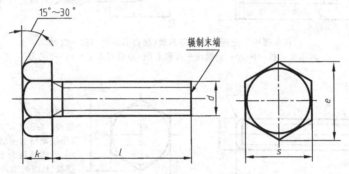

标记示例：

螺栓　GB/T 5781　M12×80

（螺纹规格 d＝M12、公称长度 l＝80、性能等级为 4.8 级、不经表面处理、全螺纹、C 级的六角头螺栓）

螺纹规格 d		M5	M6	M8	M10	M12	M16	M20	M24	M30	M36	M42	M48
b参考	l≤125	16	18	22	26	30	38	40	54	66	78	—	—
	125＜l≤1200	—	—	28	32	36	44	52	60	72	84	96	108
	l＞200	—	—	—	—	—	57	65	73	85	97	109	121
k公称		3.5	4.0	5.3	6.4	7.5	10	12.5	15	18.7	22.5	26	30
s_{max}		8	10	13	16	18	24	30	36	46	55	65	75
e_{max}		8.63	10.9	14.2	17.6	19.9	26.2	33.0	39.6	50.9	60.8	72.0	82.6
d_{smax}		5.48	6.48	8.58	10.6	12.7	16.7	20.8	24.8	30.8	37.0	45.0	49.0
l范围	GB/T 5780—2000	25～50	30～60	35～80	40～100	45～120	55～160	65～200	80～240	90～300	110～300	160～420	180～480
	GB/T 5781—2000	10～40	12～50	16～65	20～80	25～100	35～100	40～100	50～100	60～100	70～100	80～420	90～480
l系列		10、12、16、20～50（5 进位）、（55）、60、（65）、70～160（10 进位）、180、220～500（20 进位）											

注：1. 括号内的规格尽可能不用。末端按 GB/T 2—2000 规定。

2. 螺纹公差：8g（GB/T 5780—2000）；6g（GB/T 5781—2000）；机械性能等级为 4.6、4.8；产品等级为 C。

表 B-3　1 型六角螺母　　　　　　　　　　　　　　　mm

1 型六角螺母—A 和 B 级(摘自 GB/T 6170—2000)
1 型六角头螺母—细牙—A 和 B 级(摘自 GB/T 6171—2000)
1 型六角螺母—C 级(摘自 GB/T 41—2000)

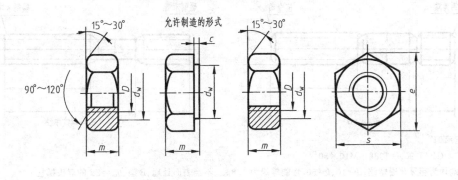

标记示例：
螺母　GB/T 41　M12
(螺纹规格 D＝M12、性能等级为 5 级、不经表面处理、C 级的 1 型六角螺母)
螺母　GB/T 6171　M24×2
(螺纹规格 D＝M24、螺距 P＝2、性能等级为 10 级、不经表面处理、B 级的 1 型细牙六角螺母)

螺纹 规格	D	M4	M5	M6	M8	M10	M12	M16	M20	M24	M30	M36	M42	M48
	$D×P$	—	—	—	M8×1	M10×1	M12×1.5	M16×1.5	M20×2	M24×2	M30×2	M36×3	M42×3	M48×3
	c	0.4	0.5		0.6				0.8				1	
	s_{max}	7	8	10	13	16	18	24	30	36	46	55	65	75
e_{min}	A、B 级	7.66	8.79	11.05	14.38	17.77	20.03	26.75	32.95	39.95	50.85	60.79	72.02	82.6
	C 级	—	8.63	10.89	14.2	17.59	19.85	26.17						
m_{max}	A、B 级	3.2	4.7	5.2	6.8	8.4	10.8	14.8	18	21.5	25.6	31	34	38
	C 级		5.6	6.1	7.9	9.5	12.2	15.9	18.7	22.3	26.4	31.5	34.9	38.9
$d_{w\,min}$	A、B 级	5.9	6.9	8.9	11.6	14.6	16.6	22.5	27.7	33.2	42.7	51.1	60.6	69.4
	C 级	—	6.9	8.7	11.5	14.5	16.5	22						

注: 1. P——螺距。

2. A 级用于 D≤16 的螺母；B 级用于 D＞16 的螺母；C 级用于 D≥5 的螺母。

3. 螺纹公差: A、B 级为 6H，C 级为 7H；机械性能等级，A、B 级为 6、8、10 级，C 级为 4、5 级。

表 B-4　双头螺柱（摘自 GB/T 897～900—1988）　　　　　　　mm

$b_m=1d$（GB/T 897—1988）；$b_m=1.25d$（GB/T 898—1988）；$b_m=1.5d$（GB/T 899—1988）；$b_m=2d$（GB/T 900—1988）

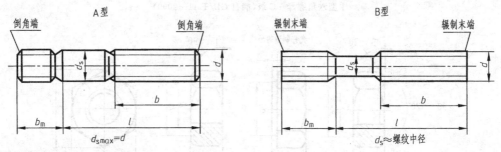

A 型　　　　　　　　　　　　　　　　B 型

标记示例：

螺柱　GB/T 900—1988　M10×50

（两端均为粗牙普通螺纹、$d=10$、$l=50$、性能等级为 4.8 级、不经表面处理、B 型、$b_m=2d$ 的双头螺柱）

螺柱　GB/T 900—1988　AM10-10×1×50

（旋入机体一端为粗牙普通螺纹、旋螺母端为螺距 $P=1$ 的细牙普通螺纹、$d=10$、$l=50$、性能等级为 4.8 级、不经表面处理、A 型、$b_m=2d$ 的双头螺柱）

螺纹规格 d	b_m（旋入机体端长度）				l/b（螺柱长度/旋螺母端长度）				
	GB/T 897	GB/T 898	GB/T 899	GB/T 900					
M4	—	—	6	8	$\dfrac{16\sim22}{8}$	$\dfrac{25\sim40}{14}$			
M5	5	6	8	10	$\dfrac{16\sim22}{10}$	$\dfrac{25\sim50}{16}$			
M6	6	8	10	12	$\dfrac{20\sim22}{10}$	$\dfrac{25\sim30}{14}$	$\dfrac{32\sim75}{18}$		
M8	8	10	12	16	$\dfrac{20\sim22}{12}$	$\dfrac{25\sim30}{16}$	$\dfrac{32\sim90}{22}$		
M10	10	12	15	20	$\dfrac{25\sim28}{14}$	$\dfrac{30\sim38}{16}$	$\dfrac{40\sim120}{26}$	$\dfrac{130}{32}$	
M12	12	15	18	24	$\dfrac{25\sim30}{14}$	$\dfrac{32\sim40}{16}$	$\dfrac{45\sim120}{26}$	$\dfrac{130\sim180}{32}$	
M16	16	20	24	32	$\dfrac{30\sim38}{16}$	$\dfrac{40\sim55}{20}$	$\dfrac{60\sim120}{30}$	$\dfrac{130\sim200}{36}$	
M20	20	25	30	40	$\dfrac{35\sim40}{20}$	$\dfrac{45\sim65}{30}$	$\dfrac{70\sim120}{38}$	$\dfrac{130\sim200}{44}$	
(M24)	24	30	36	48	$\dfrac{45\sim50}{25}$	$\dfrac{55\sim75}{35}$	$\dfrac{80\sim120}{46}$	$\dfrac{130\sim200}{52}$	
(M30)	30	38	45	60	$\dfrac{60\sim65}{40}$	$\dfrac{70\sim90}{50}$	$\dfrac{95\sim120}{66}$	$\dfrac{130\sim200}{72}$	$\dfrac{210\sim250}{85}$
M36	36	45	54	72	$\dfrac{65\sim75}{45}$	$\dfrac{80\sim110}{60}$	$\dfrac{120}{78}$	$\dfrac{130\sim200}{84}$	$\dfrac{210\sim300}{97}$
M42	42	52	63	84	$\dfrac{70\sim80}{50}$	$\dfrac{85\sim110}{70}$	$\dfrac{120}{90}$	$\dfrac{130\sim200}{96}$	$\dfrac{210\sim300}{109}$
M48	48	60	72	96	$\dfrac{80\sim90}{60}$	$\dfrac{95\sim110}{80}$	$\dfrac{120}{102}$	$\dfrac{130\sim200}{108}$	$\dfrac{210\sim300}{121}$
$l_{系列}$	12、(14)、16、(18)、20、(22)、25、(28)、30、(32)、35、(38)、40、45、50、55、60、(65)、70、75、80、(85)、90、(95)、100～260（10 进位）、280、300								

注：1. 尽可能不采用括号内的规格。末端按 GB/T 2—2000 规定。

2. $b_m=1d$，一般用于钢对钢；$b_m=(1.25\sim1.5)d$，一般用于钢对铸铁；$b_m=2d$，一般用于钢对铝合金。

表 B-5　螺钉（一）

mm

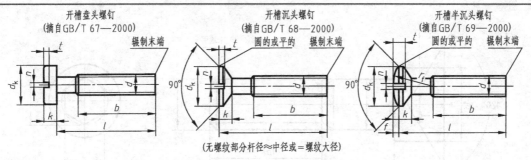

开槽盘头螺钉
（摘自GB/T 67—2000）　碾制末端

开槽沉头螺钉
（摘自GB/T 68—2000）　圆的或平的　碾制末端

开槽半沉头螺钉
（摘自GB/T 69—2000）　圆的或平的　碾制末端

（无螺纹部分杆径≈中径或=螺纹大径）

标记示例：
螺钉　GB/T 67　M5×60
（螺纹规格 d =M5、l =60、性能等级为4.8级、不经表面处理的开槽盘头螺钉）

螺纹规格 d	P	b_{min}	n 公称	f GB/T 69	r_f GB/T 69	k_{max} GB/T 67	k_{max} GB/T 68 GB/T 69	$d_{k\ max}$ GB/T 67	$d_{k\ max}$ GB/T 68 GB/T 69	t_{min} GB/T 67	t_{min} GB/T 68	t_{min} GB/T 69	$l_{范围}$ GB/T 67	$l_{范围}$ GB/T 68 GB/T 69	全螺纹时最大长度 GB/T 67	全螺纹时最大长度 GB/T 68 GB/T 69
M2	0.4	25	0.5	4	0.5	1.3	1.2	4	3.8	0.5	0.4	0.8	2.5~20	3~20	30	
M3	0.5		0.8	6	0.7	1.8	1.65	5.6	5.5	0.7	0.6	1.2	4~30	5~30		
M4	0.7		1.2	9.5	1	2.4	2.7	8	8.4	1	1	1.6	5~40	6~40	40	45
M5	0.8		1.2	9.5	1.2	3	2.7	9.5	9.3	1.2	1.1	2	6~50	8~50		
M6	1	38	1.6	12	1.4	3.6	3.3	12	12	1.4	1.2	2.4	8~60	8~60		
M8	1.25		2	16.5	2	4.8	4.65	16	16	1.9	1.8	3.2	10~80			
M10	1.5		2.5	19.5	2.3	6	5	20	20	2.4	2.2	3.8				
$l_{系列}$	2、2.5、3、4、5、6、8、10、12、(14)、16、20~50(5进位)、(55)、60、(65)、70、(75)、80															

注：螺纹公差为6g；机械性能等级为4.8、5.8；产品等级为A。

表 B-6　螺钉（二）

mm

开槽锥端紧定螺钉
（摘自GB/T 71—2000）
90°或120°
90°±2°或120°±2°

开槽平端紧定螺钉
（摘自GB/T 73—2000）
90°或120°
≈45°

开槽长圆柱端紧定螺钉
（摘自GB/T 75—2000）
90°或120°　倒圆
≈45°

标记示例：
螺钉　GB/T 71　M5×20
（螺纹规格 d =M5、公称长度 l =20、性能等级为14H级、表面氧化的开槽锥端紧定螺钉）

螺纹规格 d	P	d_f	$d_{t\ max}$	$d_{p\ max}$	n 公称	t_{max}	Z_{max}	$l_{范围}$ GB 71	$l_{范围}$ GB 73	$l_{范围}$ GB 75
M2	0.4	螺纹小径	0.2	1	0.25	0.84	1.25	3~10	2~10	3~10
M3	0.5		0.3	2	0.4	1.05	1.75	4~16	3~16	5~16
M4	0.7		0.4	2.5	0.6	1.42	2.25	6~20	4~20	6~20
M5	0.8		0.5	3.5	0.8	1.63	2.75	8~25	5~25	8~25
M6	1		1.5	4	1	2	3.25	8~30	6~30	8~30
M8	1.25		2	5.5	1.2	2.5	4.3	10~40	8~40	10~40
M10	1.5		2.5	7	1.6	3	5.3	12~50	10~50	12~50
M12	1.75		3	8.5	2	3.6	6.3	14~60	12~60	14~60
$l_{系列}$	2、2.5、3、4、5、6、8、10、12、(14)、16、20、25、30、35、40、45、50、(55)、60									

注：螺纹公差为6g；机械性能等级为14H、22H；产品等级为A。

表 B-7 内六角圆柱头螺钉（摘自 GB/T 70.1—2000） mm

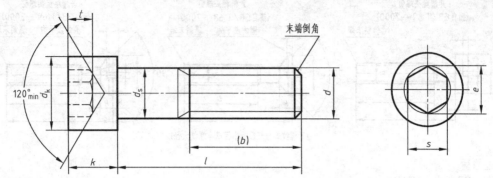

标记示例：

螺钉 GB/T 70.1 M5×20

（螺纹规格 d＝M5、公称长度 l＝20、性能等级为 8.8 级、表面氧化的内六角圆柱头螺钉）

螺纹规格 d		M4	M5	M6	M8	M10	M12	(M14)	M16	M20	M24	M30	M36
螺距 P		0.7	0.8	1	1.25	1.5	1.75	2	2	2.5	3	3.5	4
b参考		20	22	24	28	32	36	40	44	52	60	72	84
$d_{k\,max}$	光滑头部	7	8.5	10	13	16	18	21	24	30	36	45	54
	滚花头部	7.22	8.72	10.22	13.27	16.27	18.27	21.33	24.33	30.33	36.39	45.39	54.46
k_{max}		4	5	6	8	10	12	14	16	20	24	30	36
t_{min}		2	2.5	3	4	5	6	7	8	10	12	15.5	19
s公称		3	4	5	6	8	10	12	14	17	19	22	27
e_{min}		3.44	4.58	5.72	6.86	9.15	11.43	13.72	16	19.44	21.73	25.15	30.35
$d_{s\,max}$		4	5	6	8	10	12	14	16	20	24	30	36
l范围		6～40	8～50	10～60	12～80	16～100	20～120	25～140	25～160	30～200	40～200	45～200	55～200
全螺纹时最大长度		25	25	30	35	40	45	55	55	65	80	90	100
l系列		6、8、10、12、(14)、(16)、20～50(5 进位)、(55)、60、(65)、70～160(10 进位)、180、200											

注：1. 括号内的规格尽可能不用。末端按 GB/T 2—2000 规定。

2. 机械性能等级：8.8、12.9。

3. 螺纹公差：机械性能等级 8.8 级时为 6g，12.9 级时为 5g、6g。

4. 产品等级：A。

表 B-8 垫圈　　　　　　　　　　　　　　　　　　　　mm

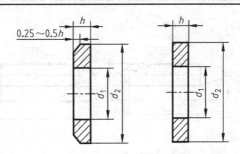

小垫圈—A 级（GB/T 848—2002）
平垫圈—A 级（GB/T 97.1—2000）
平垫圈—倒角型—A 级（GB/T 97.2—2000）

标记示例

垫圈 GB/T 97.1

（标准系列、规格 8、性能等级为 140HV 级、不经表面处理的平垫圈）

公称尺寸 （螺纹规格 d）		1.6	2	2.5	3	4	5	6	8	10	12	14	16	20	24	30	36
d_1	GB/T 848	1.7	2.2	2.7	3.2	4.3	5.3	6.4	8.4	10.5	13	15	17	21	25	31	37
	GB/T 97.1						5.3	6.4	8.4	10.5	13	15	17	21	25	31	37
	GB/T 97.2	—	—	—	—	—											
d_2	GB/T 848	3.5	4.5	5	6	8	9	11	15	18	20	24	28	34	39	50	60
	GB/T 97.1	4	5	6	7	9	10	12	16	20	24	28	30	37	44	56	66
	GB/T 97.2	—	—	—	—	—	10	12	16	20	24	28	30	37	44	56	66
h	GB/T 848	0.3	0.3	0.5	0.5	0.5	1	1.6	1.6	1.6	2	2.5	2.5	3	4	4	5
	GB/T 97.1	0.3	0.3	0.5	0.5	0.5	1	1.6	1.6	1.6	2	2.5	2.5	3	4	4	5
	GB/T 97.2	—	—	—	—	—											

表 B-9 标准型弹簧垫圈（摘自 GB/T 93—1987）　　　　　mm

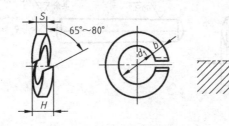

标记示例：

垫圈 GB/T 93 10

（规格 10、材料为 65Mn、表面氧化的标准型弹簧垫圈）

规格 （螺纹大径）	4	5	6	8	10	12	16	20	24	30	36	42	48
$d_{1\min}$	4.1	5.1	6.1	8.1	10.2	12.2	16.2	20.2	24.5	30.5	36.5	42.5	48.5
$S=b_{公称}$	1.1	1.3	1.6	2.1	2.6	3.1	4.1	5	6	7.5	9	10.5	12
$m\leqslant$	0.55	0.65	0.8	1.05	1.3	1.55	2.05	2.5	3	3.75	4.5	5.25	6
$H_{\max}$	2.75	3.25	4	5.25	6.5	7.75	10.25	12.5	15	18.75	22.5	26.25	30

注：m 应大于零。

表 B-10　圆柱销（摘自 GB/T 119.1—2000）　　　　　　　　　mm

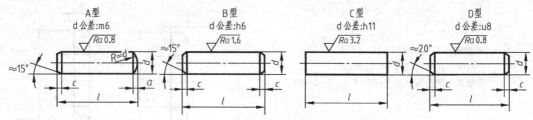

标记示例：

销　GB/T 119.1　6 m6×30

（公称直径 $d=6$、公差为 m6、公称长度 $l=30$、材料为钢、不经表面处理的圆柱销）

销　GB/T 119.1　m6×30—A1

（公称直径 $d=6$、公差为 m6、公称长度 $l=30$、材料为 A1 组奥氏体不锈钢、表面简单处理的圆柱销）

d（公称） m6/h8	2	3	4	5	6	8	10	12	16	20	25
$a\approx$	0.25	0.40	0.50	0.63	0.80	1.0	1.2	1.6	2.0	2.5	3.0
$c\approx$	0.35	0.5	0.63	0.8	1.2	1.6	2	2.5	3	3.5	4
$l_{范围}$	6～20	8～30	8～40	10～50	12～60	14～80	18～95	22～140	26～180	35～200	50～200
$l_{系列}$ （公称）	2、3、4、5、6～32（2 进位）、35～100（5 进位）、120～≥200（按 20 递增）										

表 B-11　圆锥销（摘自 GB/T 117—2000）　　　　　　　　　mm

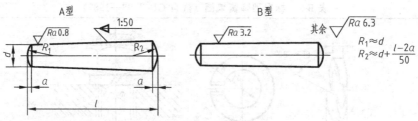

$$R_1\approx d$$
$$R_2\approx d+\frac{l-2a}{50}$$

标记示例：

销　GB/T 117　10×60

（公称直径 $d=10$、长度 $l=60$、材料为 35 钢、热处理硬度 28～38HRC、表面氧化处理的 A 型圆锥销）

$d_{公称}$	2	2.5	3	4	5	6	8	10	12	16	20	25
$a\approx$	0.25	0.3	0.4	0.5	0.63	0.8	1.0	1.2	1.6	2.0	2.5	3.0
$l_{范围}$	10～35	10～35	12～45	14～55	18～60	22～90	22～120	26～160	32～180	40～200	45～200	50～200
$l_{系列}$	2、3、4、5、6～32（2 进位）、35～100（5 进位）、120～200（20 进位）											

表 B-12 **普通平键键槽的尺寸及公差**（摘自 GB/T 1095—2003） mm

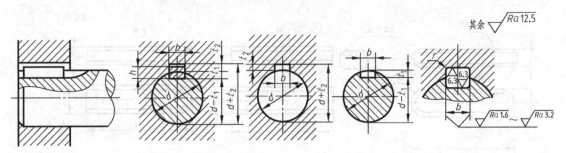

注：在工作图中，轴槽深用 t_1 或（$d-t_1$）标注，轮毂槽深用（$d+t_2$）标注。

轴的直径 d	键尺寸 $b \times h$	键槽										
		宽度 b						深度				半径 r
		基本尺寸	极限偏差					轴 t_1		毂 t_2		
			正常连接		紧密连接	松连接		基本尺寸	极限偏差	基本尺寸	极限偏差	
			轴 N9	毂 JS9	轴和毂 P9	轴 H9	毂 D10					min	max
自 6～8	2×2	2	−0.004 −0.029	±0.0125	−0.006 −0.031	+0.025 0	+0.060 +0.020	1.2	+0.1 0	1	+0.1 0	0.08	0.16
>8～10	3×3	3						1.8		1.4		
>10～12	4×4	4	0 −0.030	±0.015	−0.012 −0.042	+0.030 0	+0.078 +0.030	2.5		1.8		0.16	0.25
>12～17	5×5	5						3.0		2.3		
>17～22	6×6	6						3.5		2.8		
>22～30	8×7	8	0 −0.036	±0.018	−0.015 −0.051	+0.036 0	+0.098 +0.040	4.0		3.3		0.25	0.40
>30～38	10×8	10						5.0		3.3		
>38～44	12×8	12	0 −0.043	±0.026	+0.018 −0.061	+0.043 0	+0.120 +0.050	5.0		3.3		
>44～50	14×9	14						5.5		3.8		
>50～58	16×10	16						6.0	+0.2 0	4.3	+0.2 0	
>58～65	18×11	18						7.0		4.4		
>65～75	20×12	20	0 −0.052	±0.031	+0.022 −0.074	+0.052 0	+0.149 +0.065	7.5		4.9		0.40	0.60
>75～85	22×14	22						9.0		5.4		
>85～95	25×14	25						9.0		5.4		
>95～110	28×16	28						10.0		6.4		
>110～130	32×18	32						11.0		7.4		
>130～150	36×20	36	0 −0.062	±0.037	−0.026 −0.088	+0.062 0	+0.180 +0.080	12.0	+0.3 0	8.4	+0.3 0	0.70	1.0
>150～170	40×22	40						13.0		9.4		
>170～200	45×25	45						15.0		10.4		

注：1. （$d-t_1$）和（$d+t_2$）两组组合尺寸的极限偏差按相应的 t_1 和 t_2 的极限偏差选取，但（$d-t_1$）极限偏差应取负号（−）。

2. 轴的直径不在本标准所列，仅供参考。

表 B-13　普通平键的尺寸与公差（摘自 GB/T 1096—2003）　　　　mm

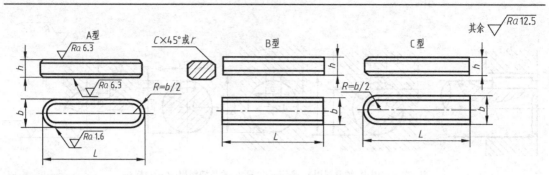

标记示例：

圆头普通平键（A 型）、$b=18$mm、$h=11$mm、$L=100$mm：GB/T 1096—2003 键 18×11×100

平头普通平键（B 型）、$b=18$mm、$h=11$mm、$L=100$mm：GB/T 1096—2003 键 B 18×11×100

单圆头普通平键（C 型）、$b=18$mm、$h=11$mm、$L=100$mm：GB/T 1096—2003 键 C　18×11×100

宽度 b	基本尺寸	2	3	4	5	6	8	10	12	14	16	18	20	22
	极限偏差 (h8)	0　−0.014		0　−0.018			0　−0.022		0　−0.027			0　−0.033		

高度 h	基本尺寸		2	3	4	5	6	7	8	8	9	10	11	12	14
	极限偏差	矩形 (h11)	—		—					0　−0.090			0　−0.010		
		方形 (h8)	0　−0.014		0　−0.018			—			—				

倒角或圆角 s	0.16～0.25	0.25～0.40	0.40～0.60	0.60～0.80

长度 L 基本尺寸	极限偏差 (h14)	2	3	4	5	6	8	10	12	14	16	18	20	22
6	0					—	—	—	—	—	—	—	—	—
8							—	—	—	—	—	—	—	—
10	−0.36							—	—	—	—	—	—	—
12									—	—	—	—	—	—
14	0									—	—	—	—	—
16											—	—	—	—
18	−0.48											—	—	—
20													—	—
22	0	—			标准									—
25		—												
28	−0.52	—												
32														
36	0		—											
40			—										—	
45	−0.62		—			长度							—	—
50													—	—
56				—									—	—
63	0												—	—
70	−0.74											—	—	—
80							—					—	—	—
90	0	—					—	范围				—	—	—
100	−0.87	—					—					—	—	—
110		—										—	—	—
125		—	—					—				—	—	—
140	0	—	—					—					—	—
160	−1.00	—	—	—						—			—	—
180		—	—	—									—	—
200		—	—	—	—									—
220	0	—	—	—	—									
250	−1.15	—	—	—	—									

表 B-14　半圆键（摘自 GB/T 1098—2003、GB/T 1099—2003）　　　　mm

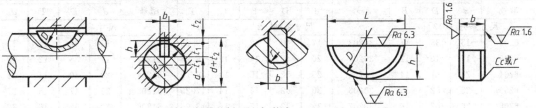

半圆键　键槽的剖面尺寸(摘自 GB/T 1098—2003)
普通型　半圆键(摘自 GB/T 1099—2003)

标注示例：
宽度 $b=6$ mm，高度 $h=10$ mm，直径 $D=25$ mm，普通型半圆键的标记为：
GB/T 1099.1 键 $6\times10\times25$

键尺寸				键槽				
				轴		轮毂 t_2		半径 r
b	h(h11)	D(h12)	c	t_1	极限偏差	t_2	极限偏差	
1.0	1.4	4		1.0		0.6		
1.5	2.6	7		2.0	+0.1 0	0.8		
2.0	2.6	7		1.8		1.0		
2.0	3.7	10	0.16～0.25	2.9		1.0		0.16～0.25
2.5	3.7	10		2.7		1.2		
3.0	5.0	13		3.8		1.4	+0.1 0	
3.0	6.5	16		5.3		1.4		
4.0	6.5	16		5.0	+0.2 0	1.8		
4.0	7.5	19		6.0		1.8		
5.0	6.5	16		4.5		2.3		
5.0	7.5	19	0.25～0.40	5.5		2.3		0.25～0.40
5.0	9.0	22		7.0		2.3		
6.0	9.0	22		6.5		2.8		
6.0	10.0	25		7.5	+0.3 0	2.8	+0.2 0	
8.0	11.0	28	0.40～0.60	8.0		3.3		0.40～0.60
10.0	13.0	32		10.0		3.3		

注：1. 在图样中，轴槽深用 t_1 或 $(d-t_1)$ 标注，轮毂槽深用 $(d+t_2)$ 标注。$(d-t_1)$ 和 $(d+t_2)$ 的两个组合尺寸的极限偏差按相应 t_1 和 t_2 的极限偏差选取，但 $(d-t_1)$ 极限偏差应为负偏差。

2. 键长 L 的两端允许倒成圆角，圆角半径 $r=0.5\sim1.5$ mm。

3. 键宽 b 的下偏差统一为 "-0.025。"

表 B-15　滚动轴承　　　　mm

深沟球轴承 （摘自 GB/T 276—1994）	圆锥滚子轴承 （摘自 GB/T 297—1994）	推力球轴承 （摘自 GB/T 301—1995）
标记示例： 滚动轴承 6308 GB/T 276—1994	标记示例： 滚动轴承 30209 GB/T 297—1994	标记示例： 滚动轴承 51205 GB/T 301—1995

续表

轴承型号	d	D	B	轴承型号	d	D	B	C	T	轴承型号	d	D	T	d₁
	尺寸/mm				尺寸/mm						尺寸/mm			
尺寸系列[(0)2]				尺寸系列[02]						尺寸系列[12]				
6202	15	35	11	30203	17	40	12	11	13.25	51202	15	32	12	17
6203	17	40	12	30204	20	47	14	12	15.25	51203	17	35	12	19
6204	20	47	14	30205	25	52	15	13	16.25	51204	20	40	14	22
6205	25	52	15	30206	30	62	16	14	17.25	51205	25	47	15	27
6206	30	62	16	30207	35	72	17	15	18.25	51206	30	52	16	32
6207	35	72	17	30208	40	80	18	16	19.75	51207	35	62	18	37
6208	40	80	18	30209	45	85	19	16	20.75	51208	40	68	19	42
6209	45	85	19	30210	50	90	20	17	21.75	51209	45	73	20	47
6210	50	90	20	30211	55	100	21	18	22.75	51210	50	78	22	52
6211	55	100	21	30212	60	110	22	19	23.75	51211	55	90	25	57
6212	60	110	22	30213	65	120	23	20	24.75	51212	60	95	26	62
尺寸系列[(0)3]				尺寸系列[03]						尺寸系列[13]				
6302	15	42	13	30302	15	42	13	11	14.25	51304	20	47	18	22
6303	17	47	14	30303	17	47	14	12	15.25	51305	25	52	18	27
6304	20	52	15	30304	20	52	15	13	16.25	51306	30	60	21	32
6305	25	62	17	30305	25	62	17	15	18.25	51307	35	68	24	37
6306	30	72	19	30306	30	72	19	16	20.75	51308	40	78	26	42
6307	35	80	21	30307	35	80	21	18	22.75	51309	45	85	28	47
6308	40	90	23	30308	40	90	23	20	25.25	51310	50	95	31	52
6309	45	100	25	30309	45	100	25	22	27.25	51311	55	105	35	57
6310	50	110	27	30310	50	110	27	23	29.25	51312	60	110	35	62
6311	55	120	29	30311	55	120	29	25	31.50	51313	65	115	36	67
6312	60	130	31	30312	60	130	31	26	33.50	51314	70	125	40	72

注：圆括号中的尺寸系列代号在轴承代号中省略。

附录 C 极限与配合

表 C-1 基本尺寸小于 500mm 的标准公差 　　　μm

基本尺寸 /mm	公 差 等 级																		
	IT01	IT0	IT1	IT2	IT3	IT4	IT5	IT6	IT7	IT8	IT9	IT10	IT11	IT12	IT13	IT14	IT15	IT16	IT17	IT18
≤3	0.3	0.5	0.8	1.2	2	3	4	6	10	14	25	40	60	100	140	250	400	600	1000	1400
>3~6	0.4	0.6	1	1.5	2.5	4	5	8	12	18	30	48	75	120	180	300	480	750	1200	1800
>6~10	0.4	0.6	1	1.5	2.5	4	6	9	15	22	36	58	90	150	220	360	580	900	1500	2200
>10~18	0.5	0.8	1.2	2	3	5	8	11	18	27	43	70	110	180	270	430	700	1100	1800	2700
>18~30	0.6	1	1.5	2.5	4	6	9	13	21	33	52	84	130	210	330	520	840	1300	2100	3300
>30~50	0.7	1	1.5	2.5	4	7	11	16	25	39	62	100	160	250	390	620	1000	1600	2500	3900
>50~80	0.8	1.2	2	3	5	8	13	19	30	46	74	120	190	300	460	740	1200	1900	3000	4600
>80~120	1	1.5	2.5	4	6	10	15	22	35	54	87	140	220	350	540	870	1400	2200	3500	5400
>120~180	1.2	2	3.5	5	8	12	18	25	40	63	100	160	250	400	630	1000	1600	2500	4000	6300
>180~250	2	3	4.5	7	10	14	20	29	46	72	115	185	290	460	720	1150	1850	2900	4600	7200
>250~315	2.5	4	6	8	12	16	23	32	52	81	130	210	320	520	810	1300	2100	3200	5200	8100
>315~400	3	5	7	9	13	18	25	36	57	89	140	230	360	570	890	1400	2300	3600	5700	8900
>400~500	4	6	8	10	15	20	27	40	68	97	155	250	400	630	970	1550	2500	4000	6300	9700

表 C-2 轴的极限偏差（摘自 GB/T 1008.4—1999）　　　　　　　μm

基本尺寸 /mm	常用及优先公差带（带圈者为优先公差带）												
	a	b		c			d				e		
	11	11	12	9	10	⑪	8	⑨	10	11	7	8	9
>0～3	−270 −330	−140 −200	−140 −240	−60 −85	−60 −100	−60 −120	−20 −34	−20 −45	−20 −60	−20 −80	−14 −24	−14 −28	−14 −39
>3～6	−270 −345	−140 −215	−140 −260	−70 −100	−70 −118	−70 −145	−30 −48	−30 −60	−30 −78	−30 −105	−20 −32	−20 −38	−20 −50
>6～10	−280 −370	−150 −240	−150 −300	−80 −116	−80 −138	−80 170	−40 −62	−40 −79	−40 −98	−40 −130	−25 −40	−25 −47	−25 −61
>10～14	−290 −400	−150 −260	−150 −330	−95 −138	−95 −165	−98 −205	−50 −77	−50 −93	−50 −120	−50 −160	−32 −50	−32 −59	−32 −75
>14～18													
>18～24	−300 −430	−160 −290	−160 −370	−110 −162	−110 −194	−110 −240	−65 −98	−65 −117	−64 −149	−65 −195	−40 −61	−40 −73	−40 −92
>24～30													
>30～40	−310 −470	−170 −330	−170 −420	−120 −182	−120 −220	−120 −280	−80 −119	−80 −142	−80 −180	−80 −240	−50 −75	−50 −89	−50 −112
>40～50	−320 −480	−180 −340	−180 −430	−130 −192	−130 −230	−130 −290							
>50～65	−340 −530	−190 −380	−190 −490	−140 −214	−140 −260	−140 −330	−100 −146	−100 −174	−100 −220	−100 −290	−60 −90	−60 −106	−60 −134
>65～80	−360 −550	−200 −390	−200 −500	−150 −224	−150 −270	−150 −340							
>80～100	−380 −600	−200 −440	−220 −570	−170 −257	−170 −310	−170 −390	−120 −174	−120 −207	−120 −260	−120 −340	−72 −109	−72 −126	−72 −159
>100～120	−410 −630	−240 −460	−240 −590	−180 −267	−180 −320	−180 −400							
>120～140	−460 −710	−260 −510	−260 −660	−200 −300	−200 −360	−200 −450	−145 −208	−145 −245	−145 −305	−145 −395	−85 −125	−85 −148	−85 −185
>140～160	−520 −770	−280 −530	−280 −680	−210 −310	−210 −370	−210 −460							
>160～180	−580 −830	−310 −560	−310 −710	−230 −330	−230 −390	−230 −480							
>180～200	−660 −950	−340 −630	−340 −800	−240 −355	−240 −425	−240 −530	−170 −242	−170 −285	−170 −355	−170 −460	−100 −146	−100 −172	−100 −215
>200～225	−740 −1030	−380 −670	−380 −840	−260 −375	−260 −445	−260 −550							
>225～250	−820 −1110	−420 −710	−420 880	−280 −395	−280 −465	−280 −570							
>250～280	−920 −1240	−480 −800	−480 −1000	−300 −430	−300 −510	−300 −620	−190 −271	−190 −320	−190 −400	−190 −510	−110 −162	−110 −191	−110 −240
>280～315	−1050 −1370	−540 −860	−540 −1060	−330 −460	−330 −540	−330 −650							
>315～355	−1200 −1560	−600 −960	−600 −1170	−360 −500	−360 −590	−360 −720	−210 −299	−210 −350	−210 −440	−210 −570	−125 −182	−125 −214	−125 −265
>355～400	−1350 −1710	−680 −1040	−680 −1250	−400 −540	−400 −630	−400 −760							
>400～450	−1500 −1900	−760 −1160	−760 −1390	−440 −595	−440 −690	−440 −840	−230 −327	−230 −385	−230 −480	−230 −630	−135 −198	−135 −232	−135 −290
>450～500	−1650 −2050	−840 −1240	−840 −1470	−480 −635	−480 −730	−480 −880							

基本尺寸 /mm	常用及优先公差带(带圈者为优先公差带)															
	f					g			h							
	5	6	⑦	8	9	5	⑥	7	5	⑥	⑦	8	⑨	10	⑪	12
>0~3	−6 / −10	−6 / −12	−6 / −16	−6 / −20	−6 / −31	−2 / −6	−2 / −8	−2 / −12	0 / −4	0 / −6	0 / −10	0 / −14	0 / −25	0 / −40	0 / −60	0 / −100
>3~6	−10 / −15	−10 / −18	−10 / −22	−10 / −28	−10 / −40	−4 / −9	−4 / −12	−4 / −16	0 / −5	0 / −8	0 / −12	0 / −18	0 / −30	0 / −48	0 / −75	0 / −120
>6~10	−13 / −19	−13 / −22	−13 / −28	−13 / −35	−13 / −49	−5 / −11	−5 / −14	−5 / −20	0 / −6	0 / −9	0 / −15	0 / −22	0 / −36	0 / −58	0 / −90	0 / −150
>10~14	−16 / −24	−16 / −27	−16 / −34	−16 / −43	−16 / −59	−6 / −14	−6 / −17	−6 / −24	0 / −8	0 / −11	0 / −18	0 / −27	0 / −43	0 / −70	0 / −110	0 / −180
>14~18	−16 / −24	−16 / −27	−16 / −34	−16 / −43	−16 / −59	−6 / −14	−6 / −17	−6 / −24	0 / −8	0 / −11	0 / −18	0 / −27	0 / −43	0 / −70	0 / −110	0 / −180
>18~24	−20 / −29	−20 / −33	−20 / −41	−20 / −53	−20 / −72	−7 / −16	−7 / −20	−7 / −28	0 / −9	0 / −13	0 / −21	0 / −33	0 / −52	0 / −84	0 / −130	0 / −210
>24~30	−20 / −29	−20 / −33	−20 / −41	−20 / −53	−20 / −72	−7 / −16	−7 / −20	−7 / −28	0 / −9	0 / −13	0 / −21	0 / −33	0 / −52	0 / −84	0 / −130	0 / −210
>30~40	−25 / −36	−25 / −41	−25 / −50	−25 / −64	−25 / 87	−9 / −20	−9 / −25	−9 / −34	0 / −11	0 / −16	0 / −25	0 / −39	0 / −62	0 / −100	0 / −160	0 / −250
>40~50	−25 / −36	−25 / −41	−25 / −50	−25 / −64	−25 / 87	−9 / −20	−9 / −25	−9 / −34	0 / −11	0 / −16	0 / −25	0 / −39	0 / −62	0 / −100	0 / −160	0 / −250
>50~65	−30 / −43	−30 / −49	−30 / −60	−30 / −76	−30 / −104	−10 / −23	−10 / −29	−10 / −40	0 / −13	0 / −19	0 / −30	0 / −46	0 / −74	0 / −120	0 / −190	0 / −300
>65~80	−30 / −43	−30 / −49	−30 / −60	−30 / −76	−30 / −104	−10 / −23	−10 / −29	−10 / −40	0 / −13	0 / −19	0 / −30	0 / −46	0 / −74	0 / −120	0 / −190	0 / −300
>80~100	−36 / −51	−36 / −58	−36 / −71	−36 / −90	−36 / −123	−12 / −27	−12 / −34	−12 / −47	0 / −15	0 / −22	0 / −35	0 / −54	0 / −87	0 / −140	0 / −220	0 / −350
>100~120	−36 / −51	−36 / −58	−36 / −71	−36 / −90	−36 / −123	−12 / −27	−12 / −34	−12 / −47	0 / −15	0 / −22	0 / −35	0 / −54	0 / −87	0 / −140	0 / −220	0 / −350
>120~140	−43 / −61	−43 / −68	−43 / −83	−43 / −106	−43 / −143	−14 / −32	−14 / −39	−14 / −54	0 / −18	0 / −25	0 / −40	0 / −63	0 / −100	0 / −160	0 / −250	0 / −400
>140~160	−43 / −61	−43 / −68	−43 / −83	−43 / −106	−43 / −143	−14 / −32	−14 / −39	−14 / −54	0 / −18	0 / −25	0 / −40	0 / −63	0 / −100	0 / −160	0 / −250	0 / −400
>160~180	−43 / −61	−43 / −68	−43 / −83	−43 / −106	−43 / −143	−14 / −32	−14 / −39	−14 / −54	0 / −18	0 / −25	0 / −40	0 / −63	0 / −100	0 / −160	0 / −250	0 / −400
>180~200	−50 / −70	−50 / −79	−50 / −96	−50 / −122	−50 / −165	−15 / −35	−15 / −44	−15 / −61	0 / −20	0 / −29	0 / −46	0 / −72	0 / −115	0 / −185	0 / −290	0 / −460
>200~225	−50 / −70	−50 / −79	−50 / −96	−50 / −122	−50 / −165	−15 / −35	−15 / −44	−15 / −61	0 / −20	0 / −29	0 / −46	0 / −72	0 / −115	0 / −185	0 / −290	0 / −460
>225~250	−50 / −70	−50 / −79	−50 / −96	−50 / −122	−50 / −165	−15 / −35	−15 / −44	−15 / −61	0 / −20	0 / −29	0 / −46	0 / −72	0 / −115	0 / −185	0 / −290	0 / −460
>250~280	−56 / −79	−56 / −88	−56 / −108	−56 / −137	−56 / −186	−17 / −40	−17 / −49	−17 / −69	0 / −23	0 / −32	0 / −52	0 / −81	0 / −130	0 / −210	0 / −320	0 / −520
>280~315	−56 / −79	−56 / −88	−56 / −108	−56 / −137	−56 / −186	−17 / −40	−17 / −49	−17 / −69	0 / −23	0 / −32	0 / −52	0 / −81	0 / −130	0 / −210	0 / −320	0 / −520
>315~355	−62 / −87	−62 / −98	−62 / −119	−62 / −151	−62 / −202	−18 / −43	−18 / −54	−18 / −75	0 / −25	0 / −36	0 / −57	0 / −89	0 / −140	0 / −230	0 / −360	0 / −570
>355~400	−62 / −87	−62 / −98	−62 / −119	−62 / −151	−62 / −202	−18 / −43	−18 / −54	−18 / −75	0 / −25	0 / −36	0 / −57	0 / −89	0 / −140	0 / −230	0 / −360	0 / −570
>400~450	−68 / −95	−68 / −108	−68 / −131	−68 / −165	−68 / −223	−20 / −47	−20 / −60	−20 / −83	0 / −27	0 / −40	0 / −63	0 / −97	0 / −155	0 / −250	0 / −400	0 / −630
>450~500	−68 / −95	−68 / −108	−68 / −131	−68 / −165	−68 / −223	−20 / −47	−20 / −60	−20 / −83	0 / −27	0 / −40	0 / −63	0 / −97	0 / −155	0 / −250	0 / −400	0 / −630

基本尺寸 /mm	常用及优先公差带（带圈者为优先公差带）														
	js			k			m			n			p		
	5	⑥	7	5	⑥	7	5	6	7	5	⑥	7	5	⑥	7
>0~3	±2	±3	±5	+4/0	+6/0	+10/0	+6/+2	+8/+2	+12/+2	+8/+4	+10/+4	+14/+4	+10/+6	+12/+6	+16/+6
>3~6	±2.5	±4	±6	+6/+1	+9/+1	+13/+1	+9/+4	+12/+4	+16/+4	+13/+8	+16/+8	+20/+8	+17/+12	+20/+12	+24/+12
>6~10	±3	±4.5	±7	+7/+1	+10/+1	+16/+1	+12/+6	+15/+6	+21/+6	+16/+10	+19/+10	+25/+10	+21/+15	+24/+15	+30/+15
>10~14 >14~18	±4	±5.5	±9	+9/+1	+12/+1	+19/+1	+15/+7	+18/+7	+25/+7	+20/+12	+23/+12	+30/+12	+26/+18	+29/+18	+36/+18
>18~24 >24~30	±4.5	±6.5	±10	+11/+2	+15/+2	+23/+2	+17/+8	+21/+8	+29/+8	+24/+15	+28/+15	+36/+15	+31/+22	+35/+22	+43/+22
>30~40 >40~50	±5.5	±8	±12	+13/+2	+18/+2	+27/+2	+20/+9	+25/+9	+34/+9	+28/+17	+33/+17	+42/+17	+37/+26	+42/+26	+51/+26
>50~65 >65~80	±6.5	±9.5	±15	+15/+2	+21/+2	+32/+2	+24/+11	+30/+11	+41/+11	+33/+20	+39/+20	+50/+20	+45/+32	+51/+32	+62/+32
>80~100 >100~120	±7.5	±11	±17	+18/+3	+25/+3	+38/+3	+28/+13	+35/+13	+48/+13	+38/+23	+45/+23	+58/+23	+52/+37	+59/+37	+72/+37
>120~140 >140~160 >160~180	±9	±12.5	±20	+21/+3	+28/+3	+43/+3	+33/+15	+40/+15	+55/+15	+45/+27	+52/+27	+67/+27	+61/+43	+68/+43	+83/+43
>180~200 >200~225 >225~250	±10	±14.5	±23	+24/+4	+33/+4	+50/+4	+37/+17	+46/+17	+63/+17	+51/+31	+60/+31	+77/+31	+79/+50	+79/+50	+96/+50
>250~280 >280~315	±11.5	±16	±26	+27/+4	+36/+4	+56/+4	+43/+20	+52/+20	+72/+20	+57/+34	+66/+34	+86/+34	+79/+56	+88/+56	+108/+56
>315~355 >355~400	±12.5	±18	±28	+29/+4	+40/+4	+61/+4	+46/+21	+57/+21	+62/37	+73/+37	+94/+37	+94/+37	+87/+62	+98/+62	+119/+62
>400~450 >450~500	±13.5	±20	±31	+32/+5	+45/+5	+68/+5	+50/+23	+63/+23	+86/+23	+67/+40	+80/+40	+103/+40	+95/+68	+108/+68	+131/+68

基本尺寸 /mm	常用及优先公差带（带圈者为优先公差带）														
	r5	r6	r7	s5	s⑥	s7	t5	t6	t7	u⑥	u7	v6	x6	y6	z6
>0~3	+14	+16	+20	+18	+20	+24	—	—	—	+24	+28	—	+26	—	+32
	+10	+10	+10	+14	+14	+14				+18	+18		+20		+26
>3~6	+20	+23	+27	+24	+27	+31	—	—	—	+31	+35	—	+36	—	+43
	+15	+15	+15	+19	+19	+19				+23	+23		+28		+35
>6~10	+25	+28	+34	+29	+32	+38	—	—	—	+37	+43	—	+43	—	+51
	+19	+19	+19	+23	+23	+23				+28	+28		+34		+42
>10~14	+31	+34	+41	+36	+39	+46	—	—	—	+44	+51	—	+51	—	+61
	+23	+23	+23	+28	+28	+28				+33	+33		+40		+50
>14~18							—	—	—			+50	+56	—	+71
												+39	+45		+60
>18~24	+37	+41	+49	+44	+48	+56	—	—	—	+54	+62	+60	+67	+76	+86
	+28	+28	+28	+35	+35	+35				+41	+41	+47	+54	+63	+73
>24~30							+50	+54	+62	+61	+69	+68	+77	+88	+101
							+41	+41	+41	+48	+48	+55	+64	+75	+88
>30~40	+45	+50	+59	+54	+59	+68	+59	+64	+73	+76	+85	+84	+96	+110	+128
	+34	+34	+34	+43	+43	+43	+48	+48	+48	+60	+60	+68	+80	+94	+112
>40~50							+65	+70	+79	+86	+95	+97	+113	+130	+152
							+54	+54	+54	+70	+70	+81	+97	+114	+136
>50~65	+54	+61	+71	+66	+72	+83	+79	+85	+96	+106	+117	+121	+141	+163	+191
	+41	+41	+41	+53	+53	+53	+66	+66	+66	+87	+87	+102	+122	+144	+172
>65~80	+56	+62	+73	+72	+78	+89	+88	+94	+105	+121	+132	+139	+165	+193	+229
	+43	+43	+43	+59	+59	+59	+75	+75	+75	+102	+102	+120	+146	+174	+210
>80~100	+66	+73	+86	+86	+93	+106	+106	+113	+126	+146	+159	+168	+200	+236	+280
	+51	+51	+51	+71	+71	+91	+91	+91	+91	+124	+124	+146	+178	+214	+258
>100~120	+69	+76	+89	+94	+101	+114	+110	+126	+136	+166	+179	+194	+232	+276	+332
	+54	+54	+54	+79	+79	+79	+104	+104	+104	+144	+144	+172	+210	+254	+310
>120~140	+81	+88	+103	+110	+117	+132	+140	+147	+162	+195	+210	+227	+273	+325	+390
	+63	+63	+63	+92	+92	+92	+122	+122	+122	+170	+170	+202	+248	+300	+365
>140~160	+83	+90	+105	+118	+125	+140	+152	+159	+174	+215	+230	+253	+305	+365	+440
	+65	+65	+65	+100	+100	+100	+134	+134	+134	+190	+190	+228	+280	+340	+415
>160~180	+86	+93	+108	+126	+133	+148	+164	+171	+186	+235	+250	+277	+335	+405	+490
	+68	+68	+68	+108	+108	+108	+146	+146	+146	+210	+210	+252	+310	+380	+465
>180~200	+97	+106	+123	+142	+151	+168	+186	+195	+212	+265	+282	+313	+379	+454	+549
	+77	+77	+77	+122	+122	+122	+166	+166	+166	+236	+236	+284	+350	+425	+520
>200~225	+100	+109	+126	+150	+159	+176	+200	+209	+226	+287	+304	+339	+414	+499	+604
	+80	+80	+80	+130	+130	+130	+180	+180	+180	+258	+258	+310	+385	+470	+575
>225~250	+104	+113	+130	+160	+169	+186	+216	+225	+242	+313	+330	+369	+454	+549	+669
	+84	+84	+84	+140	+140	+140	+196	+196	+196	+284	+284	+340	+425	+520	+640
>250~280	+117	+126	+146	+181	+190	+210	+241	+250	+270	+347	+367	+417	+507	+612	+742
	+94	+94	+94	+158	+158	+158	+218	+218	+218	+315	+315	+385	+475	+580	+710
>280~315	+121	+130	+150	+193	+202	+222	+263	+272	+292	+382	+402	+457	+557	+682	+822
	+98	+98	+98	+170	+170	+170	+240	+240	+240	+350	+350	+425	+525	+650	+790
>315~355	+133	+144	+165	+215	+226	+247	+293	+304	+325	+426	+447	+511	+626	+766	+936
	+108	+108	+108	+190	+190	+190	+268	+268	+268	+390	+390	+475	+590	+730	+900
>355~400	+139	+150	+171	+233	+244	+265	+319	+330	+351	+471	+492	+566	+696	+856	+1036
	+114	+114	+114	+208	+208	+208	+294	+294	+294	+435	+435	+530	+660	+820	+1000
>400~450	+153	+166	+189	+259	+272	+295	+357	+370	+393	+530	+553	+635	+780	+960	+1140
	+126	+126	+126	+232	+232	+232	+330	+330	+330	+490	+490	+595	+740	+920	+1100
>450~500	+159	+172	+195	+279	+292	+315	+387	+400	+423	+580	+603	+700	+860	+1040	+1290
	+132	+132	+132	+252	+252	+252	+360	+360	+360	+540	+540	+660	+820	+1000	+1250

注：基本尺寸小于1mm时，各级的 a 和 b 均不采用。

表 C-3　孔的极限偏差（摘自 GB/T 1800.4—1999）　　　　　μm

常用及优先公差带（带圈者为优先公差带）

基本尺寸/mm	A	B	C	C	D	D	D	D	E	E	F	F	F	F
	11	11	12	⑪	8	⑨	10	11	8	9	6	7	⑧	9
>0~3	+330 +270	+200 +140	+240 +140	+120 +60	+34 +20	+45 +20	+60 +20	+80 +20	+28 +14	+39 +14	+12 +6	+16 +6	+20 +6	+31 +6
>3~6	+345 +270	+215 +140	+260 +140	+145 +70	+48 +30	+60 +30	+78 +30	+105 +30	+38 +20	+50 +20	+18 +10	+22 +10	+28 +10	+40 +10
>6~10	+370 +280	+240 +150	+300 +150	+170 +80	+62 +40	+76 +40	+98 +40	+130 +40	+47 +25	+61 +25	+22 +13	+28 +13	+35 +13	+49 +13
>10~14	+400 +290	+260 +150	+330 +150	+205 +95	+77 +50	+93 +50	+120 +50	+160 +50	+59 +32	+75 +32	+27 +16	+34 +16	+43 +16	+59 +16
>14~18	+400 +290	+260 +150	+330 +150	+205 +95	+77 +50	+93 +50	+120 +50	+160 +50	+59 +32	+75 +32	+27 +16	+34 +16	+43 +16	+59 +16
>18~24	+430 +300	+290 +160	+370 +160	+240 +110	+98 +65	+117 +65	+149 +65	+195 +65	+73 +40	+92 +40	+33 +20	+41 +20	+53 +20	+72 +20
>24~30	+430 +300	+290 +160	+370 +160	+240 +110	+98 +65	+117 +65	+149 +65	+195 +65	+73 +40	+92 +40	+33 +20	+41 +20	+53 +20	+72 +20
>30~40	+470 +310	+330 +170	+420 +170	+280 +170	+119 +80	+142 +80	+180 +80	+240 +80	+89 +50	+112 +50	+41 +25	+50 +25	+64 +25	+87 +25
>40~50	+480 +320	+340 +180	+430 +180	+290 +180	+119 +80	+142 +80	+180 +80	+240 +80	+89 +50	+112 +50	+41 +25	+50 +25	+64 +25	+87 +25
>50~65	+530 +340	+380 +190	+490 +190	+330 +140	+146 +100	+170 +100	+220 +100	+290 +100	+106 +60	+134 +60	+49 +30	+60 +30	+76 +30	+104 +30
>65~80	+550 +360	+390 +200	+500 +200	+340 +150	+146 +100	+170 +100	+220 +100	+290 +100	+106 +60	+134 +60	+49 +30	+60 +30	+76 +30	+104 +30
>80~100	+600 +380	+440 +220	+570 +220	+390 +170	+174 +120	+207 +120	+260 +120	+340 +120	+126 +72	+159 +72	+58 +36	+71 +36	+90 +36	+123 +36
>100~120	+630 +410	+460 +240	+590 +240	+400 +180	+174 +120	+207 +120	+260 +120	+340 +120	+126 +72	+159 +72	+58 +36	+71 +36	+90 +36	+123 +36
>120~140	+710 +460	+510 +260	+660 +260	+450 +200	+208 +145	+245 +145	+305 +145	+395 +145	+148 +85	+185 +85	+68 +43	+83 +43	+106 +43	+143 +43
>140~160	+770 +520	+530 +280	+680 +280	+460 +210	+208 +145	+245 +145	+305 +145	+395 +145	+148 +85	+185 +85	+68 +43	+83 +43	+106 +43	+143 +43
>160~180	+830 +580	+560 +310	+710 +310	+480 +230	+208 +145	+245 +145	+305 +145	+395 +145	+148 +85	+185 +85	+68 +43	+83 +43	+106 +43	+143 +43
>180~200	+950 +660	+630 +340	+800 +340	+530 +240	+242 +170	+285 +170	+355 +170	+460 +170	+172 +100	+215 +100	+79 +50	+96 +50	+122 +50	+165 +50
>200~225	+1030 +740	+670 +380	+840 +380	+550 +260	+242 +170	+285 +170	+355 +170	+460 +170	+172 +100	+215 +100	+79 +50	+96 +50	+122 +50	+165 +50
>225~250	+1110 +820	+710 +420	+880 +420	+570 +280	+242 +170	+285 +170	+355 +170	+460 +170	+172 +100	+215 +100	+79 +50	+96 +50	+122 +50	+165 +50
>250~280	+1240 +920	+800 +480	+1000 +480	+620 +300	+271 +190	+320 +190	+400 +190	+510 +190	+191 +110	+240 +110	+88 +56	+108 +56	+137 +56	+186 +56
>280~315	+1370 +1050	+860 +540	+1060 +540	+650 +330	+271 +190	+320 +190	+400 +190	+510 +190	+191 +110	+240 +110	+88 +56	+108 +56	+137 +56	+186 +56
>315~355	+1560 +1200	+960 +600	+1170 +600	+720 +360	+299 +210	+350 +210	+440 +210	+570 +210	+214 +125	+265 +125	+98 +62	+119 +62	+151 +62	+202 +62
>355~400	+1710 +1350	+1040 +680	+1250 +680	+760 +400	+299 +210	+350 +210	+440 +210	+570 +210	+214 +125	+265 +125	+98 +62	+119 +62	+151 +62	+202 +62
>400~450	+1900 +1500	+1160 +760	+1390 +760	+840 +440	+327 +230	+385 +230	+480 +230	+630 +230	+232 +135	+290 +135	+108 +68	+131 +68	+165 +68	+223 +68
>450~500	+2050 +1650	+1240 +840	+1470 +840	+880 +480	+327 +230	+385 +230	+480 +230	+630 +230	+232 +135	+290 +135	+108 +68	+131 +68	+165 +68	+223 +68

基本尺寸/mm	G 6	G ⑦	H 6	H ⑦	H ⑧	H ⑨	H 10	H ⑪	H 12	JS 6	JS 7	JS 8	K 6	K ⑦	K 8	M 6	M 7	M 8
>0~3	+8 +2	+12 +2	+6 0	+10 0	+14 0	+25 0	+40 0	+60 0	+100 0	±3	±5	±7	0 −6	0 −10	0 −14	−2 −8	−2 −12	−2 −16
>3~6	+12 +4	+16 +4	+8 0	+12 0	+18 0	+30 0	+48 0	+75 0	+120 0	±4	±6	±9	+2 −6	+3 −9	+5 −13	−1 −9	0 −12	+2 −16
>6~10	+14 +5	+20 +5	+9 0	+15 0	+22 0	+36 0	+58 0	+90 0	+150 0	±4.5	±7	±11	+2 −7	+5 −10	+6 −16	−3 −12	0 −15	+1 −21
>10~14 >14~18	+17 +6	+24 +6	+11 0	+18 0	+27 0	+43 0	+70 0	+110 0	+180 0	±5.5	±9	±13	+2 −9	+6 −12	+8 −19	−4 −15	0 −18	+2 −25
>18~24 >24~30	+20 +7	+28 +7	+13 0	+21 0	+33 0	+52 0	+84 0	+130 0	+210 0	±6.5	±10	±16	+2 −11	+6 −15	+10 −23	−4 −17	0 −21	+4 −29
>30~40 >40~50	+25 +9	+34 +9	+16 0	+25 0	+39 0	+62 0	+100 0	+160 0	+250 0	±8	±12	±19	+3 −13	+7 −18	+12 −27	−4 −20	0 −25	+5 −34
>50~65 >65~80	+29 +10	+40 +10	+19 0	+30 0	+46 0	+74 0	+120 0	+190 0	+300 0	±9.5	±15	±23	+4 −15	+9 −21	+14 −32	−5 −24	0 −30	+5 −41
>80~100 >100~120	+34 +12	+47 +12	+22 0	+35 0	+54 0	+87 0	+140 0	+220 0	+350 0	±11	±17	±27	+4 −18	+10 −25	+16 −38	−6 −28	0 −35	+6 −48
>120~140 >140~160 >160~180	+39 +14	+54 +14	+25 0	+40 0	+63 0	+100 0	+160 0	+250 0	+400 0	±12.5	±20	±31	+4 −21	+12 −28	+20 −43	−8 −33	0 −40	+8 −55
>180~200 >200~225 >225~250	+44 +15	+61 +15	+29 0	+46 0	+72 0	+115 0	+185 0	+290 0	+460 0	±14.5	±23	±36	+5 −24	+13 −33	+22 −50	−8 −37	0 −46	+9 −63
>250~280 >280~315	+49 +17	+69 +17	+32 0	+52 0	+81 0	+130 0	+210 0	+320 0	+520 0	±16	±26	±40	+5 −27	+16 −36	+25 −56	−9 −41	0 −52	+9 −72
>315~355 >355~400	+54 +18	+75 +18	+36 0	+57 0	+89 0	+140 0	+230 0	+360 0	+570 0	±18	±28	±44	+7 −29	+17 −40	+28 −61	−10 −46	0 −57	+11 −78
>400~450 >450~500	+60 +20	+83 +20	+40 0	+63 0	+97 0	+155 0	+250 0	+400 0	+630 0	±20	±31	±48	+8 −32	+18 −45	+29 −68	−10 −50	0 −63	+11 −86

常用及优先公差带（带圈者为优先公差带）

常用及优先公差带（带圈者为优先公差带）

基本尺寸/mm	N 6	N ⑦	N 8	P 6	P ⑦	R 6	R 7	S 6	S ⑦	T 6	T 7	U ⑦
>0~3	-4 / -10	-4 / -14	-4 / -18	-6 / -12	-6 / -16	-10 / -16	-10 / -20	-14 / -20	-14 / -24	—	—	-18 / -28
>3~6	-5 / -13	-4 / -16	-2 / -20	-9 / -17	-8 / -20	-12 / -20	-11 / -23	-16 / -24	-15 / -27	—	—	-19 / -31
>6~10	-7 / -16	-4 / -19	-3 / -25	-12 / -21	-9 / -24	-16 / -25	-13 / -28	-20 / -29	-17 / -32	—	—	-22 / -37
>10~14	-9 / -20	-5 / -23	-3 / -30	-15 / -26	-11 / -29	-20 / -31	-16 / -34	-25 / -36	-21 / -39	—	—	-26 / -44
>14~18	-9 / -20	-5 / -23	-3 / -30	-15 / -26	-11 / -29	-20 / -31	-16 / -34	-25 / -36	-21 / -39	—	—	-26 / -44
>18~24	-11 / -24	-7 / -28	-3 / -36	-18 / -31	-14 / -35	-24 / -37	-20 / -41	-31 / -44	-27 / -48	—	—	-33 / -54
>24~30	-11 / -24	-7 / -28	-3 / -36	-18 / -31	-14 / -35	-24 / -37	-20 / -41	-31 / -44	-27 / -48	-37 / -50	-33 / -54	-40 / -61
>30~40	-12 / -28	-8 / -33	-3 / -42	-21 / -37	-17 / -42	-29 / -45	-25 / -50	-38 / -54	-34 / -59	-43 / -59	-39 / -64	-51 / -76
>40~50	-12 / -28	-8 / -33	-3 / -42	-21 / -37	-17 / -42	-29 / -45	-25 / -50	-38 / -54	-34 / -59	-49 / -65	-45 / -70	-61 / -86
>50~65	-14 / -33	-9 / -39	-4 / -50	-26 / -45	-21 / -51	-35 / -54	-30 / -60	-47 / -66	-42 / -72	-60 / -79	-55 / -85	-76 / -106
>65~80	-14 / -33	-9 / -39	-4 / -50	-26 / -45	-21 / -51	-37 / -56	-32 / -62	-53 / -72	-48 / -78	-69 / -88	-64 / -94	-91 / -121
>80~100	-16 / -38	-10 / -45	-4 / -58	-30 / -52	-24 / -59	-44 / -66	-38 / -73	-64 / -86	-58 / -93	-84 / -106	-78 / -113	-111 / -146
>100~120	-16 / -38	-10 / -45	-4 / -58	-30 / -52	-24 / -59	-47 / -69	-41 / -76	-72 / -94	-66 / -101	-97 / -119	-91 / -126	-131 / -166
>120~140	-20 / -45	-12 / -52	-4 / -67	-36 / -61	-28 / -68	-56 / -81	-48 / -88	-85 / -110	-77 / -117	-115 / -140	-107 / -147	-155 / -195
>140~160	-20 / -45	-12 / -52	-4 / -67	-36 / -61	-28 / -68	-58 / -83	-50 / -90	-93 / -118	-85 / -125	-127 / -152	-119 / -159	-175 / -215
>160~180	-20 / -45	-12 / -52	-4 / -67	-36 / -61	-28 / -68	-61 / -86	-53 / -93	-101 / -126	-93 / -133	-139 / -164	-131 / -171	-195 / -235
>180~200	-22 / -51	-14 / -60	-5 / -77	-41 / -70	-33 / -79	-68 / -97	-60 / -106	-113 / -142	-105 / -151	-157 / -186	-149 / -195	-219 / -265
>200~225	-22 / -51	-14 / -60	-5 / -77	-41 / -70	-33 / -79	-71 / -100	-63 / -109	-121 / -150	-113 / -159	-171 / -200	-163 / -209	-241 / -287
>225~250	-22 / -51	-14 / -60	-5 / -77	-41 / -70	-33 / -79	-75 / -104	-67 / -113	-131 / -160	-123 / -169	-187 / -216	-179 / -225	-267 / -313
>250~280	-25 / -57	-14 / -66	-5 / -86	-47 / -79	-36 / -88	-85 / -117	-74 / -126	-149 / -181	-138 / -190	-209 / -241	-198 / -250	-295 / -347
>280~315	-25 / -57	-14 / -66	-5 / -86	-47 / -79	-36 / -88	-89 / -121	-78 / -130	-161 / -193	-150 / -202	-231 / -263	-220 / -272	-330 / -382
>315~355	-26 / -62	-16 / -73	-5 / -94	-51 / -87	-41 / -98	-97 / -133	-87 / -144	-179 / -215	-169 / -226	-257 / -293	-247 / -304	-369 / -426
>355~400	-26 / -62	-16 / -73	-5 / -94	-51 / -87	-41 / -98	-103 / -139	-93 / -150	-197 / -233	-187 / -244	-283 / -319	-273 / -330	-414 / -471
>400~450	-27 / -67	-17 / -80	-6 / -103	-55 / -95	-45 / -108	-113 / -153	-103 / -166	-219 / -259	-209 / -272	-317 / -357	-307 / -370	-467 / -530
>450~500	-27 / -67	-17 / -80	-6 / -103	-55 / -95	-45 / -108	-119 / -159	-109 / -172	-239 / -279	-229 / -279	-347 / -387	-337 / -400	-517 / -580

注：基本尺寸小于1mm时，各级的A和B均不采用。

表 C-4 形位公差的公差数值（摘自 GB/T 1184—1996）

公差项目	主参数 L/mm	公差等级											
		1	2	3	4	5	6	7	8	9	10	11	12
		公差值/μm											
直线度、平面度	≤10	0.2	0.4	0.8	1.2	2	3	5	8	12	20	30	60
	>10~16	0.25	0.5	1	1.5	2.5	4	6	10	15	25	40	80
	>16~25	0.3	0.6	1.2	2	3	5	8	12	20	30	50	100
	>25~40	0.4	0.8	1.5	2.5	4	6	10	15	25	40	60	120
	>40~63	0.5	1	2	3	5	8	12	20	30	50	80	150
	>63~100	0.6	1.2	2.5	4	6	10	15	25	40	60	100	200
	>100~160	0.8	1.5	3	5	8	12	20	30	50	80	120	250
	>160~250	1	2	4	6	10	15	25	40	60	100	150	300
圆度、圆柱度	≤3	0.2	0.3	0.5	0.8	1.2	2	3	4	6	10	14	25
	>3~6	0.2	0.4	0.6	1	1.5	2.5	4	5	8	12	18	30
	>6~10	0.25	0.4	0.6	1	1.5	2.5	4	6	9	15	22	36
	>10~18	0.25	0.5	0.8	1.2	2	3	5	8	11	18	27	43
	>18~30	0.3	0.6	1	1.5	2.5	4	6	9	13	21	33	52
	>30~50	0.4	0.6	1	1.5	2.5	4	7	11	16	25	39	62
	>50~80	0.5	0.8	1.2	2	3	5	8	13	19	30	46	74
	>80~120	0.6	1	1.5	2.5	4	6	10	15	22	35	54	87
	>120~180	1	1.2	2	3.5	5	8	12	18	25	40	63	100
	>180~250	1.2	2	3	4.5	7	10	14	20	29	46	72	115
平行度、垂直度、倾斜度	≤10	0.4	0.8	1.5	3	5	8	12	20	30	50	80	120
	>10~16	0.5	1	2	4	6	10	15	25	40	60	100	150
	>16~25	0.6	1.2	2.5	5	8	12	20	30	50	80	120	200
	>25~40	0.8	1.5	3	6	10	15	25	40	60	100	150	250
	>40~63	1	2	4	8	12	20	30	50	80	120	200	300
	>63~100	1.2	2.5	5	10	15	25	40	60	100	150	250	400
	>100~160	1.5	3	6	12	20	30	50	80	120	200	300	500
	>160~250	2	4	8	15	25	40	60	100	150	250	400	600
同轴度、对称度、圆跳动、全跳动	≤1	0.4	0.6	1.0	1.5	2.5	4	6	10	15	25	40	60
	>1~3	0.4	0.6	1.0	1.5	2.5	4	6	10	20	40	60	120
	>3~6	0.5	0.8	1.2	2	3	5	8	12	25	50	80	150
	>6~10	0.6	1	1.5	2.5	4	6	10	15	30	60	100	200
	>10~18	0.8	1.2	2	3	5	8	12	20	40	80	120	250
	>18~30	1	1.5	2.5	4	6	10	15	25	50	100	150	300
	>30~50	1.2	2	3	5	8	12	20	30	60	120	200	400
	>50~120	1.5	2.5	4	6	10	15	25	40	80	150	250	500
	>120~250	2	3	5	8	12	20	30	50	100	200	300	600

附录 D 标 准 结 构

表 D-1 中心孔表示法（一）（摘自 GB/T 4459.5—1999）   mm

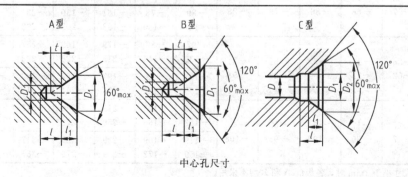

中心孔尺寸

续表

A、B 型						C 型					选择中心孔参考数据（非标准内容）		
	A 型			B 型							原料端部最小直径 D_0	轴状原料最大直径 D_e	工件最大重量 t
D	D_1	参考		D_1	参考		D	D_1	D_2	l	参考 l_1			
		l_1	t		l_1	t								
2.00	4.25	1.95	1.8	6.30	2.54	1.8						8	>10~18	0.12
2.50	5.30	2.42	2.2	8.00	3.20	2.2						10	>18~30	0.2
3.15	6.70	3.07	2.8	10.00	4.03	2.8	M3	3.2	5.8	2.6	1.8	12	>30~50	0.5
4.00	8.50	3.90	3.5	12.50	5.05	3.5	M4	4.3	7.4	3.2	2.1	15	>50~80	0.8
(5.00)	10.60	4.85	4.4	16.00	6.41	4.4	M5	5.3	8.8	4.0	2.4	20	>80~120	1
6.30	13.20	5.98	5.5	18.00	7.36	5.5	M6	6.4	10.5	5.0	2.8	25	>120~180	1.5
(8.00)	17.00	7.79	7.0	22.40	9.36	7.0	M8	8.4	13.2	6.0	3.3	30	>180~220	2
10.00	21.20	9.70	8.7	28.00	11.66	8.7	M10	10.5	16.3	7.5	3.8	42	>220~260	3

注：1. 尺寸 l 取决于中心钻的长度，此值不应小于 t 值（对 A 型、B 型）。

2. 括号内的尺寸尽量不采用。

3. R 型中心孔未列入。

表 D-2　中心孔表示法（二）

要求	符号	表示法示例	说明
在完工的零件上要求保留中心孔		GB/T 4459.5-B2.5/8	采用 B 型中心孔 $D=2.5\text{mm}$，$D_1=8\text{mm}$ 在完工的零件上要求保留
在完工的零件上可以保留中心孔		GB/T 4459.5-A4/8.5	采用 A 型中心孔 $D=4\text{mm}$，$D_1=8.5\text{mm}$ 在完工的零件上是否保留都可以

表 D-3　零件倒角与倒圆（摘自 GB/T 6403.1—1986）　mm

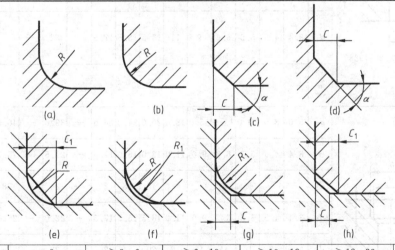

ϕ	~3	>3~6	>6~10	>10~18	>18~30	>30~50
C 或 R	0.2	0.4	0.6	0.8	1.0	1.6
ϕ	>50~80	>80~120	>120~180	>180~250	>250~320	>320~400
C 或 R	2.0	2.5	3.0	4.0	5.0	6.0
ϕ	>400~500	>500~630	>630~800	>800~1000	>1000~1250	>1250~1600
C 或 R	8.0	10	12	16	20	25

注：1. 内角倒圆，外角倒角时，$C_1>R$，见图（e）。

2. 内角倒圆，外角倒圆时，$R_1>R$，见图（f）。

3. 内角倒角，外角倒圆时，$C_1<0.58R_1$，见图（g）。

4. 内角倒角，外角倒角时，$C_1>C$，见图（h）。

表 D-4　紧固件通孔（摘自 GB/T 5277—1985）及沉头座尺寸（摘自 GB/T 152.2—152.4—1988）

mm

		3	4	5	6	8	10	12	14	16	18	20	22	24	27	30	36	
螺纹规格 d		3	4	5	6	8	10	12	14	16	18	20	22	24	27	30	36	
通孔直径 GB/T 5277—1985	精装配	3.2	4.3	5.3	6.4	8.4	10.5	13	15	17	19	21	23	25	28	31	37	
	中等装配	3.4	4.5	5.5	6.6	9	11	13.5	15.5	17.5	20	22	24	26	30	33	39	
	粗装配	3.6	4.8	5.8	7	10	12	14.5	16.5	18.5	21	24	26	28	32	35	42	
六角头螺栓和六角螺母用沉孔 GB/T 152.4—1988	d_2	9	10	11	13	18	22	26	30	33	36	40	43	48	53	61		适用于六角头螺栓和六角螺母
	d_3	—	—	—	—	—	—	16	18	20	22	24	26	28	33	36		
	d_1	3.4	4.5	5.5	6.6	9.0	11.0	13.5	15.5	17.5	20.0	22.0	24	26	30	33		
沉头用沉孔 GB/T 152.2—1988	d_2	6.4	9.6	10.6	12.8	17.6	20.3	24.4	28.4	32.4	—	40.4	—	—	—	—		适用于沉头及半沉头螺钉
	$t\approx$	1.6	2.7	2.7	3.3	4.6	5.0	6.0	7.0	8.0	—	10.0	—	—	—	—		
	d_1	3.4	4.5	5.5	6.6	9	11	13.5	15.5	17.5	—	22	—	—	—	—		
	α						$90^{\circ}{}^{-2^{\circ}}_{-4^{\circ}}$											
圆柱头用沉孔 GB/T 152.3—1988	d_2	6.0	8.0	10.0	11.0	15.0	18.0	20.0	24.0	26.0	—	33.0	—	40.0	—	48.0		适用于内六角圆头螺钉
	t	3.4	4.6	5.7	6.8	9.0	11.0	13.0	15.0	17.5	—	21.5	—	25.5	—	32.0		
	d_3	—	—	—	—	—	—	16	18	20	—	24	—	28	—	36		
	d_1	3.4	4.5	5.5	6.6	9.0	11.0	13.5	15.5	17.5	—	22.0	—	26.0	—	33.0		
	d_2	—	8	10	11	15	18	20	24	26	—	33	—	—	—	—		适用于开槽圆柱头螺钉
	t	—	3.2	4.0	4.7	6.0	7.0	8.0	9.0	10.5	—	12.5	—	—	—	—		
	d_3	—	—	—	—	—	—	16	18	20	—	24	—	—	—	—		
	d_1	—	4.5	5.5	6.6	9.0	11.0	13.5	15.5	17.5	—	22.0	—	—	—	—		

注：对螺栓和螺母用沉孔的尺寸 t，只要能制出与通孔轴线垂直的圆平面即可，即刮平圆平面为止，常称锪平。表中尺寸 d_1、d_2、t 的公差带都是 H13。

附录 E 常用材料

表 E-1 常用黑色金属材料

名称	牌号		应 用 举 例	说　明
碳素结构钢	Q195	—	用于金属结构构件、拉杆、心轴、垫圈、凸轮等	1. 新旧牌号对照： Q215→A2； Q235→A3； Q275→A5 2. A级不做冲击试验； B级做常温冲击试验； C、D级重要焊接结构用
	Q215	A		
		B		
	Q235	A	用于金属结构构件、吊钩、拉杆、套、螺栓、螺母、楔、盖、焊拉件等	
		B		
		C		
		D		
	Q255	A		
		B		
	Q275	—	用于轴、轴销、螺栓等强度较高件	
优质碳素钢	10		屈服点和抗拉强度比值较低，塑性和韧性均高，在冷状态下，容易模压成形。一般用于拉杆、卡头、钢管垫片、垫圈、铆钉。这种钢焊接性甚好	牌号的两位数字表示平均含碳量，45 号钢即表示平均含碳量为 0.45%。含锰量较高的钢，须加注化学元素符号"Mn"。含碳量≤0.25% 的碳钢是低碳钢（渗碳钢）。含碳量在 0.25%～0.60% 之间的碳钢是中碳钢（调质钢）。含碳量大于 0.60% 的碳钢是高碳钢
	15		塑性、韧性、焊接性和冷冲性均良好，但强度较低。用于制造受力不大、韧性要求较高的零件、紧固件、冲模锻件及不要热处理的低负荷零件，如螺栓、螺钉、拉条、法兰盘及化工贮器、蒸汽锅炉等	
	35		具有良好的强度和韧性，用于制造曲轴、转轴、轴销、杠杆、连杆、横梁、星轮、圆盘、套筒、钩环、垫圈、螺钉、螺母等。一般不作焊接用	
	45		用于强度要求较高的零件，如汽轮机的叶轮、压缩机、泵的零件等	
	60		强度和弹性相当高，用于制造轧辊、轴、弹簧圈、弹簧、离合器、凸轮、钢绳等	
	65Mn		性能与15号钢相似，但其淬透性、强度和塑性比15号钢都高些。用于制造中心部分的机械性能要求较高且须渗透碳的零件。这种钢焊接性好	
	15Mn		强度高，淬透性较大，脱碳倾向小，但有过热敏感性，易产生淬火裂纹，并有回火脆性。适宜作大尺寸的各种扁、圆弹簧，如座板簧、弹簧发条	
灰铸铁	HT100		属低强度铸铁，用于铸盖、手把、手轮等不重要的零件	"HT"是灰铸铁的代号，是由表示其特征的汉语拼音的第一个大写正体字母组成。代号后面的一组数字，表示抗拉强度值（N/mm²）
	HT150		属中等强度铸铁，用于一般铸铁如机床座、端盖、皮带轮、工作台等	
	HT200		属高强铸铁，用于较重要铸件，如汽缸、齿轮、凸轮、机座、床身、飞轮、皮带轮、齿轮箱、阀壳、联轴器、衬筒、轴承座等	
	HT250			
	HT300		属高强度、高耐磨铸铁，用于重要的铸件如齿轮、凸轮、床身、高压液压筒、液压泵和滑阀的壳体、车床卡盘等	
	HT350			
球墨铸铁	QT700-2		用于曲轴、缸体、车轮等	"QT"是球墨铸铁代号，是表示"球铁"的汉语拼音的第一个字母，它后面的数字表示强度和延伸率的大小
	QT600-3			
	QT500-7		用于阀体、气缸、轴瓦等	
	QT450-10		用于减速机箱体、管路、阀体、盖、中低压阀体等	
	QT400-15			

表 E-2   常用有色金属材料

类别	名称与牌号	应用举例
加工青铜	4-4-4 锡青铜 QSn4-4-4	一般摩擦条件下的轴承、轴套、衬套、圆盘及衬套内垫
	7-0.2 锡青铜 QSn7-0.2	中负荷、中等滑动速度下的摩擦零件,如抗磨垫圈、轴承、轴套、蜗轮等
	9-4 铝青铜 QAL9-4	高负荷下的抗磨、耐蚀零件,如轴承、轴套、衬套、阀座、齿轮、蜗轮等
	10-3-1.5 铝青铜 QAL10-3-1.5	高温下工作的耐磨零件,如齿轮、轴承、衬套、圆盘、飞轮等
	10-4-4 铝青铜 QA110-4-4	高强度耐磨件及高温下工作零件,如轴衬、轴套、齿轮、螺母、法兰盘、滑座等
	2 铍青铜 QBe2	高速、高温、高压下工作的耐磨零件,如轴承、衬套等
铸造铜合金	5-5-5 锡青铜 ZCuSnSPb5Zn5	用于较高负荷、中等滑动速度下工作的耐磨、耐蚀零件,如轴瓦、衬套、油塞、蜗轮等
	10-1 锡青铜 ZCuSn10P1	用于小于 20MPa 和滑动速度小于 8m/s 条件下工作的耐磨零件,如齿轮、蜗轮、轴瓦、套等
	10-2 锡青铜 ZCuSn10Zn2	用于中等负荷和小滑动速度下工作的管配件及阀、旋塞、泵体、齿轮、蜗轮、叶轮等
	8-13-3-2 铝青铜 ZCuAL8Mn13Fe3Ni2	用于强度高耐蚀重要零件,如船舶螺旋桨、高压阀体、泵体、耐压耐磨的齿轮、蜗轮、法兰、衬套等
	9-2 铝青铜 ZCuAL9Mn2	用于制造耐磨结构简单的大型铸件,如衬套、蜗轮及增压器内气封等
	10-3 铝青铜 ZCuAL10Fe3	制造强度高、耐磨、耐蚀零件,如蜗轮、轴承、衬套、管嘴、耐热管配件
	9-4-4-2 铝青铜 ZCuAL9Fe4Ni4Mn2	制造高强度重要零件,如船舶螺旋桨,耐磨及 400℃ 以下工作的零件,如轴承、齿轮、蜗轮、螺母、法兰、阀体、导向套管等
	25-6-3-3 铝黄铜 ZCuZn25AL6Fe3Mn3	适于高强耐磨零件,如桥梁支承板、螺母、螺杆、耐磨板、滑块、蜗轮等
	38-2-2 锰黄铜 ZCuZn38Mn2Pb2	一般用途结构件,如套筒、衬套、轴瓦、滑块等
铸造铝合金	ZL301 ZL102 ZL401	用于受大冲击负荷、高耐蚀的零件 用于汽缸活塞以及高温工作的复杂形状零件 适用于压力铸造的高强度铝合金

表 E-3　常用非金属材料

类别	名称	代号	说明及规格		应用举例
工业用橡胶板	普通橡胶板	1608	厚度/mm	宽度/mm	能在－30～＋60℃的空气中工作，适于冲制各种密封、缓冲胶圈、垫板及铺设工作台、地板
		1708	0.5、1、1.5、2、2.5、3、4、5、6、8、10、12、14、16、18、20、22、25、34、40、50	500～2000	
		1613			
	耐油橡胶板	3707			可在温度－30～80℃之间的机油、汽油、变压器油等介质中工作，适于冲制各种形状的垫圈
		3807			
		3709			
		3809			
尼龙	尼龙66 尼龙1010		有高的抗拉强度和良好的冲击韧性，一定的耐热性（可在100℃以下使用），能耐弱酸、弱碱，耐油性良好		用以制作机械传动零件，有良好的灭音性，运转时噪音小，常用来做齿轮等零件
石棉制品	耐油橡胶石棉板		有厚度为0.4～0.3mm的十种规格		供航空发动机的煤油、润滑油及冷气系统结合处的密封衬垫材料
	油浸石棉盘根	YS450	盘根形状分F（方形）、Y（圆形）、N（扭制）三种，按需选用		适用于回转轴、往复活塞或阀门杆上作密封材料，介质为蒸汽、空气、工业用水、重质石油产品
	橡胶石棉盘根	XS450	该牌号盘根只有F（方形）形		适用于作蒸汽机、往复泵的活塞和阀门杆上作密封材料
	毛毡	112-32～44（细毛）122-30-38（半粗毛）132-32-36（粗毛）	厚度为1.5～25mm		用作密封、防漏油、防震、缓冲衬垫等。按需要选用细毛、半粗毛、粗毛
	软钢板纸		厚度为0.5～3.0mm		用作密封连接处垫片
	聚四氟乙烯	SFL-4～13	耐腐蚀、耐高温（＋250℃）并具有一定的强度，能切削加工成各种零件		用于腐蚀介质中，起密封和减磨作用，用作垫圈等
	有机玻璃板		耐盐酸、硫酸、草酸、烧碱和纯碱等一般酸碱以及二氧化硫、臭氧等气体腐蚀		适用于耐腐蚀和需要透明的零件

表 E-4　常用的热处理和表面处理名词解释

名词		代号及标注示例	说　明	应　用
退火		Th	将钢件加热到临界温度以上(一般是710~715℃,个别合金钢 800~900℃)30~50℃,保温一段时间,然后缓慢冷却(一般在炉中冷却)	用来消除铸、锻、焊零件的内应力、降低硬度,便于切削加工,细化金属晶粒,改善组织、增加韧性
正火		Z	将钢件加热到临界温度以上,保温一段时间,然后用空气冷却,冷却速度比退火为快	用来处理低碳和中碳结构钢及渗碳零件,使其组织细化,增加强度与韧性,减少内应力,改善切削性能
淬火		C C48-淬火回火 (45~50)HRC	将钢件加热到临界温度以上,保温一段时间,然后在水、盐水或油中(个别材料在空气中)急速冷却,使其得到高硬度	用来提高钢的硬度和强度极限。但淬火会引起内应力使钢变脆,所以淬火后必须回火
回火		回火	回火是将淬硬的钢件加热到临界点以下的温度,保温一段时间,然后在空气或油中冷却下来	用来消除淬火后的脆性和内应力,提高钢的塑性和冲击韧性
调质		T T235-调质至 (220~250)HB	淬火后在 450~650℃进行高温回火,称为调质	用来使钢获得高的韧性和足够的强度。重要的齿轮、轴及丝杆等零件是调质处理的
表面淬火	火焰淬火	H54(火焰淬火后,回火到 52~58HRC)	用火焰或高频电流将零件表面迅速加热至临界温度以上,急速冷却	使零件表面获得高硬度,而心部保持一定的韧性,使零件既耐磨又能承受冲击。表面淬火常用来处理齿轮等
	高频淬火	G52(高频淬火后,回火到 50~55HRC)		
渗碳淬火		S0.5-C59(渗碳层深 0.5,淬火硬度 56~62HRC)	在渗碳剂中将钢件加热到 900~950℃,停留一定时间,将碳渗入钢表面,深度约为 0.5~2mm,再淬火后回火	增加钢件的耐磨性能、表面硬度、抗拉强度及疲劳极限。适用于低碳、中碳(含量<0.40%)结构钢的中小型零件
氮化		D0.3—900(氮化深度 0.3,硬度大于850HV)	氮化是在 500~600℃通入氮的炉子内加热,向钢的表面渗入氮原子的过程。氮化层为 0.025~0.8mm,氮化时间需 40~50h	增加钢件的耐磨性能、表面硬度、疲劳极限和抗蚀能力。适用于合金钢、碳钢、铸铁件,如机床主轴、丝杆以及在潮湿碱水和燃烧气体介质的环境中工作的零件
氰化		Q59(氰化淬火后,回火至 56~62HRC)	在 820~860℃炉内通入碳和氮,保温 1~2h,使钢件的表面同时渗入碳、氮原子,可得到 0.2~0.5mm 的氰化层	增加表面硬度、耐磨性、疲劳强度和耐蚀性。用于要求硬度高、耐磨的中、小型及薄片零件和刀具等
时效		时效处理	低温回火后,精加工之前,加热到100~160℃,保持 10~40h。对铸件也可用天然时效(放在露天中一年以上)	使工件消除内应力和稳定形状,用于量具、精密丝杆、床身导轨、床身等
发蓝发黑		发蓝或发黑	将金属零件放在很浓的碱和氧化剂溶液中加热氧化,使金属表面形成一层氧化铁所组成的保护性薄膜	防腐蚀、美观。用于一般连接的标准件和其它电子类零件
硬度		HB(布氏硬度)	材料抵抗硬的物体压入其表面的能力称"硬度"。根据测定的方法不同,可分布氏硬度、洛氏硬度和维氏硬度。硬度的测定是检验材料经热处理后的机械性能——硬度	用于退火、正火、调质的零件及铸件的硬度检验
		HRC(洛氏硬度)		用于经淬火、回火及表面渗碳、渗氮等处理的零件硬度检验
		HV(维氏硬度)		用于薄层硬化零件的硬度检验

参 考 文 献

[1] 大连理工大学，机械制图. 第 2 版. 北京：高等教育出版社，1998.

[2] 王兰美等，工程制图. 北京：机械工业出版社，2001.

[3] 朱冬梅，胥北澜. 画法几何及机械制图. 第 2 版. 北京：高等教育出版社，2000.

[4] 钱可强. 机械制图. 第 2 版. 北京：高等教育出版社，2003.

[5] 宁敏生. 机械图识图技巧. 北京：机械工业出版社，2006.